高等职业教育公共基础课系列新形态教材

信息技术应用教程

主　编　龚俊峰　尹　威

副主编　杨　凡　乌日那　王贺喜格吐

科学出版社

北　京

内 容 简 介

本书依据国家颁布的《高等职业教育专科信息技术课程标准（2021年版）》，以《全国计算机等级考试一级计算机基础及MS Office应用考试大纲（2021年版）》为指导，采用基于工作过程的项目教学与任务引领相结合的方式进行编写。本书分为基础模块、拓展模块，共13个项目。基础模块包括信息技术基础知识探索，Windows 10操作系统应用，文档、电子表格与演示文稿制作，信息检索，信息素养与信息安全了解等；拓展模块则为新一代信息技术的基础认识，包括程序设计、云计算、人工智能、数字媒体创作、虚拟现实技术及区块链技术等。本书紧密结合新一代信息技术、数字化社会发展动态，内容新颖、结构合理、概念清晰，可读性、可操作性和实用性强。

本书可作为高等职业教育专科信息技术课程的教学用书，也可作为全国计算机等级考试一级的参考指导书，还可作为信息技术爱好者的自学用书。

图书在版编目（CIP）数据

信息技术应用教程 / 龚俊峰, 尹威主编. -- 北京 : 科学出版社, 2025. 2. (高等职业教育公共基础课系列新形态教材). -- ISBN 978-7-03-080923-0

Ⅰ. TP3

中国国家版本馆CIP数据核字第2024FG6052号

责任编辑：宋 丽 李程程 / 责任校对：赵丽杰

责任印制：吕春珉 / 封面设计：东方人华平面设计部

科学出版社 出版

北京东黄城根北街16号

邮政编码：100717

http://www.sciencep.com

三河市中晟雅豪印务有限公司 印刷

科学出版社发行 各地新华书店经销

*

2025年2月第 一 版 开本：787×1092 1/16

2025年2月第一次印刷 印张：16 1/2

字数：392 000

定价：68.00元

（如有印装质量问题，我社负责调换）

销售部电话 010-62136230 编辑部电话 010-62135319-2030

编 委 会

主　　编　龚俊峰　尹　威

副 主 编　杨　凡　乌日那　王贺喜格吐

编　　者（以姓氏笔画为序）

东　军　刘　杰　刘彩霞　苏日娅

杨　洋　阿如罕　赵怡楠　唐　海

企业指导　赵玮莉

高校专家　陈　梅

序

教育，是国之大计，是民族振兴、社会进步的重要基石。在当今数字化飞速发展的时代，教育领域也面临着前所未有的变革。党的二十大报告中提出“推进教育数字化，建设全民终身学习的学习型社会、学习型大国”重要指导精神，为教育事业的发展点亮了一盏明灯，指引着我们朝着更加适应时代需求的方向前行。

在这样的时代背景下，我有幸参与到这本具有特殊意义的高职信息技术教材编写指导工作中。这一过程，于我而言，既是责任，更是使命。从信息技术课程的专业视角出发，我深知一本高质量教材对于培养高等职业学生数字技能和信息素养的重要性。

在教材编写的初期，我们就明确了目标，要充分贯彻党的教育方针、政策，尤其是将“推进教育数字化”贯穿始终。这意味着我们需要在教材内容中展现融合创新的理念，挖掘时事热点，融入思政元素，体现教育家精神，让学生在学习知识技能的同时，潜移默化地培养核心素养，提升信息素养和数字技能。因为我们培养的不仅是技术人才，更是具有思想、能够适应时代发展的全面人才。

教材编写团队展现出了极高的专业素养和严谨态度。他们经过充分的调研论证，结合新课程标准，参照全国计算机等级考试大纲等各项要求，精心制定教材框架，旨在突出教材的先进性和实用性，为后续内容的填充和拓展奠定了坚实的基础。

教材编写团队与企业合作共建，这种合作模式让课程开发和教材编写紧密结合企业的实际需求。在教与学的过程中，可以更好地将理论知识与实践操作相结合，提高解决实际问题的能力，为未来步入工作岗位做好充分准备。

参与编写的人员全部来自一线教学岗位，他们丰富的教学经验为教材注入了生动的灵魂。从主编龚俊峰、尹威到副主编以及每一位编写成员，都为教材付出了辛勤的汗水。他们分工明确，各个模块由专人负责，从基础模块到拓展模块，每一个项目都凝聚着编写者的心血。

希望这本教材能够在高等职业教育中发挥积极作用，为培养大国工匠和高技能人才贡献一份力量，助力国家的人才强国战略，让更多的学生在数字化时代中掌握必备的知识和技能，开启他们精彩的人生。

内蒙古师范大学 陈梅

2024 年 11 月 8 日

于呼和浩特

前　言

党的二十大报告中明确提出，“统筹职业教育、高等教育、继续教育协同创新”“推进教育数字化”“加快建设国家战略人才力量，努力培养造就更多大师、战略科学家、一流科技领军人才和创新团队、青年科技人才、卓越工程师、大国工匠、高技能人才”。

本书贯彻和体现党的二十大报告中提出的“推进教育数字化”精神，以数字化、网络化、智能化新技术为支撑，以数据为关键生产要素，以科技创新为核心驱动力，同时依据国家《高等职业教育专科信息技术课程标准（2021 年版）》编写。

本书特色包括以下几个方面。

第一，贯彻和体现党的二十大报告中提出的“推进教育数字化”精神，坚持“推进职普融通、产教融合、科教融汇，优化职业教育类型定位”，充分挖掘时事热点、结合思政元素，在知识技能传授过程中，以“润物细无声”的方式培养学生核心素养，提升学生信息素养、数字技能。本书相关素材、配套教学课件可从网站 www.abook.cn 下载。

第二，本书编写人员经过充分调研论证，结合新课程标准，参照全国计算机等级考试《全国计算机等级考试一级计算机基础及 MS Office 应用考试大纲（2021 年版）》，参考内蒙古自治区公共课考试科目“计算机基础”专升本考试大纲，制定教材框架，更好地体现教材的先进性和实用性。

第三，校企结合。本书内容由编写团队与中国电信集团公司锡林郭勒盟分公司共同研发，充分体现了校企合作的需求，也彰显了理实一体、教学做合一、情境学习和案例学习等特点，深度挖掘信息技术最为实用和常用的功能。

第四，本书编写人员全部从事一线教学工作，具有丰富的教学经验。本书由龚俊峰和尹威担任主编，杨凡、乌日那和王贺喜格吐担任副主编。具体编写分工如下：项目一由尹威和唐海编写，项目二由龚俊峰编写，项目三由乌日那编写，项目四由王贺喜格吐编写，项目五由赵怡楠编写，项目六由刘杰编写，项目七由阿如罕、东军编写，项目八由刘彩霞编写，项目九由杨洋编写，项目十由尹威、杨凡编写，项目十一由杨洋、苏日娅、刘彩霞编写，项目十二由苏日娅编写，项目十三由杨洋编写，全书由尹威统稿、龚俊峰校稿。在本书编写过程中，得到了很多企业及高校的指导和帮助，在此表示感谢。

企业参与方面：前期调研、数据分析、高职学生数字技能调研及本书编写过程中得到了中国电信集团公司锡林郭勒盟分公司副总经理赵玮莉极大的支持。

高校参与方面：全国信息技术学科专家、内蒙古师范大学教育信息学院陈梅教授从信息技术课程角度提出了本书编写逻辑，参与了本书框架构建、体系实现分析。

因本书涉及的知识面广、知识点多，加上编者水平有限，书中难免有疏漏和不妥之处，敬请广大读者批评指正。

编　者

2024 年 11 月

目　　录

基础模块

项目一　探索信息技术基础知识……3
- 任务一　了解计算机的发展历程与趋势……3
- 任务二　了解计算机的分类、特点和应用……6
- 任务三　熟悉信息的表示和存储方法……11
- 任务四　认识计算机系统的组成和性能指标……17
- 项目测试题……22

项目二　应用 Windows 10 操作系统……23
- 任务一　认识 Windows 10 操作系统桌面……23
- 任务二　文件管理……29
- 任务三　程序管理……36
- 项目测试题……42

项目三　文字处理软件及应用……44
- 任务一　文本型文档的处理……44
- 任务二　图形文档的处理……60
- 任务三　表格文档的处理……66
- 任务四　页面格式编排……72
- 项目测试题……78

项目四　Excel 电子表格处理……80
- 任务一　电子表格基本操作……80
- 任务二　电子表格格式化处理……93
- 任务三　数据运算……101
- 任务四　数据处理……115
- 任务五　创建图表与数据透视表……126
- 项目测试题……139

项目五　演示文稿制作……142
- 任务一　演示文稿的智能设计……142
- 任务二　演示文稿的动态设计……147
- 任务三　演示文稿的播放设置……156
- 任务四　幻灯片母版的使用……158
- 任务五　演示文稿的创意设计……160
- 项目测试题……163

项目六　信息检索 …… 164
任务一　了解信息检索的基本知识 …… 164
任务二　使用搜索引擎检索信息 …… 167
项目测试题 …… 172
项目七　了解信息素养与信息安全 …… 174
任务一　了解信息素养 …… 174
任务二　了解信息安全防护技术 …… 177
项目测试题 …… 182

拓展模块

项目八　了解程序设计基础 …… 185
任务一　认识程序设计 …… 185
任务二　学习 Python 基础知识 …… 190
项目测试题 …… 196
项目九　云计算 …… 197
任务一　认识云计算 …… 197
任务二　了解云计算的技术架构 …… 199
项目测试题 …… 203
项目十　认识人工智能 …… 204
任务一　了解人工智能核心技术 …… 204
任务二　生成式人工智能 …… 207
项目测试题 …… 213
项目十一　数字媒体创作 …… 214
任务一　处理数字图像 …… 214
任务二　处理数字音频 …… 222
任务三　处理数字视频 …… 227
任务四　学习 HTML5 工具 …… 233
项目测试题 …… 237
项目十二　认识虚拟现实 …… 238
任务一　了解虚拟现实技术 …… 238
任务二　了解虚拟现实应用开发工具 Unreal Engine …… 240
项目测试题 …… 245
项目十三　认识区块链技术 …… 246
任务一　了解区块链基础知识 …… 246
任务二　了解区块链的典型应用 …… 248
项目测试题 …… 252

参考文献 …… 253

基础模块

探索信息技术基础知识

信息技术是指有关数据与信息的应用技术，其内容包括数据与信息的采集、表示、处理、安全、传输、交换、存储等。这一切都离不开计算机。计算机是一种能自动、高速、精确地进行信息处理的电子设备，在各个领域得到广泛应用，使人们传统的工作、学习、日常生活甚至思维方式都发生了深刻变化。可以说，当今世界是一个丰富多彩的计算机世界。在进入信息社会的今天，学习和应用计算机知识，掌握和使用计算机已成为每个人的迫切需求。

学习目标

知识目标

- 了解计算机的发展史、分类、主要应用领域。
- 熟练掌握计算机的软件、硬件组成。

技能目标

- 会进行二进制数的转换与计算。
- 能够组装微型计算机。

思政与职业素养目标

- 能遵守相关法律法规，信守信息社会的道德与伦理准则。
- 具备较强的信息安全意识与防护能力，能有效维护信息活动中个人、他人的合法权益和公共信息安全。
- 关注信息技术创新所带来的社会问题，对信息技术创新所产生的新观念和新事物，能从社会发展、职业发展的视角进行理性的判断和负责的行动。

任务一 了解计算机的发展历程与趋势

一、计算机的发展历程

电子数字积分计算机（electronic numerical integrator and computer，ENIAC）于 1946 年 2 月诞生于美国宾夕法尼亚大学，是世界上第一台通用电子计算机。它有 18000 个电子管，其内存为磁鼓（存储容量小），外存为磁带，使用机器语言编程，运算速度为每秒 5000 次，主要应用领域为数值计算。ENIAC 的问世，标志着电子计算机时代的到来。

ENIAC 奠定了电子计算机发展的基础，开辟了计算机科学技术的新纪元。其后，美籍匈牙利数学家冯·诺依曼提出了“存储程序”和“过程控制”的概念，其主要思想如下。

1）计算机内部采用二进制形式来表示计算机的指令和程序。

2）计算机将程序和数据存放在存储器中，然后再由计算机来调用。

3）计算机的结构应由五个部分组成：运算器、控制器、存储器、输入设备和输出设备。

计算机采用二进制是由计算机电路所使用的元器件决定的，具有运算简单、电路实现方便、成本低廉的特点。从 1946 年至今，计算机的发展经历了 4 次重要飞跃（表 1.1.1）。

表 1.1.1　计算机的发展历程

阶段	时间	采用的主要元器件	运算速度	主要特点	主要应用
第一代计算机	1946～1957 年	电子管	几千次/秒～几万次/秒	主存储器采用磁鼓，体积庞大、耗电量大、运行速度慢、可靠性较差和内存容量小	科学计算
第二代计算机	1958～1964 年	晶体管	几十万次/秒	主存储器采用磁芯，开始使用高级程序及操作系统，运算速度提高、体积减小	科学计算、数据处理、自动控制
第三代计算机	1965～1970 年	中小规模集成电路	几十万次/秒～几百万次/秒	主存储器采用半导体存储器，集成度高、功能增强和价格下降	进一步扩展到文字处理、信息管理等
第四代计算机	1971 年至今	大规模、超大规模集成电路	上千万次/秒～数亿亿次/秒	计算机走向微型化，性能大幅度提高，软件也越来越丰富，为网络化创造了条件。同时，计算机逐渐走向人工智能化，并采用了多媒体技术，具有听、说、读和写等功能	工业、生活等各个方面

二、计算机的发展趋势

从第一台计算机诞生至今，计算机的应用不断拓展，其强大的应用功能催生了巨大的市场需求，未来计算机应向着多样化的方向发展。

1. 电子计算机的发展方向

当今计算机正在向巨型化、微型化、网络化和智能化这 4 个方向发展。

（1）巨型化

巨型化计算机具有极高的运算速度、大容量的存储空间、更加强大和完善的功能，主要用于航空航天、军事、气象、人工智能、生物工程等学科领域。

（2）微型化

随着中央处理器（central processing unit，CPU）和大规模集成电路的出现，计算机的体积缩小了，成本降低了。微型计算机从台式机向便携机、掌上机、膝上机发展，其价格低廉、使用方便、软件丰富，受到越来越多用户的喜爱。

（3）网络化

计算机网络化是指利用现代通信技术和计算机技术，把分布在不同地点的计算机互联起来，按照网络协议互相通信，以共享软件、硬件和数据资源。随着互联网（Internet）的飞速发展，网络广泛应用于政府、学校、企业、科研、家庭等领域，在社会经济发展中发挥着极其重要的作用。

（4）智能化

智能化要求计算机能模拟人的感觉和思维能力，成为智能计算机，这也是第五代计算机要实现的目标。智能化研究包括模式识别、图像识别、自然语言的生成和理解、博弈、定理自动证明、自动程序设计、专家系统、学习系统和智能机器人等，其中具有代表性的领域是专家系统和智能机器人。

2. 未来新一代的计算机

从电子计算机的产生及发展可以看到，目前计算机技术的发展都是以电子技术的发展为基础的，集成电路芯片是计算机的核心部件。随着高新技术的研究和发展，新一代计算机无论是体系结构、工作原理，还是器件及制造技术，都将进行颠覆性的变革。未来的计算机有模糊计算机、生物计算机、光子计算机、超导计算机、量子计算机等。

（1）模糊计算机

1956 年，英国人查德创立了模糊理论。依照模糊理论，判断问题不再以是、非两种绝对的值或 0 与 1 两个数值来表示，而是取许多值，如以接近、几乎、差不多、差得远等模糊值来表示。这种用模糊的、不确切的判断进行工程处理的计算机就是模糊计算机。模糊计算机是建立在模糊数学基础上的计算机，除具有普通计算机的功能外，还具有学习、思考、判断和对话的能力，可以立即辨识外界物体的形状和特征，甚至可以帮助人们从事复杂的脑力劳动。

例如，把模糊计算机装到吸尘器里，可以根据灰尘量以及地毯的厚实程度调整吸尘器的功率。模糊计算机还能用于地震灾情判断、疾病医疗诊断、发酵工程控制、海空导航巡视等。

（2）生物计算机

生物计算机又称仿生计算机，是以生物芯片取代在半导体硅片上集成的数以万计的晶体管而制成的计算机，其存储量可以达到普通计算机的 10 亿倍。生物计算机最大的优点是生物芯片的蛋白质具有生物活性，能够与人体的组织结合在一起，特别是可以与人的大脑和神经系统进行有机连接，使人机接口自然吻合，免除了烦琐的人机对话。这样，生物计算机就可以听人指挥，成为人脑的外延或扩充部分，还能够从人体的细胞中吸收营养来补充能量，不需要外界的任何能源。由于生物计算机的蛋白质分子具有自我组合的能力，因此生物计算机具有自调节能力、自修复能力和自再生能力，更易于模拟人类大脑的功能。现今，科学家已研制出许多生物计算机的主要部件——生物芯片。

（3）光子计算机

光子计算机是一种由光信号进行数字运算、逻辑操作、信息存储和处理的新型计算机。它由激光器、光学反射镜、透镜、滤波器等光学元件和设备构成，靠激光束进入反射镜和透镜组成的阵列进行信息处理，以光子代替电子，以光运算代替电运算。由于光子比电子速度快，因此光子计算机的运行速度可高达每秒 1 万亿次，此外它的存储量是现代计算机的几万倍，还可以对语言、图形和手势进行识别与合成。

目前，许多国家投入大量资金进行光子计算机的研究。随着现代光学与计算机技术、微电子技术的结合，在不久的将来，光子计算机将成为人类普遍使用的工具。

（4）超导计算机

超导计算机是利用超导技术生产的计算机，其开关速度达到几微秒，运算速度比现在的电子计算机快，电能消耗量少。1911 年，昂内斯发现纯汞在-269℃低温下电阻变为零的超导现象，超导线圈中的电流可以无损耗地流动。可是，超导现象发现以后，超导研究进展缓慢，这是因为实现超导的温度太低，要创造出这种低温环境，消耗的电能远远超过超导节省的电能。20 世纪 80 年代后期，科学家发现一种陶瓷合金在-238℃时出现了超导现象。我国物理学家也找到了一种材料，其在-141℃时出现超导现象。目前，科学家还在为此奋斗，企图找出一种“高温”超导材料，甚至一种室温超导材料。一旦这些材料被找到，人们就可以利用它制成超导开关器件和超导存储器，再利用这些器件制成超导计算机。

（5）量子计算机

量子计算机的概念源于对可逆计算机的研究。研究可逆计算机的目的是解决计算机中的能耗问题。2009 年，美国国家标准技术研究院的科学家研制出一台可处理 2 量子比特数据的量子计算机。由于量子比特可以比传统计算机中的“0”和“1”比特存储更多的信息，因此量子计算机的运行效率和功能将大大超越传统计算机。据科学家介绍，这种量子计算机可用于各种大信息量数据的处理。

我国于 2016 年 8 月 16 日成功发射世界首颗量子科学实验卫星“墨子号”，它结合地面已有的光纤量子通信网络，初步构建了一个天地一体化的量子保密通信与实验体系，在世界上率先实现了全球化的量子保密通信。

任务二 了解计算机的分类、特点和应用

一、计算机的分类

计算机及相关技术的迅速发展带动计算机类型不断地分化，形成了不同种类的计算机。依照不同的标准，计算机有多种分类方法，常见的有以下几种。

（1）按信息的形式和处理方式划分

1）数字计算机。数字计算机处理的是离散的数据，输入是数字量，输出也是数字量，其基本运算部件是数字逻辑电路，因此具有运算精度高、通用性强的特点。我们现在所使用的一般都是数字计算机。

2）模拟计算机。模拟计算机处理和显示的是连续的物理量，其基本运算部件是由

运算放大器构成的各类运算电路。一般来说，模拟计算机不如数字计算机精确，通用性也不强，但解题速度快，主要用于过程控制和模拟仿真。

3）数模混合计算机。数模混合计算机兼有数字计算机和模拟计算机的优点，既能接收、输出和处理模拟量，又能接收、输出和处理数字量。

（2）按使用范围划分

1）通用计算机。通用计算机是指适用于各种应用场合、功能齐全、通用性好的计算机。

2）专用计算机。专用计算机是指为解决某种特定问题而专门设计的计算机，一般用在过程控制中，如智能仪表、飞机的自动控制系统、导弹的导航系统等。

（3）按计算机的性能、规模和处理功能划分

1）巨型机。巨型机又称超级计算机，是所有计算机中速度最快、功能最强的一类计算机，其浮点运算速度已达每秒亿亿次，主要应用在国防尖端技术、空间技术、大范围长期性天气预报、石油勘探等方面。并行处理是巨型机技术的基础。我国研发的“神威·太湖之光”巨型机，它由 40 个运算机柜和 8 个网络机柜组成，共有 40960 块处理器。

2）大型通用机。大型通用机的特点是通用性强，具有较高的运算速度、极强的综合处理能力和极大的性能覆盖，其运算速度为每秒几百万次至几千万次，可同时支持上万个用户、几十个大型数据库。大型通用机系统可以是单处理机、多处理机或多个子系统的复合体，一般在政府部门、大企业、银行、高校和科研院所等单位使用，通常被人们称为“企业级”计算机。

3）微型计算机。微型计算机（微机）是使用微处理器芯片的计算机，是微电子技术飞速发展的产物。微型计算机具有执行结果精准、处理速度快、性价比高、轻便小巧等特点。目前，微型计算机的应用已经遍及社会各个领域：从工厂生产控制到政府的办公自动化，从商店数据处理到家庭的信息管理，几乎无所不在。随着社会信息化进程的加快，微型计算机更是以使用便捷、无线联网等优势越来越多地受到移动办公人士的喜爱，一直保持着高速发展的态势。

根据微型计算机是否由最终用户使用，其又可分为独立式微机和嵌入式微机。

① 独立式微机。独立式微机即日常使用的个人计算机（personal computer，PC），主要有台式计算机、笔记本计算机、平板计算机，以及掌上电脑等众多种类。它的出现使得计算机真正面向个人，成为大众化的信息处理工具。

② 嵌入式微机。嵌入式微机通常作为一个信息处理部件安装在一个应用设备里，最终用户不直接使用该计算机，使用的是该应用设备，如包含微机的医疗设备、高级录像设备等。嵌入式微机一般是单片机，它是将中央处理器、存储器和输入/输出（input/output，I/O）接口集成在一个芯片上的计算机。单片机已广泛用于家电、生活用具和仪器仪表，并正向智能化方向发展。

4）工作站。工作站是一种高档微型计算机系统，主要面向专业应用领域。相对于微型计算机，工作站具有更高的运算速度和更大的存储容量，具有大型通用机多任务、多用户的功能，且兼有微型计算机操作便利的特点和良好的人机交互界面，其突出的特

点是具有很强的图形交互能力。常见的工作站有计算机辅助设计工作站、办公自动化工作站、图像处理工作站等。

5）服务器。服务器是计算机的一种，它比普通计算机运行更快、负载更高、价格更高。服务器在网络中为其他客户机（如 PC、智能手机、自动取款机等终端，甚至是火车系统等大型设备）提供计算或者应用服务，它是网络的节点，存储、处理网络上 80% 的数据和信息，在网络中具有举足轻重的作用。服务器具有高速的 CPU 运算能力、长时间的可靠运行、强大的 I/O 外部数据吞吐能力以及更好的扩展性。服务器的构成与普通计算机类似，也有处理器、硬盘、内存、系统总线等，但由于它是针对具体的网络应用特别定制的，因而服务器与微型计算机在处理能力、稳定性、可靠性、安全性、可扩展性、可管理性等方面存在很大差异。

二、计算机的特点

（1）运算能力强，运行速度快

运行速度是指计算机每秒能执行指令的条数，常用单位是 MIPS（million instructions per second），即百万条指令每秒。计算机内部由电路组成，可以高速、准确地完成各种算术运算，使大量复杂的科学计算问题得以解决。对于微型计算机，现在常以中央处理器的主频（吉赫，GHz）标识计算机的运行速度。

一般来说，CPU 主频越高，核心数越多，运行速度越快。主频即 CPU 的时钟频率，是指计算机 CPU 在单位时间内发出的脉冲数。它在很大程度上决定了计算机的运行速度。

（2）计算精度高

数字计算机用离散的数字信号来模拟自然界的连续物理量，这样便存在精度问题。计算机的精度在理论上并不受限制，这是因为计算机内部采用二进制表示数据，易于扩充机器字长，字长越长，精度越高。CPU 一次能处理的二进制数据位数称为字长，不同型号计算机的字长有 8 位、16 位、32 位、64 位、128 位等。为了获取更高的精度，还可以进行双倍字长或多倍字长的运算，甚至达到数百位二进制。

（3）具有超强的记忆能力和逻辑判断能力

计算机内部的存储器具有记忆特性，可以存储大量信息。这些信息不仅包括各类数据信息，还包括加工这些数据的程序。随着集成度的提高，存储器可以存储的信息量越来越大。因此，要求计算机具备海量存储功能。现代计算机不仅提供了大容量的主存储器，能在现场处理大量信息，还支持磁盘、光盘等外用存储器的使用。例如，一张单面单层的 4.7GB 的数字通用光盘（digital versatile disc，DVD），如果用来存储文字，则可以存储相当于 100 万张 A4 纸的信息量，足以容纳 1500 多部书籍。

存储器容量分为内存容量和外存容量。内存是 CPU 可以直接访问的存储器，计算机需要执行的程序与需要处理的数据都存储在内存中，内存容量的大小反映了计算机即时存储信息的能力。外存容量通常是指硬盘容量（包括内置硬盘和移动硬盘）。外存容量越大，可存储的信息越多，可安装的应用软件就越丰富。计算机的存储容量目前基本达到吉字节（GB）级别，有的甚至达到太字节（TB）级别。

计算机除了具有高速度、高精度的计算能力，还具有对文字、符号、数字等进行逻辑推理和判断的能力。人工智能机的出现将进一步提高其推理、判断、学习、记忆与积累的能力，从而使计算机可以代替人脑进行更多的工作。

（4）自动化程度高

计算机内部的操作运算是根据人们预先编制的程序自动控制运行的，整个过程无须人工干预，可以完成枯燥乏味的重复性劳动和一些危险性高的作业，如控制机器人、自动化机床、无人驾驶飞机、宇宙探险飞船等。

（5）系统的可靠性高、兼容性稳定

可靠性是指在给定时间内计算机系统能正常运转的概率，通常用平均无故障时间表示。平均无故障时间越长，表明系统的可靠性越高。

兼容性是指软件之间、硬件之间或软件与硬件之间协调工作的程度。软件兼容性是指软件运行在某个操作系统下时，可以正常运行而不发生错误的特征；硬件兼容性是指不同硬件在同一操作系统下的运行性能。硬件产品的兼容性不好，一般可以通过安装驱动程序或补丁程序解决；软件产品的兼容性不好，一般通过安装软件修正包或升级产品解决。

三、计算机的应用领域

如今计算机几乎和所有学科相结合，在社会各方面起着越来越重要的作用。

（1）科学计算

科学计算也称数值计算，是指计算机用于数学问题的计算，是计算机应用最早的领域。计算机最开始是为了解决科学研究和工程设计中遇到的大量数值计算问题而研制的计算工具，随着现代科学技术的发展，数值计算在现代科学研究中的地位不断提高，在尖端科学领域显得尤为重要，特别是在科学研究和工程设计中，经常出现各种各样的数学问题。目前，计算机主要应用于高能物理、工程设计、地震预测、气象预报、航空航天等领域的数值计算。

（2）事务处理

事务处理又称信息管理或数据处理，是指用计算机进行信息收集、加工、存储和传递等工作，其目的是为有各种需求的人提供有价值的信息，作为管理和决策的依据。据统计，在计算机的所有应用中，数据处理方面的应用占全部应用的 3/4 以上。数据处理是现代管理的基础，广泛应用于情报检索、统计、事务管理、生产管理自动化、决策系统、办公自动化等方面。数据处理的应用已全面深入当今社会生产和生活的各个领域，如人口普查资料的分类、汇总，股市行情的实时管理等都是信息处理的例子。

（3）过程控制

计算机过程控制也称实时控制，是指用计算机对工业生产过程或某种装置的运行过程进行状态检测并实施自动控制。在日常生活中，有一些控制操作是人们无法亲自完成的，如对核反应堆的控制。由于计算机具有体积小、成本低和可靠性高等特点，可以精确控制，用来代替人们完成那些繁重或危险的工作，因此，计算机在过程控制中得到了广泛应用。生产过程的计算机控制不仅可以大大提高生产效率，降低人们的劳动强度，更重要的是可以提高控制精度，提高产品质量和合格率。钢铁、石油、化工、制造业等工业生产领域都需要进行实时控制，以提高生产效率和产品质量。

（4）计算机辅助工程

计算机辅助工程是计算机应用的一个非常广泛的领域。几乎所有过去由人进行的具有设计性质的过程都可以通过计算机实现部分或全部工作。计算机辅助工程主要包括计算机辅助设计（computer-aided design，CAD）、计算机辅助制造（computer-aided manufacturing，CAM）、计算机辅助教学（computer-aided instruction，CAI）、计算机辅助技术（computer-aided technology，CAT）、计算机集成制造系统（computer-integrated manufacturing system，CIMS）、计算机模拟（computer simulation）等。

（5）人工智能

人工智能（artificial intelligence，AI）是指用计算机来模拟人类的智能。虽然计算机的能力在许多方面远超人类，如计算速度，但是要真正达到人的智能水平还有非常遥远的路要走。目前，有些智能系统已经能够替代人的部分脑力劳动，得到了实际的应用，尤其是在机器人、专家系统、模式识别等方面。

（6）网络应用

随着计算机网络的飞速发展，网络应用已成为计算机技术最重要的应用领域之一，如电子邮件、WWW 服务、资料检索、IP 电话、电子商务、电子政务、网络论坛、远程教育等，不胜枚举。计算机网络已经并将继续改变人类的生产和生活方式。近几年来，云计算、网格计算、物联网、无线传感器网络等快速发展，并应用到生产、生活中。

（7）多媒体应用

目前，多媒体的应用领域不断拓宽。在文化教育、技术培训、电子图书、观光旅游、商用及家庭应用等方面，已经出现了不少深受人们欢迎和喜爱的、以多媒体技术为核心的电子出版物，它们将图片、动画、视频片段、音乐及解说等易被接受的媒体素材所反映的内容生动地展现给用户。多媒体技术与人工智能技术的有机结合还促进了虚拟现实、虚拟制造技术的发展。

（8）嵌入式系统

不是所有计算机都是通用的，许多特殊的计算机用于不同的设备中，包括大量的消费电子产品和工业制造系统，都是把处理器芯片嵌入其中，以完成特定的处理任务。这些系统被称为嵌入式系统。在智能家电的远程控制，水、电、气表的远程自动抄表，车辆导航、流量控制、信息监测与汽车服务等方面，都应用了嵌入式系统技术。

（9）大数据

大数据（big data）是指无法在可承受的时间范围内用常规软件工具进行捕捉、管理和处理的数据集合。从某种程度上说，大数据技术是数据分析的前沿技术。简言之，从各种类型的数据中快速获得有价值信息的能力，就是大数据技术。大数据技术最核心的价值就在于对海量数据进行存储和分析。

任务三　熟悉信息的表示和存储方法

计算机是信息存储和处理的主要工具，任何信息必须转换成二进制形式的数据后，计算机才能进行存储、处理和传输。下面介绍几种数制的表示方法、转换方法，以及如何在计算机内表示各类信息（字符、文字、图形、图像、声音、视频等），也就是对信息进行编码。

一、数制转换

（1）数制概念

将一些数字符号按顺序排列成数位，并遵照某种从低位到高位的进位方式来计数表示数值的方法，称为进位计数制。常用的计数制有十进制（decimal notation）、二进制（binary notation）、八进制（octal notation）和十六进制（hexadecimal notation）。二进制是计算机内数据的表示方法，十进制是人类最常用的计数法，八进制和十六进制是为了在表示二进制时更简洁方便而采用的两种计数方法。

可以从以下几个要素去理解数制的概念。

1）数码：某种数制包含的数字符号，如十进制中的数码有 0、1、2、3、4、5、6、7、8、9 十个数字符号；二进制数码只有 0 和 1 两个数字符号。

2）基数：数制中包含的数码个数，如十进制数的基数为 10，二进制数的基数为 2。

3）位权：某种进制的各位数码所代表的数值在数中所处位置，它对应一个常数，该常数称为位权。位权的大小等于以基数为底，数码所处位置的序号为指数的整数次幂。序号的排列方法是以小数点为基准，整数部分自右向左（自低位向高位）依次为 0,1,2,…，递增排列；小数部分自左向右依次为-1,-2,-3,…，递减排列。例如，在十进制数中，整数部分位权（从低位到高位）分别为 10^0、10^1、10^2、10^3 等。

（2）运算规则

运算规则包括进位规则和借位规则，如十进制可归纳为“逢十进一”和“借一当十”，二进制可归纳为“逢二进一”和“借一当二”。以此类推，任意 N 进制的运算规则为“逢 N 进一”和“借一当 N”。

常用的进位计数制对比见表 1.3.1。

表 1.3.1　常用的进位计数制对比

进位计数制	二进制	八进制	十进制	十六进制
基本符号	0,1	0～7	0～9	0～9,A,B,C,D,E,F
基数	2	8	10	16
位权	2^n	8^n	10^n	16^n
进位规则	逢二进一	逢八进一	逢十进一	逢十六进一
表示形式	B	O	D	H

例如，数值（10110111）B，字母 B 代表是二进制数据，该数各位的位权（从高位到低位）分别为 2^7、2^6、2^5、2^4、2^3、2^2、2^1、2^0。

（3）十进制转换成其他进制

1）十进制的整数转换为二进制的方法概括起来就是“除二取余”。具体就是：用要转换的十进制数除以 2，得到一个商和余数，记下余数，然后再用得到的商除以 2，一直除下去，直到商为 0 时结束，这样得到的一系列余数就是二进制数的各位数码。最先得到的余数为二进制数的最低位，最后得到的余数为二进制数的最高位，按这样的次序将余数排列起来就是对应的二进制数。

例如：（25）D =（11001）B。

2 | 25　　余数
2 | 12　… 1　↑ 低位
2 | 6　… 0
2 | 3　… 0
2 | 1　… 1
　 0　… 1　高位

2）十进制的小数转换为二进制的方法概括起来就是“乘二取整”。具体就是：用要转换的十进制小数乘以 2，得到一个整数部分和小数部分，记下整数部分，然后再用得到的小数乘以 2，一直乘下去，直到小数部分为 0 时结束，这样得到的一系列整数就是二进制数的各位数码，最先得到的整数为二进制数的最高位，最后得到的整数为二进制数的最低位，按这样的次序将整数排列起来，在前面加上 0.就是对应的二进制数。

例如：（0.125）D =（0.001）B。

0.125
× 2　　取整
0.250　… 0　高位
× 2
0.500　… 0
× 2
1.000　… 1　↓ 低位

同理，十进制转换为八进制就是“除八取余法”和“乘八取整法”，十进制转换成十六进制就是“除十六取余法”和“乘十六取整法”。

例如：（2606）D =（A2E）H。

16 | 2606　　余数
16 | 162　… 14　E　↑ 低位
16 | 10　… 2
　 0　… 10　A　高位

（4）其他进制转换成十进制

在介绍数制的概念时，提到了位权，即各位数码所代表的数值在数中所处的位置。对于任意一种进制表示的数值，都可以利用按权展开法将其换一种形式表述。对于任意 n 位整数 m 位小数的 R 进制数（$a_{n-1}\cdots a_2a_1a_0.a_{-1}\cdots a_{-m}$，其中 a_i 代表 R 进制中的基本数码符号，将 $a_{n-1}\cdots a_2a_1a_0.a_{-1}\cdots a_{-m}$ 简写为 A），可以写成如下形式：

$$A=a_{n-1}\times R^{n-1}+\cdots+a_2\times R^2+a_1\times R^1+a_0\times R^0+a_{-1}\times R^{-1}+\cdots+a_{-m}\times R^{-m}$$

这个公式即按权展开法，用每一位上的数码乘以该位的位权，然后对这些积求和。

例如：十进制数 456 按权展开后为 $456=4\times10^2+5\times10^1+6\times10^0$。对于按权展开的公式，如果做进一步的运算，即可得到等值的十进制数。

其他进制的数据转换成十进制数只需使用按权展开法先将其展开成公式，然后再做进一步计算就可得到。

例如：

（11001.01）B =（$1\times2^4+1\times2^3+0\times2^2+0\times2^1+1\times2^0+0\times2^{-1}+1\times2^{-2}$）D =（25.25）D

（1523）O =（$1\times8^3+5\times8^2+2\times8^1+3\times8^0$）D =（851）D

（A3C）H =（$10\times16^2+3\times16^1+12\times16^0$）D =（2620）D

（5）二进制和八进制相互转换

这两种数值之间相互转换的方法很简单，因为 $8=2^3$，所以一位八进制和三位二进制表示的数据范围相同，两者的对应关系如表 1.3.2 所示。

表 1.3.2　八进制和二进制数值对应表

八进制数	二进制数
0	000
1	001
2	010
3	011
4	100
5	101
6	110
7	111

二进制转换成八进制的具体方法为：首先对二进制数据进行分组，从小数点开始，向左整数部分三位一组，最高位不足三位用 0 补齐三位，小数点向右也是三位一组，最低位不足三位也用 0 补齐，分组完毕后，参考表 1.3.2，将每三位二进制转换成一位八进制，然后按顺序排列即可。

例如：

$$（1001110111101.0111）B =（\underset{1}{\underline{001}}\ \underset{1}{\underline{001}}\ \underset{6}{\underline{110}}\ \underset{7}{\underline{111}}\ \underset{5}{\underline{101}}\ .\ \underset{3}{\underline{011}}\ \underset{4}{\underline{100}}）B$$

$$=（11675.34）O$$

八进制转换成二进制的方法为：参考表 1.3.2，将八进制的每一位分成三位，将最高位和最低位的 0 去掉后，按原顺序排列即可。

例如：

$$(2735.14)O=(\underset{010}{\underline{2}}\ \underset{111}{\underline{7}}\ \underset{011}{\underline{3}}\ \underset{101}{\underline{5}}.\ \underset{001}{\underline{1}}\ \underset{100}{\underline{4}})O$$

$$=(10111011101.0011)B$$

（6）二进制和十六进制相互转换

二进制和十六进制相互转换的方法与二进制和八进制的转换类似。一位十六进制对应四位二进制，对应关系如表 1.3.3 所示。

表 1.3.3　十六进制和二进制数值对应表

十六进制数	二进制数	十六进制数	二进制数
0	0000	8	1000
1	0001	9	1001
2	0010	A	1010
3	0011	B	1011
4	0100	C	1100
5	0101	D	1101
6	0110	E	1110
7	0111	F	1111

二进制转换成十六进制的方法为：首先对二进制数据进行分组，从小数点开始，向左整数分四位一组，最高位不足四位用 0 补齐四位，小数点向右也是四位一组，最低位不足四位也用 0 补齐，分组完毕后，参考表 1.3.3，将每四位二进制转换成一位十六进制，然后按顺序排列即可。

例如：

$$(1001100)B=(\underset{4}{\underline{0100}}\quad \underset{C}{\underline{1100}})B$$

$$=(4C)H$$

十六进制转换成二进制的方法为：参考表 1.3.3，将十六进制的每一位分成四位，将最高位和最低位的 0 去掉后，按原顺序排列即可。

例如：

$$(2B)H=(\underset{0010}{\underline{2}}\ \underset{1011}{\underline{B}})H$$

$$=(101011)B$$

（7）八进制和十六进制相互转换

八进制和十六进制相互转换时，方法很简单，就是借助二进制中转一下。例如，八进制到十六进制的转换，可以先将八进制转换为二进制，再将二进制转换为十六进制。十六进制到八进制的转换，可以先将十六进制转换为二进制，再将二进制转换为八进制。

二、编码

在计算机内，信息是以二进制的形式进行存储和处理的。上面介绍了数值类信息在计算机内的表示方式，其实信息还包括其他的类型，如文字、图形、声音、视频等。为了能处理这些非数值信息，就需要对它们进行编码。当然，编码在计算机内部也表现为二进制形式，包括西文字符编码、汉字编码等，常见的汉字编码有汉字信息交换码（国标码）、区位码、汉字内码、汉字输入码、汉字字形码和汉字地址码等。

1. 西文字符编码

西文字符数据在计算机内也是用二进制形式表示的，目前普遍采用 ASCII（American Standard Code for Information Interchange，美国信息交换标准码），被国际标准化组织指定为国际标准。ASCII 有 7 位码和 8 位码两种版本，国际通用的是 7 位 ASCII，采用 7 位二进制数表示一个字符的编码，共有 2^7=128 个不同的编码值，相应可以表示 128 个不同字符的编码，标准 ASCII 字符集如表 1.3.4 所示。

表 1.3.4　标准 ASCII 字符集

$b_3b_2b_1b_0$	$b_6b_5b_4$							
	000	001	010	011	100	101	110	111
0000	NUL	DLE	SP	0	@	P	`	p
0001	SOH	DC1	!	1	A	Q	a	q
0010	STX	DC2	"	2	B	R	b	r
0011	ETX	DC3	#	3	C	S	c	s
0100	EOT	DC4	$	4	D	T	d	t
0101	ENQ	NAK	%	5	E	U	e	u
0110	ACK	SYN	&	6	F	V	f	v
0111	BEL	ETB	‘	7	G	W	g	w
1000	BS	CAN	(	8	H	X	h	x
1001	HT	EM	)	9	I	Y	i	y
1010	LF	SUB	*	:	J	Z	j	z
1011	VT	ESC	+	;	K	[	k	{
1100	FF	FS	,	<	L	\	l	|
1101	CR	GS	-	=	M	]	m	}
1110	SD	RS	.	>	N	^	n	~
1111	SI	US	/	?	O	_	o	DEL

表 1.3.4 中对大、小写英文字母，阿拉伯数字，标点符号及控制符等特殊符号规定了编码，表中每个字符都对应一个数值，称为该字符的 ASCII 值。其排列次序为 $b_6b_5b_4b_3b_2b_1b_0$，b_6 为最高位，b_0 为最低位。例如，大写字母 A 的编码是 1000001。

ASCII 字符集中共有 34 个非图形字符（即控制字符），其余 94 个为可打印字符，也称为图形字符。

计算机的内部用 1 字节（8 个二进制位）存放一个 7 位 ASCII 值，最高位置为 0。

2. 汉字编码

ASCII 只对英文字母、数字和标点符号进行了编码。为了使计算机能够处理、显示、打印、交换汉字字符，同样也需要对汉字进行编码。

（1）国标码

我国于 1980 年发布了国家汉字编码标准《信息交换用汉字编码字符集 基本集》（GB/T 2312—1980），简称国标码。国标码把最常用的 6763 个汉字分成两级：一级汉字有 3755 个，按汉语拼音字母的次序排列；二级汉字有 3008 个，按偏旁部首排列。因为 1 字节只能表示 256 种编码，不足以表示 6763 个汉字，所以一个国标码用 2 字节来表示一个汉字，每字节的最高位为 0。

（2）区位码

区位码将 GB/T 2312—1980 中的 6763 个汉字分为 94 行、94 列，组成一个矩阵。在此矩阵中，每一行称为一个区，每一列称为一个位，因此，这个方阵实际上组成了一个有 94 个区（区号分别为 1～94）、每个区内有 94 个位（位号分别为 1～94）的汉字字符集。一个汉字所在的区号和位号简单地组合在一起就构成了该汉字的区位码。在汉字的区位码中，高两位为区号，低两位为位号；01～09 区为特殊字符，10～55 区为一级汉字，56～87 区为二级汉字，88～94 区是保留区，可用来存储自造字代码。实际上，区位码也是一种输入法，其最大的优点是一字一码，无重码，最大的缺点是难以记忆。例如，汉字“中”的区位码为 5448，即它位于第 54 行、第 48 列。

为了与 ASCII 兼容，汉字输入区位码与国标码之间有一个简单的转换关系。具体方法是：将一个汉字的十进制区号和十进制位号分别转换成十六进制，然后分别加上 20H，就成为汉字的国标码，即国标码=区位码+2020 H。

（3）汉字输入码

汉字输入码是为了使用户能够使用西方键盘输入汉字而编制的编码，也叫外码。好的输入编码应该编码短，可以减少击键的次数；重码少，可以实现盲打，便于学习和掌握，但目前还没有一种符合上述全部要求的汉字输入编码方法。

汉字输入码有许多种不同的编码方案，大致分为 4 类：音码（如搜狗拼音输入法）、音形码（如自然码输入法）、形码（如五笔输入法）、数字码（如区位码）。

（4）汉字内码

汉字内码是为了在计算机内部对汉字进行处理、存储和传输而编制的汉字编码。不论用何种输入码，输入的汉字在机器内部都要转换成统一的汉字机内码，才能在机器内传输、处理。

在计算机内部，为了能够区分是汉字还是 ASCII，将国标码每字节的最高位由 0 变为 1，变换后的国标码为汉字内码（即汉字内码的每字节都大于 128）。汉字内码和汉字的国标码之间存在这样一个转换关系：汉字内码=汉字的国标码+8080H。

（5）汉字地址码

汉字地址码是指汉字库中存储汉字字形信息的逻辑地址码。在汉字库中，字形信息都是按一定顺序连续存放在存储介质中的，所以汉字地址码大多也是连续有序的，而且与汉字内码有着简单的对应关系，从而简化了汉字内码到汉字地址码的转换。

（6）汉字字形码

汉字字形码是存放汉字字形信息的编码，它与汉字内码一一对应。每个汉字的字形码是预先存放在计算机内的，常称为汉字库。

任务四　认识计算机系统的组成和性能指标

一、计算机系统组成

计算机系统包括硬件（hardware）系统和软件（software）系统两大部分。硬件是组成计算机的各种物理设备和总线，也就是看得见、摸得着的实际物理设备。硬件系统主要包括主机和外设。软件是在硬件上运行的程序和相关文档。软件系统主要包括系统软件和应用软件。

1. 计算机硬件系统

计算机的组成都遵循冯·诺依曼结构，由运算器、控制器、存储器、输入设备和输出设备 5 个基本部分组成。冯·诺依曼结构计算机的硬件系统及工作过程如图 1.4.1 所示。

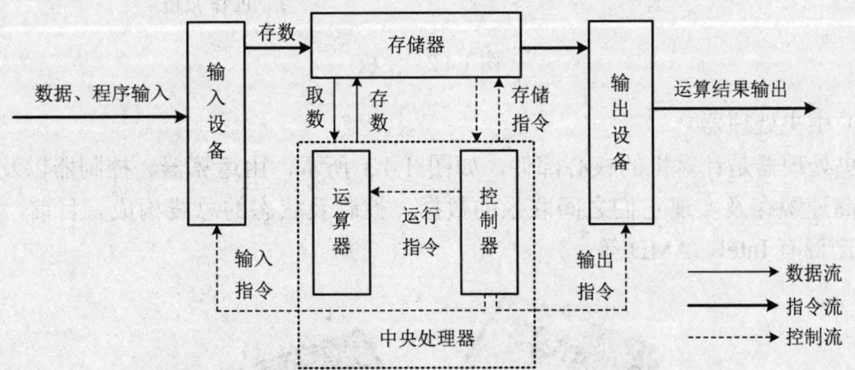

图 1.4.1　冯·诺依曼结构计算机的硬件系统及工作过程

计算机的工作过程就是执行程序的过程，而程序则由按顺序存储的指令组成。计算机在工作时，按照预先规定的顺序取出指令、分析指令、执行指令，完成规定的操作。

第 1 步：将程序和数据通过输入设备送入存储器。

第 2 步：运行后，计算机从存储器中取出程序指令，送到控制器中进行识别和分析。

第 3 步：控制器根据指令含义发出相应的命令（如加法、减法），将存储单元中存储的操作数据取出并送往运算器进行运算，再把运算结果送回存储器指定的单元。

第 4 步：运算任务完成后，根据指令将结果通过输出设备输出。

从外观上看，计算机主要由以下部分构成：主机（机箱）、显示器、键盘和鼠标。根据用户需求还可以连接其他外部设备，如打印机、扫描仪、音箱、摄像头等。其中，主机主要用于安装和保护计算机中的核心硬件，包括中央处理器、主板、内存、硬盘、显卡、声卡、网卡、光盘驱动器以及各类总线等。

（1）主板

主板安装在机箱内，是计算机最基本、最重要的部件之一。主板一般为矩形电路板，如图 1.4.2 所示。常见的主板品牌有华硕（ASUS）、微星（MSI）、技嘉（GIGABYTE）等。

图 1.4.2　主板

（2）中央处理器

中央处理器是计算机的核心部件，如图 1.4.3 所示，由运算器、控制器以及一些寄存器、高速缓存及实现它们之间联系的数据、控制及状态的总线构成。目前，主要的 CPU 生产商有 Intel、AMD 等。

图 1.4.3　中央处理器

CPU 的性能好坏直接关系到计算机的性能，衡量 CPU 的性能主要从以下几方面考虑。

1）主频（时钟频率）：指 CPU 每秒钟发出的脉冲数，单位为 MHz（兆赫兹）或 GHz（吉赫兹）。用来表示 CPU 的运算、处理数据的速度。

2）字长：位是计算机处理的二进制数的基本单位，字长是指 CPU 在单位时间内能一次处理的二进制数的位数。字长越长，计算机处理数据的速度越快，精度越高。例如，现在的主流计算机一般能够直接处理 64 位的二进制数，也就是 64 位的计算机。64 位可以表示的数据是 2^{64}，大于这个数计算机就会把它分成 2 段或更多的段来处理。

3）缓存：指在 CPU 内设置的可用以进行高速数据交换的存储器。根据缓存的处理速度可分为 L1 Cache（一级缓存）、L2 Cache（二级缓存）以及 L3 Cache（三级缓存）。

（3）存储器

存储器由一些能表示二进制数 0 和 1 的物理器件组成，这种器件称为记忆元件或记忆单元。每个记忆单元可以存储一位二进制代码信息。

存储器中能够存放的最大数据信息称为存储器容量。存储容量的最小单位为位（bit，简写 b），基本单位为字节（byte，简写 B）。1 字节由 8 位二进制数组成，即 1byte=8bit。存放一个 ASCII 码需要 1 字节，存放一个汉字需要 2 字节。常用的存储单位还有 KB（千字节）、MB（兆字节）、GB（吉字节）和 TB（太字节）等，它们之间的关系为：

1KB=1024B　　1MB=1024KB　　1GB=1024MB　　1TB=1024GB

微机存储器可分为主存储器（内存）和辅助存储器（外存）。内存指主板上的存储部件，用来存放当前正在执行的数据和程序，但仅用于暂时存放程序和数据，关闭电源或断电，数据会丢失。外存通常是磁性介质或光盘等，能长期保存信息。

1）内存。内存用于暂时存放 CPU 中的运算数据，以及与硬盘等辅助存储器交换的数据。内存可直接与 CPU 交换信息，其质量好坏与容量大小会影响计算机的运行速度。

内存按存取方式分为随机存储器（random access memory，RAM）和只读存储器（read only memory，ROM）。

- 随机存储器：信息既可以读取，也可以写入。当计算机电源关闭时，存在其中的数据就会丢失。图 1.4.4 所示为内存条。

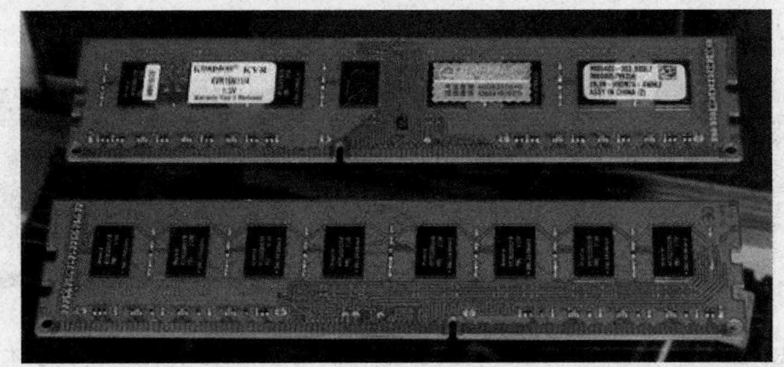

图 1.4.4　内存条

- 只读存储器：信息只能读出，一般不能写入，即使计算机断电，数据也不会丢失。ROM 中的信息是在制造 ROM 时被存入并永久保存，一般用于存放基本程序和数据，如基本输入输出系统（basic input/output system，BIOS）等。

2）外存。辅助存储器又称外存储器，简称外存，是指除计算机内存及CPU缓存以外的存储器，此类存储器一般断电后仍然能保存数据，常见的外存储器有硬盘、光盘和可移动存储器（如U盘等），如图1.4.5～图1.4.8所示。

图1.4.5　机械硬盘

图1.4.6　固态硬盘

图1.4.7　光盘

图1.4.8　U盘

3）内存与外存的区别。

- 内存运行速度快，外存运行速度慢。外存里的数据必须先调入到内存才能运行（打开文件）。
- 内存只能暂时保存（RAM部分）数据，关机或断电后其中的数据自动消失。外存可长期、永久性地保存数据（保存文件就是将内存中的数据保存到了外存中）。
- 内存的存储容量小，外存的容量大。

（4）总线

总线是微机各部件之间的通信线，是模块间传输信息的公共通道，通过它实现计算机各部件之间的数据、地址和控制信息的传送。

（5）输入设备

常用的输入设备包括键盘、鼠标、触控屏、扫描仪等。

（6）输出设备

1）显示器。按照工作原理可将显示器分为阴极射线管（cathode ray tube，CRT）显示器（图1.4.9）、液晶显示器（liquid crystal display，LCD）（图1.4.10）和等离子体显示器（图1.4.11）。

图1.4.9　CRT显示器

图1.4.10　LCD

图1.4.11　等离子体显示器

显示器的主要性能参数有分辨率、屏幕尺寸、点间距、刷新频率等。

2）打印机。打印机是计算机的另一种输出设备，可以把文字或图形在纸上输出，供用户阅读和保存。打印机按工作原理可分为击打式打印机和非击打式打印机两类。打印票据用的针式打印机就属于击打式打印机，而非击打式打印机主要有喷墨打印机和激光打印机等。

3. 计算机软件系统

计算机软件系统是计算机的重要组成部分，只有硬件的计算机称为裸机。安装了软件的计算机才能够供用户使用，完成用户指定的操作。软件系统可分为系统软件和应用软件两大类。

（1）系统软件

系统软件是计算机正常工作所必需的最基本的软件，主要功能是调度、监控和维护计算机系统，负责管理计算机系统中各种独立的硬件，使得它们可以协调工作。系统软件主要包括以下几种。

1）操作系统。操作系统（operating system，OS）是最基本、最重要的系统软件，直接运行在计算机硬件上，是用户和计算机的接口。常用的操作系统有 Windows 系列、Linux、UNIX 等。

2）计算机语言处理程序。按照计算机语言处理程序对硬件的依赖程度，通常将其分为机器语言、汇编语言和高级语言。这些语言处理程序除个别常驻在 ROM 中可独立运行外，其他必须在操作系统支持下运行。

3）数据库管理系统。数据库管理系统主要面向解决数据处理的非数值计算问题，如对计算机中存放的大量数据进行组织、管理、查询等。

（2）应用软件

应用软件是用户为解决各种实际问题而编制的计算机应用程序及其有关资料，如办公软件、即时通信软件、多媒体软件、分析软件、协作软件、商务软件等。

二、计算机的主要性能指标

（1）运算速度

运算速度是衡量计算机性能的一项重要指标。通常所说的计算机运算速度（平均运算速度）是指每秒钟所能执行的指令条数，一般用百万条指令每秒来描述。微型计算机一般采用主频来描述运算速度，主频越高，运算速度就越快。

影响计算机运行速度的主要因素有以下几个。

- CPU 的主频（时钟频率）：是计算机内部时钟发生器产生的时钟信号频率，即 CPU 的时钟频率。它在很大程度上决定了计算机的处理速度。
- 字长：在 CPU 中，作为一个整体加以处理和传送的二进制数据位数，称为该计算机的字长。字长总是 8 的倍数。字长越大，计算机处理数据的速度就越快，处理的数据的精度就越高。
- 指令系统的合理性。

（2）存储容量

存储容量是指能够存储数据的总字节数。

内存是 CPU 可以直接访问的存储器，需要执行的程序与数据就是存放在内存中。内存的存储容量的大小直接反映了计算机即时存储信息的能力。外存的存储容量通常是指硬盘容量（包括内置硬盘和移动硬盘）。外存存储容量越大，可存储的信息就越多，可安装的应用软件就越丰富。

（3）存取速度

存储器完成一次读/写操作所需的时间称为存取时间或访问时间。存储器连续进行读/写操作所允许的最短时间间隔称为存取周期。存取周期越短，则存取速度越快。通常，存取速度的快慢决定了运算速度的快慢。

项目测试题

一、选择题

1. 第一台通用电子计算机 ENIAC 诞生于（　　）。

A. 1945 年　　B. 1946 年　　C. 1958 年　　D. 1971 年

2. 计算机内部采用二进制主要是由（　　）决定的。

A. 计算机电路所使用的元器件

B. 二进制运算简单

C. 二进制电路实现方便

D. 二进制成本低廉

3. 下列存储器中，断电后数据会丢失的是（　　）。

A. ROM　　B. RAM　　C. 硬盘　　D. 光盘

4. 下列属于系统软件的是（　　）。

A. 办公软件　　B. 即时通信软件　　C. 操作系统　　D. 多媒体软件

5. 十进制数 25 转换为二进制数是（　　）。

A. 11001　　B. 10101　　C. 11100　　D. 10011

二、判断题

1. 冯·诺依曼提出的计算机结构包括运算器、控制器、存储器、输入设备和输出设备五个部分。（　　）

2. 模拟计算机的运算精度比数字计算机高。（　　）

3. 字长越长，计算机处理数据的速度越快，精度越高。（　　）

4. 外存的运行速度比内存快。（　　）

5. 计算机软件系统分为系统软件和应用软件，系统软件可以独立于硬件系统运行。（　　）

应用 Windows 10 操作系统

Windows 10 操作系统是由微软公司开发的操作系统之一，它在易用性和安全性方面较 Windows XP、Windows 7、Windows 8 有了极大的提升，除针对云服务、智能移动设备、自然人机交互等新技术进行融合外，还对固态硬盘、生物识别、高分辨率屏幕等硬件进行了优化完善与支持，同时加入了 Cortana 小娜语音助手、Microsoft Edge 浏览器、虚拟桌面和 3D 应用等功能。

学习目标

知识目标

- 熟悉 Windows 10 桌面环境，能熟练对窗口、任务栏进行操作。
- 熟练使用“开始”菜单和任务栏，会进行“开始”菜单和任务栏的设置。
- 熟练进行个性化设置，熟练设置屏幕分辨率、颜色质量。
- 会添加桌面小工具，会创建快捷方式。

技能目标

- 熟练对文件或文件夹进行建立复制、移动、删除、重命名等操作。
- 会更改文件或文件夹属性。

思政与职业素养目标

- 探索从信息化角度分析问题的方法和解决问题的具体路径。
- 培养综合使用计算机的能力。

任务一　认识 Windows 10 操作系统桌面

1. 桌面图标和个性化设置

（1）桌面图标

启动 Windows 10 操作系统后看到的界面称为桌面，即屏幕工作区，包括桌面图标、桌面背景、任务栏等组成元素，如图 2.1.1 所示。

图 2.1.1　Windows 10 操作系统桌面

所有的操作都是从桌面开始的，桌面图标由一个可以反映对象类型的图片和相关的文字说明组成，桌面图标包括以下 3 种类型。

1）系统图标：刚安装好 Windows 10 操作系统时，桌面上只有“回收站”和“Microsoft Edge”两个桌面图标。

2）普通图标：指保存在桌面上的文件或文件夹的图标。

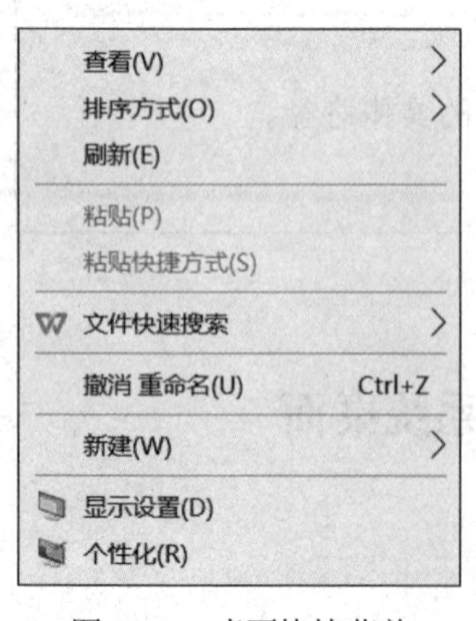

图 2.1.2　桌面快捷菜单

3）快捷图标：应用程序、文件或文件夹的快捷启动方式，图标左下角有箭头标志。删除了快捷方式后仍然可以在计算机中找到目标程序，再去运行它。当应用程序或文件被删除后，快捷方式图标无法应用。

（2）个性化设置

在桌面空白处右击，在弹出的快捷菜单（图 2.1.2）中选择“个性化”命令，打开设置个性化窗口。

选择“主题”选项，打开主题设置窗口（图 2.1.3），单击“桌面图标设置”按钮，打开“桌面图标设置”对话框，选中“计算机”“用户的文件”“回收站”“控制面板”等复选框，单击“更改图标”按钮，打开“更改图标”对话框，如图 2.1.4 所示，可进行图标的更改操作。

在桌面上右击，在弹出的快捷菜单中选择“新建”→“快捷方式”命令（图 2.1.5），打开“创建快捷方式”对话框。在该对话框中输入文件的路径，或者单击“浏览”按钮，在打开的“浏览文件或文件夹”对话框中选择所需文件，然后单击“确定”按钮，如图 2.1.6 所示，返回“创建快捷方式”对话框。单击“下一步”按钮，输入快捷方式的名称，最后单击“完成”按钮即可。

图 2.1.3　主题设置

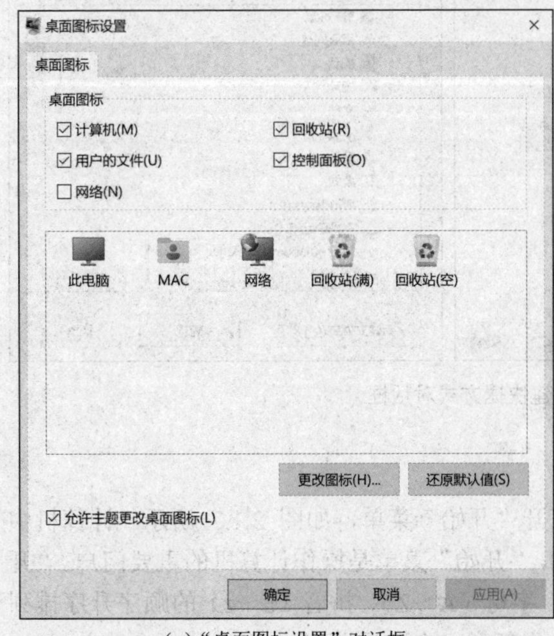

（a）“桌面图标设置”对话框

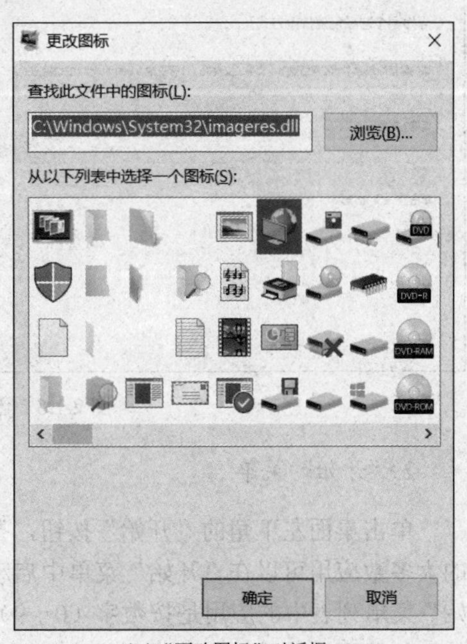

（b）“更改图标”对话框

图 2.1.4　更改图标设置对话框

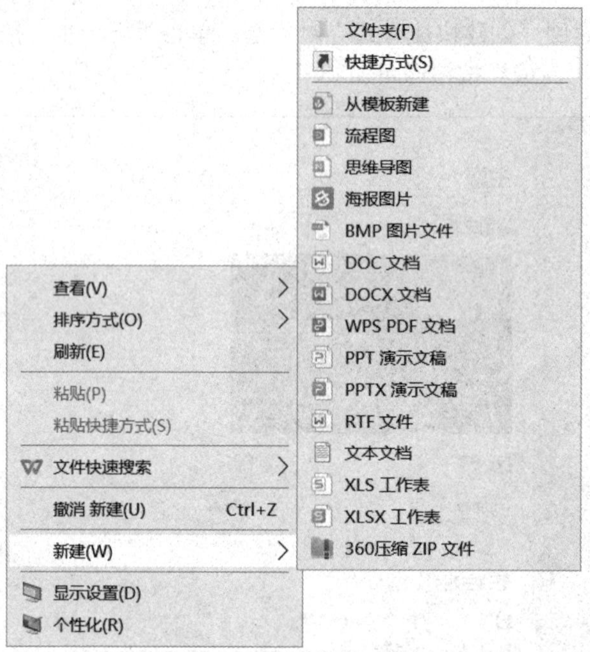

图 2.1.5　创建快捷方式命令

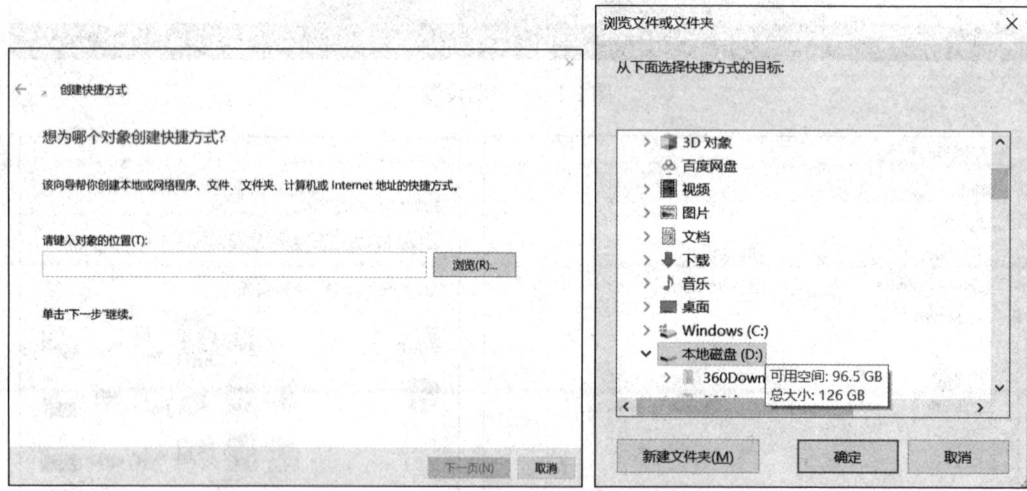

图 2.1.6　创建快捷方式对话框

2. “开始”菜单

单击桌面左下角的“开始”按钮，打开“开始”菜单，如图 2.1.7 所示。计算机中的大多数应用可以在“开始”菜单中启动，“开始”菜单是操作计算机的重要门户。“开始”菜单列表中的应用是按数字（0～9）、字母（A～Z）、拼音（a～z）的顺序升序排列的。如果要快速跳转到某应用程序，则单击任意一个字母即可。

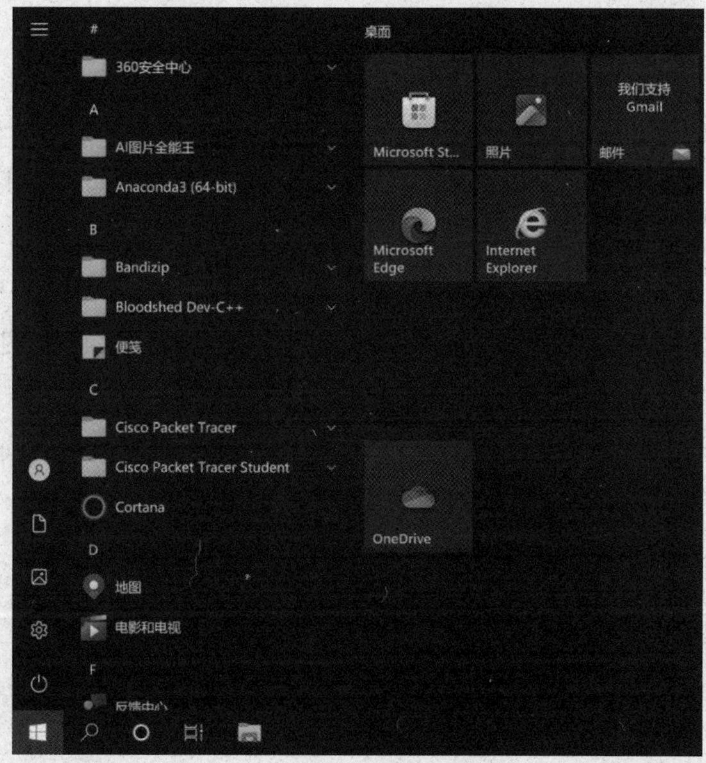

图 2.1.7　“开始”菜单

3. 任务栏

任务栏一般位于桌面的底部，任务栏的最左边是“开始”按钮，然后从左到右依次是搜索框、任务视图、快速启动区、应用程序区和通知区域，如图 2.1.8 所示。

图 2.1.8　任务栏

1）“开始”按钮：用于打开“开始”菜单。

2）搜索框：为用户提供多种类型的查找。

3）任务视图：是多任务和多桌面的入口，单击该按钮可以预览当前计算机所有正在运行的任务程序，可以在打开的多个软件、应用、文件之间快速进行切换。

4）快速启动区：将常用的应用程序的快捷方式固定在任务栏中的区域。单击快速启动区中的按钮，即可启动相应的应用程序。

5）应用程序区：显示正在运行的应用程序、所有打开的文件夹窗口和文件的按钮图标。每当打开或运行一个窗口时，在任务栏应用程序区中就会显示一个对应的任务按钮图标。

6）通知区域：位于任务栏的最右侧，用于显示在后台运行的应用程序或其他通知，如日期和时间、音量、键盘和语言、显示隐藏的图标和“操作中心”图标。

4. 窗口的组成

窗口就是 Windows 的工作区域，Windows 的大部分操作是在窗口中进行的。在 Windows 操作系统中运行的应用程序也都有一个属于自己的窗口。用户可以通过窗口来观察应用程序的运行情况、浏览文档的内容，也可以对其进行移动、关闭、改变大小等操作。窗口可以分为应用程序窗口、文件夹窗口和对话框。

1）应用程序窗口：是应用程序运行时的工作界面，由标题栏、功能区、地址栏、“最大化”按钮、“最小化”按钮、“关闭”按钮、导航窗格、状态栏、工作区等组成。例如，在 Windows 10 桌面上双击“此电脑”图标，打开“此电脑”窗口，如图 2.1.9 所示。

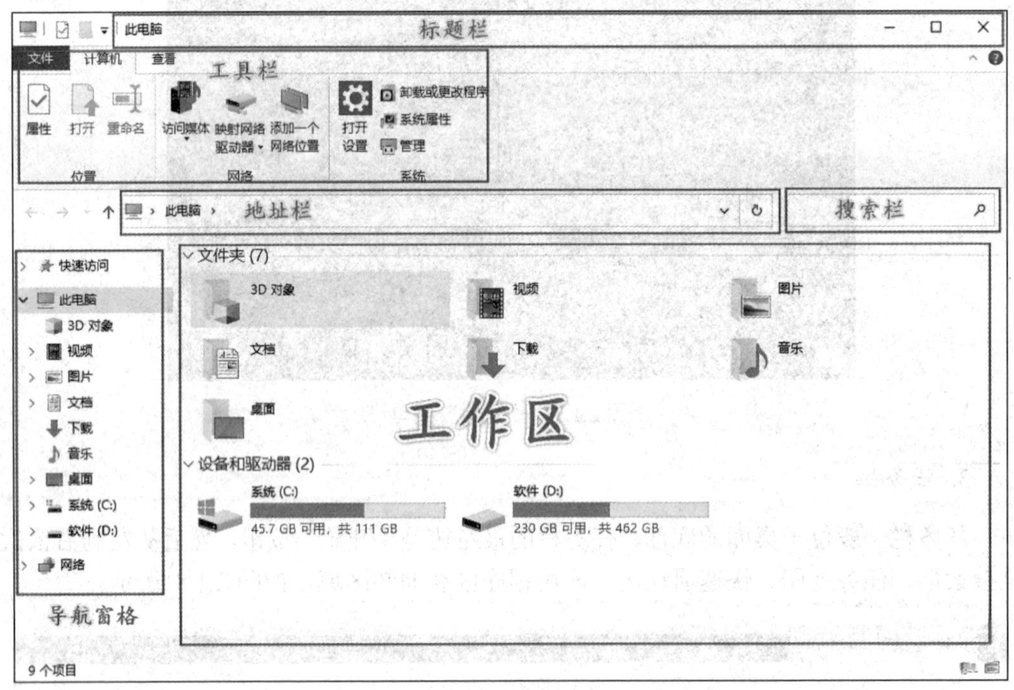

图 2.1.9 “此电脑”窗口

2）文件夹窗口：显示该文件夹中的文档组成内容和组织方式。

3）对话框：当操作系统需要与用户进一步沟通时，会打开一个对话框，如修改文件的属性（图 2.1.10）。

5. 窗口操作

对窗口的操作包括窗口的移动、改变窗口的大小、窗口最大化、窗口最小化及关闭窗口等。

具体操作步骤如下。

1）移动窗口。将鼠标指针指向窗口（如“此电脑”窗口）标题栏的空白处，按住鼠标左键，拖动窗口至合适的位置，然后放开鼠标左键，完成窗口（如“此电脑”窗口）的移动。

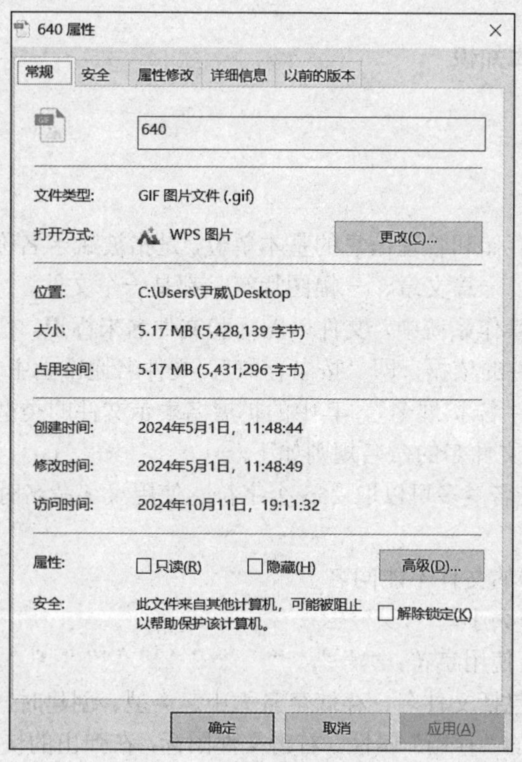

图 2.1.10　修改文件属性对话框

2）改变窗口大小。将鼠标指针指向窗口（如“此电脑”窗口）的右边框（或其他边框或角），待鼠标指针变为双向箭头↔时，按住鼠标左键拖动边框（窗口的大小随着鼠标指针的拖动而缩小或放大），拖动至合适的位置时放开左键，则窗口的大小被改变。

3）最小化窗口。单击窗口（如“此电脑”窗口）中的“最小化”按钮，将窗口缩小成任务栏上的一个图标。单击任务栏上的窗口图标，则桌面上将显示窗口。

4）最大化窗口。单击窗口（如“此电脑”窗口）中的“最大化”按钮，将窗口放大到占据整个桌面，此时“最大化”按钮变为“还原”按钮。

5）还原窗口。单击窗口（如“此电脑”窗口）中的“还原”按钮，使窗口还原为最大化之前的尺寸。

6）关闭窗口。单击窗口（如“此电脑”窗口）中的“关闭”按钮，关闭该窗口。

任务二　文件管理

计算机中的数据和程序都是以文件的形式存放的。在 Windows 10 操作系统中，为了便于管理文件，把文件组织到目录和子目录中，这些目录称为文件夹，而子目录则称为子文件夹。

一、文件和文件夹基本知识

1. 文件和文件夹

（1）文件

文件是操作系统存储和管理信息的基本单位，是指被赋予名称并存储在磁盘上的信息的集合。一个程序、一篇文章、一幅图片等，都是一个文件。

在 Windows 10 操作系统中，文件以图标和文件名来标识。任何一个文件都有文件名，文件名是存取文件的依据，即“按名存取”。文件名通常由主文件名和扩展名组成，书写时表述为“主文件名.扩展名”，其中的扩展名表示文件的类型。

在 Windows 中，文件名的命名规则如下。

- 文件和文件夹名最多可以取 255 个字符。使用汉字命名时，最多可以有 127 个汉字。
- 同一文件夹中的文件不能同名。
- 文件名不区分大小写。
- 文件名中不可使用字符：“\”“/”“:”“*”“?”“"”“<”“>”“|”。

文件的基本属性包括文件名、存储容量大小、类型、创建时间和修改时间等。用户建立的文件具有默认的“存档”属性。右击文件图标，在弹出的快捷菜单中选择“属性”命令，在打开的属性对话框中，可修改属性为隐藏或只读。

通常使用扩展名来区分文件的不同类型，一些常用的文件类型及其扩展名如表 2.2.1 所示。

表 2.2.1　常用的文件类型及其扩展名

文件类型	扩展名	文件类型	扩展名
应用程序文件	.com、.exe	WPS 文字	.wps
系统文件	.sys	Word 文档	.docx
帮助文件	.hlp	Excel 工作簿	.xls
位图文件	.bmp	PowerPoint 演示文稿	.pptx
备份文件	.bak	便携式文档	.pdf
压缩格式文件	.zip、.rar	文本文件	.txt
Web 网页文件	.htm、.html	声音文件	.wav

（2）文件夹

文件夹可以理解为用来存放文件的容器，便于用户使用和管理文件。一个文件夹中可以存放文件，也可以存放文件夹。某个文件夹下的文件夹称为此文件夹的子文件夹，而此文件夹称为子文件夹的父文件夹。文件夹的命名规则与文件相同，同一目录下也不允许出现两个同名的文件夹。

2. 库

库可以收集不同位置的文件和文件夹，并将其显示为一个集合或容器，而无须从其存储位置移动这些文件。库类似于文件夹，如打开库时将看到一个或多个文件。但与文件夹不同的是，库可以收集存储在多个不同位置中的文件。

Windows 10 中有 6 个默认库：“本机照片”、“文档”、“音乐”、“图片”、“保存的图片”和“视频”。打开“此电脑”窗口，若在导航窗格中没有显示库，则选择“查看”选项卡，单击“导航窗格”下拉按钮，在弹出的下拉列表中选择“显示库”命令即可。

3. 文件资源管理器

文件资源管理器是 Windows 10 中文件浏览和管理的工具，通常用来管理文件系统。

1）启动文件资源管理器的方法有两个。

① 右击“开始”按钮，在弹出的快捷菜单中选择“文件资源管理器”命令。

② 选择“开始”菜单所有程序列表中的“Windows 系统”→“文件资源管理器”命令。

2）“文件资源管理器”窗口。Windows 10 的文件资源管理器会在主页上显示常用的文件和文件夹，让用户可以快速获取自己需要的内容。当系统打开文件资源管理器时，默认打开的是快速访问界面，在窗口工作区上方显示的是“常用文件夹”列表，下方显示的是“最近使用的文件”列表，如图 2.2.1 所示。

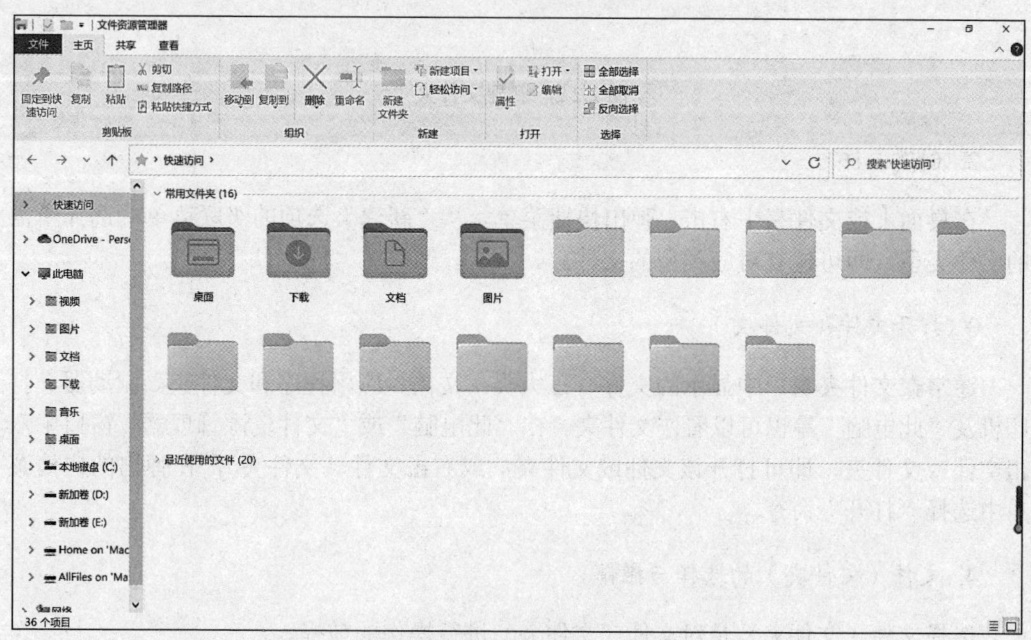

图 2.2.1　文件资源管理器

二、文件和文件夹的基本操作

1. 创建文件夹

在桌面或某一个文件夹的空白处右击，在弹出的快捷菜单中选择“新建”→“文件夹”命令（图 2.2.2），此时出现一个名为“新建文件夹”的新文件夹，并且是待命名状态，输入新的文件夹名，即可创建一个新的文件夹。

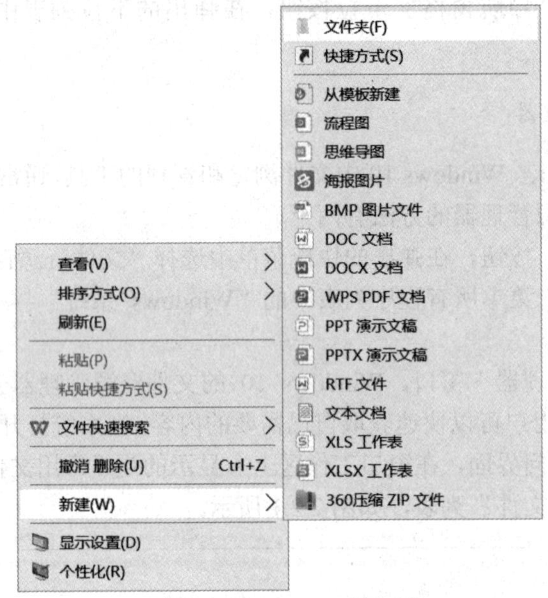

图 2.2.2 新建文件夹

2. 创建文件

在桌面上或文件夹中右击，弹出快捷菜单，从“新建”选项的级联菜单中选择所需的文件类型，即可建立对应类型的文件。

3. 打开文件（文件夹）

通常在文件夹窗口中显示的文件有三大类：文档、应用程序和文件夹。驱动器、打印机及“此电脑”等也可以看作文件夹。在“此电脑”或“文件资源管理器”窗口中双击文件或文件夹，即可打开该文件或文件夹；或右击文件（文件夹），在弹出的快捷菜单中选择“打开”命令。

4. 文件（文件夹）的选择与撤销

选择文件（文件夹）是对文件（文件夹）进行操作的前提。

（1）选择单个文件（文件夹）

1）鼠标选择。单击要选择的文件或文件夹，则其被选中且以高亮方式显示。

2）键盘选择。键盘上的方向键可以定位文件和文件夹，按要选择的文件名或文件夹名的首字母对应的按键，则选中第一个名称以该字母开始的文件或文件夹，然后通过方向键选择文件或文件夹。

（2）选择不相邻的多个文件（文件夹）

按住 Ctrl 键的同时，依次单击需要选择的文件（文件夹），则它们被选中且以高亮方式显示。

（3）选择相邻的多个文件（文件夹）

单击第一个文件（文件夹），按住 Shift 键的同时，单击最后一个文件（文件夹），则它们之间的所有对象都被选中且以高亮方式显示。

（4）撤销选择的文件（文件夹）

在空白处单击，即可撤销已经选中文件（文件夹）的被选状态。

5. 文件（文件夹）的移动与复制

复制是将甲位置的某一文件（文件夹）复制一份存放到乙位置，此时甲位置的文件（文件夹）仍然存在。移动则是将甲位置的文件（文件夹）移动到乙位置，此时甲位置的文件（文件夹）已不存在。

（1）移动文件（文件夹）

1）功能区方式。选中要移动的文件（文件夹），单击“主页”选项卡→“剪贴板”面板→“剪切”按钮，则被选中的文件（文件夹）被剪切到剪贴板中；然后在目标窗口中，单击“主页”选项卡→“组织”面板→“粘贴”按钮，将剪贴板中的内容复制到目标文件夹中，完成移动文件（文件夹）的操作。

2）快捷键方式。选中要移动的文件（文件夹），按 Ctrl+X 组合键，则被选中的文件（文件夹）被剪切到剪贴板中；然后在目标窗口中，按 Ctrl+V 组合键，将剪贴板中的内容复制到目标文件夹中，完成移动文件（文件夹）的操作。

3）快捷菜单方式。选中要移动的文件（文件夹），右击，在弹出的快捷菜单中选择“剪切”命令；然后在目标窗口中右击，在弹出的快捷菜单中选择“粘贴”命令，将剪贴板中的内容复制到目标文件夹中，完成移动文件（文件夹）的操作。

（2）复制文件（文件夹）

1）功能区方式。选中要复制的文件（文件夹），单击“主页”选项卡→“剪贴板”面板→“复制”按钮，则被选中的文件（文件夹）被复制到剪贴板中；然后在目标窗口中，单击“主页”选项卡→“组织”面板→“粘贴”按钮，将剪贴板中的内容复制到目标文件夹中，完成文件（文件夹）的复制操作。

2）快捷键方式。选中要复制的文件或文件夹，按 Ctrl+C 组合键，则被选中的文件（文件夹）被复制到剪贴板中；然后在目标窗口中，按 Ctrl+V 组合键，将剪贴板中的内容复制到目标文件夹中，完成文件（文件夹）的复制操作。

3）快捷菜单方式。选中要复制的文件（文件夹），右击，在弹出的快捷菜单中选择“复制”命令；然后在目标窗口中右击，在弹出的快捷菜单中选择“粘贴”命令，将剪贴板中的内容复制到目标文件夹中，完成文件（文件夹）的复制操作。

此外，还可以使用鼠标拖动来复制文件（文件夹）。选中要复制的文件（文件夹），按下鼠标左键并拖动到目标文件夹即可。

值得注意的是，直接使用鼠标拖动文件（文件夹）的复制方式，只限于在不同驱动器之间拖动文件；如果在同一个驱动器中进行该操作，则是移动文件（文件夹）操作。

如果在同一个驱动器上按住 Ctrl 键的同时拖动鼠标，则完成的是文件（文件夹）的复制操作。

6. 文件（文件夹）的重命名和搜索

（1）重命名文件（文件夹）

1）选中要重命名的文件（文件夹），右击，在弹出的快捷菜单中选择“重命名”命令，然后输入新的文件名，按 Enter 键即可。

2）选中要重命名的文件（文件夹），单击“主页”选项卡“组织”面板中的“重命名”按钮，输入新的文件名，按 Enter 键即可。

（2）搜索文件（文件夹）

当用户忘记文件（文件夹）的名称或位置时，打开“此电脑”窗口或文件资源管理器，在导航窗格中选定要搜索的范围，在搜索框中输入要搜索的关键字，如图 2.2.3 所示，系统会自动搜索；或者在桌面左下角任务栏的搜索框中，直接输入要搜索的内容。

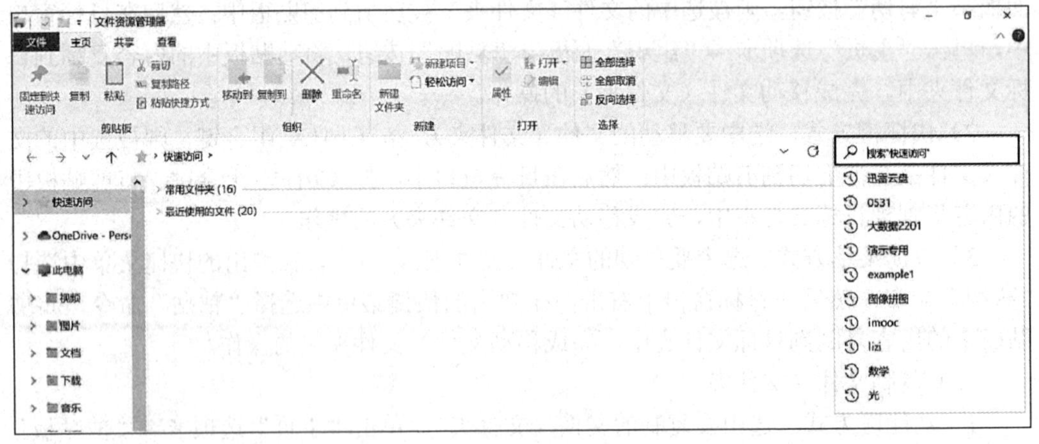

图 2.2.3　搜索框

7. 文件（文件夹）的删除和恢复

（1）删除文件（文件夹）

右击要删除的文件（文件夹），在弹出的快捷菜单中选择“删除”命令。或选择要删除的文件（文件夹），然后按键盘上的 Delete 键。单击“主页”选项卡→“组织”面板→“删除”按钮进行“回收”或“永久删除”相关操作。

如果在删除文件的同时，按住键盘上的 Shift 键，则为永久性删除文件（文件夹）。或者打开“回收站”窗口，单击“清空回收站”按钮，也可以将回收站中的文件（文件夹）永久性删除。

（2）恢复被删除的文件（文件夹）

1）双击“回收站”图标，打开“回收站”窗口，选择需要恢复的文件，单击“回收站工具”选项卡→“还原”面板→“还原选定的项目”按钮，即可将选中的文件恢复到原来的位置。

2）如果删除文件（文件夹）后未做其他操作，可以在快速访问工具栏中选择“撤销”命令，即可恢复刚刚被删除的文件（文件夹）。

8. 文件（文件夹）属性的查看与设置

属性是文件系统用以识别文件的某种性质的记号。在 Windows 10 操作系统中，文件（文件夹）有 3 种属性，即存档、隐藏和只读。

（1）存档属性

存档属性是默认属性，表示该文件是最后一次被备份以后改动过的文件。每当用户创建一个新的文件时，系统为其分配存档属性，一般用于普通文件。

（2）隐藏属性

文件（文件夹）被设置为隐藏属性时，系统不显示它们的相关信息，常用于标记非常重要的文件。如果要显示隐藏属性的文件（文件夹）的信息，单击“查看”选项卡中的“选项”按钮，打开“文件夹选项”对话框，在“查看”选项卡的“高级设置”列表框中选中“显示隐藏的文件、文件夹和驱动器”单选按钮，然后单击“确定”按钮即可。

（3）只读属性

为了防止文件被破坏，可将文件设置为只读属性，即只允许读但不允许修改文件。要查看和设置文件（文件夹）的属性，操作步骤如下。

选中要查看属性的文件（文件夹），单击“主页”选项卡→“打开”面板→“属性”按钮，或者在选中的文件（文件夹）上右击，在弹出的快捷菜单中选择“属性”命令，打开相应的属性对话框，如图 2.2.4 所示。在“常规”选项卡中查看所选文件（文件夹）的大小、占用空间、创建时间等信息，还可以设置对象的属性。例如，选中“只读”复选框，则可将文件（文件夹）设置为只读。

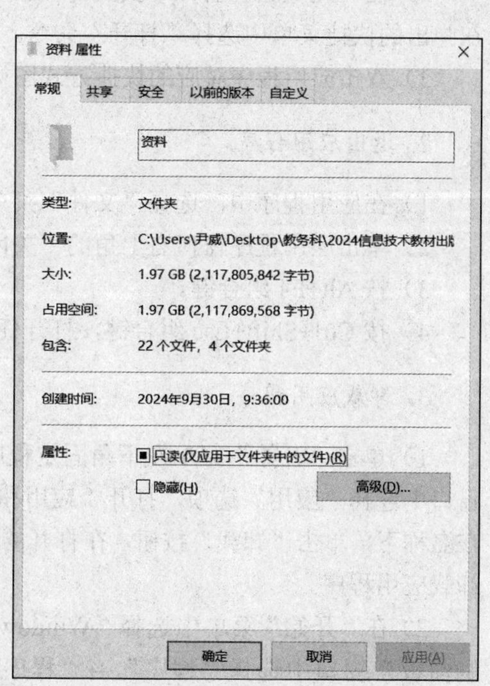

图 2.2.4　文件（文件夹）属性对话框

任务三 程序管理

Windows 10 是一个多任务的操作系统，可以同时启动多个应用程序。应用程序是用来完成特定任务的计算机程序，包括系统自带的或用户（程序员）编写的各种各样的程序，如 Microsoft Office 是实现文字处理、表格制作、演示文稿制作等多种功能的办公软件。

一、程序的启动、退出和卸载

1. 启动应用程序

1）打开“开始”菜单，在左侧的高频使用区查看是否有需要打开的应用程序选项，如果有则选择该应用程序选项并启动。如果高频使用区中没有要启动的应用程序，则在“所有程序”列表中选择需要执行的应用程序选项并启动程序。

2）在“此电脑”窗口中找到需要执行的应用程序文件，双击即可启动；或右击，在弹出的快捷菜单中选择“打开”命令。

3）双击应用程序对应的快捷方式图标。

2. 退出应用程序

1）在应用程序中，选择“文件”菜单中的“关闭”或“退出”命令。

2）单击应用程序窗口右上角的“关闭”按钮。

3）按 Alt+F4 组合键。

4）按 Ctrl+Shift+Esc 组合键，打开任务管理器，强行关闭不响应的程序。

3. 卸载应用程序

1）单击“开始”菜单左下角固定程序区域中的“设置”按钮，在打开的“设置”窗口中选择“应用”选项，打开“应用和功能”界面；单击需要卸载的应用程序名称，在名称下，单击“卸载”按钮，在打开的卸载程序确认对话框中单击“卸载”按钮即可卸载应用程序。

2）在“开始”菜单中选择“Windows 系统”→“控制面板”命令，在打开的“控制面板”窗口中选择“程序”→“程序和功能”命令，打开“程序和功能”窗口，如图 2.3.1 所示。在“卸载或更改程序”中找到需要卸载的应用程序名称，右击，在弹出的快捷菜单中选择“卸载/更改”命令，即可卸载应用程序，同时也可以修复应用程序。

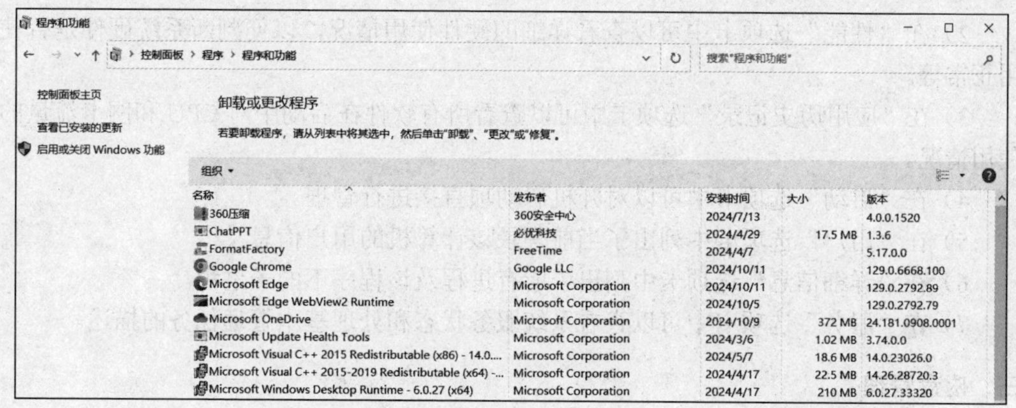

图 2.3.1　“程序和功能”窗口

二、任务管理器

任务管理器在计算机维护中起管理控制的作用。当遇到程序未响应时，便可打开任务管理器，结束未响应程序的进程；另外，还可以在任务管理器中查看系统相关信息。

打开任务管理器的方法如下。

1）按 Ctrl+Shift+Esc 组合键，直接打开“任务管理器”窗口，如图 2.3.2 所示。

2）按 Ctrl+Alt+Delete 组合键，在打开的操作界面中选择“任务管理器”命令。

3）在任务栏空白区域右击，在弹出的快捷菜单中选择“任务管理器”命令。

4）右击“开始”按钮，在弹出的快捷菜单中选择“任务管理器”命令。

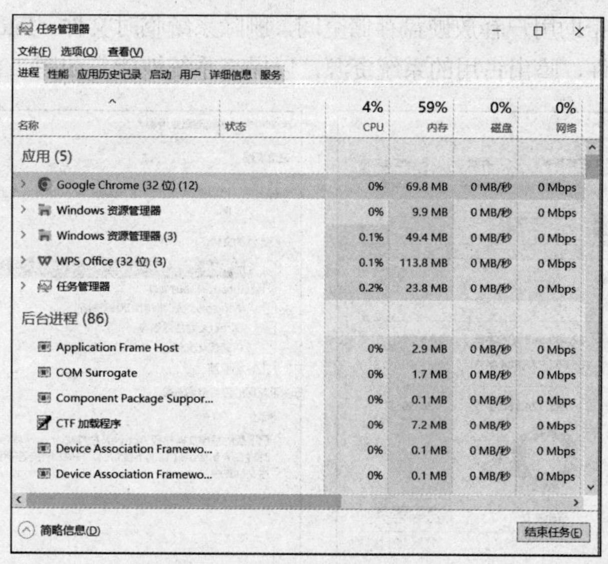

图 2.3.2　“任务管理器”窗口

“任务管理器”窗口中的各选项卡说明如下。

1）在“进程”选项卡中可以查看所有正在运行的软件和系统功能的进程。右击某一进程，在弹出的快捷菜单中选择“结束任务”命令，即可直接关闭该进程。

2）在“性能”选项卡中可以查看详细的硬件使用情况，以便判断系统硬件是否使用正常等。

3）在“应用历史记录”选项卡中可以查看所有软件在启动中对CPU和网卡流量的使用情况。

4）在“启动”选项卡中可以对开机启动项直接进行管理。

5）在“用户”选项卡中列出了当前登录该计算机的用户信息。

6）在“详细信息”选项卡中列出了所有进程及该程序下的子进程。

7）在“服务”选项卡中可以查看系统服务状态和处理基本管理任务的描述。

三、磁盘管理

在计算机的日常使用过程中，用户经常会频繁地安装或卸载应用程序，移动、复制或删除文件，这样势必会在计算机硬盘上产生大量磁盘碎片或临时文件，可能导致运行空间不足、程序运行和文件打开操作变慢、计算机系统性能下降等。因此，用户需要定期对磁盘进行管理，使计算机始终处于较好的工作状态。

（1）查看磁盘空间

打开“此电脑”窗口，单击“计算机”选项卡→“位置”面板→“属性”按钮，打开相应的属性对话框，如图2.3.3所示。或者选中磁盘后右击，在弹出的快捷菜单中选择“属性”命令，也可以打开相应的属性对话框。

在属性对话框中可以查看磁盘的容量和可用空间等信息，还可以进行磁盘清理等操作。

（2）清理磁盘

清理磁盘可以帮助用户释放硬盘存储空间，删除系统临时文件、Internet临时文件和用户不需要的程序文件，腾出占用的系统资源，以提高系统性能，如图2.3.4所示。

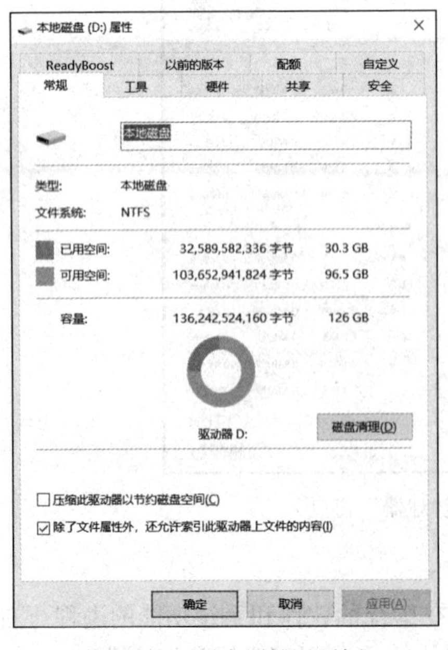

图2.3.3　磁盘属性对话框

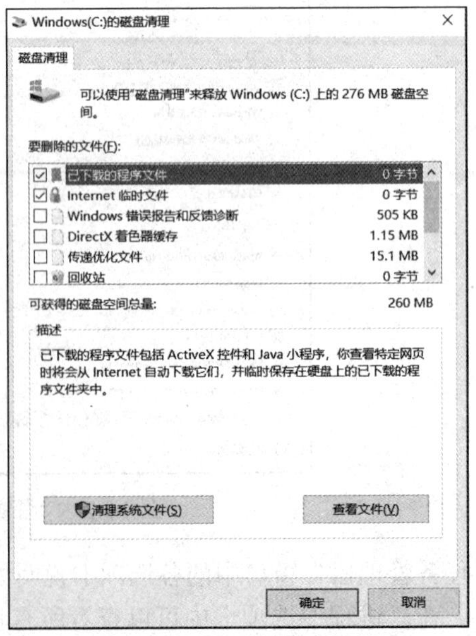

图2.3.4　磁盘清理对话框

清理磁盘的具体步骤如下。

1）在“开始”菜单中选择“Windows 管理工具”→“磁盘清理”命令，打开“磁盘清理：驱动器选择”对话框。

2）在“驱动器”下拉列表中选择要清理的驱动器，单击“确定”按钮，打开磁盘清理对话框。

3）在“磁盘清理”选项卡中选择要删除的列表项，然后单击“确定”按钮，在弹出的确认提示框中单击“删除文件”按钮即可完成磁盘清理操作。

（3）整理磁盘碎片

磁盘经过长时间使用后，会出现许多零散的空间和磁盘碎片，磁盘碎片和优化程序可以将这些碎片整理成一块大的可用区域，以加快文件读取速度、提高系统性能。打开“开始”菜单，选择“Windows 管理工具”→“碎片整理和优化驱动器”命令，打开“优化驱动器”对话框，即可进行分析和优化操作。

（4）磁盘管理组件

磁盘管理是计算机管理中的一个重要组件。利用磁盘管理工具可以一目了然地列出所有磁盘的情况，对各磁盘分区进行管理操作。

打开“磁盘管理”窗口的方法有以下 3 种。

1）右击“开始”按钮，在弹出的快捷菜单中选择“磁盘管理”命令，打开“磁盘管理”窗口，如图 2.3.5 所示。

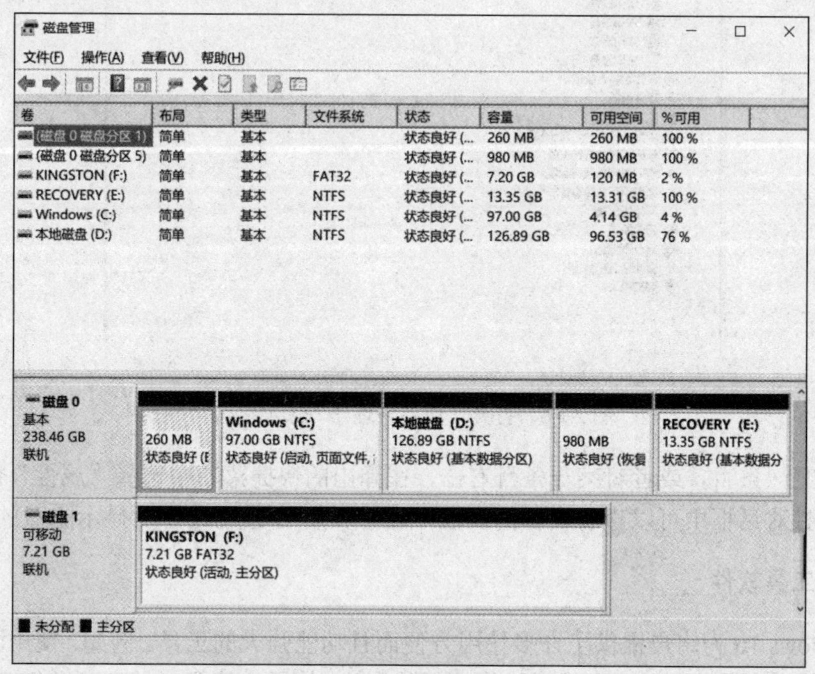

图 2.3.5　“磁盘管理”窗口

2）右击“此电脑”图标，在弹出的快捷菜单中选择“管理”命令，在打开的“计算机管理”窗口中，选择左侧窗格中的“磁盘管理”命令。

3）双击桌面上的“此电脑”图标，打开“此电脑”窗口。单击“计算机”选项卡→“系统”面板→“管理”按钮，在打开的“计算机管理”窗口中，选择左侧窗格的“磁盘管理”命令。右击要扩展的分区，在弹出的快捷菜单中选择“扩展卷”命令，即可扩展分区，但若扩展的分区后面没有连续的未分配空间，则“扩展卷”命令显示为灰色。

（5）设备管理器

设备管理器是管理计算机设备的工具程序，使用设备管理器可以查看和更改设备属性、安装和更新设备驱动程序、修改设备的配置及卸载设备。

右击“此电脑”图标，在弹出的快捷菜单中选择“管理”命令，选择“设备管理器”选项，如图 2.3.6 所示。

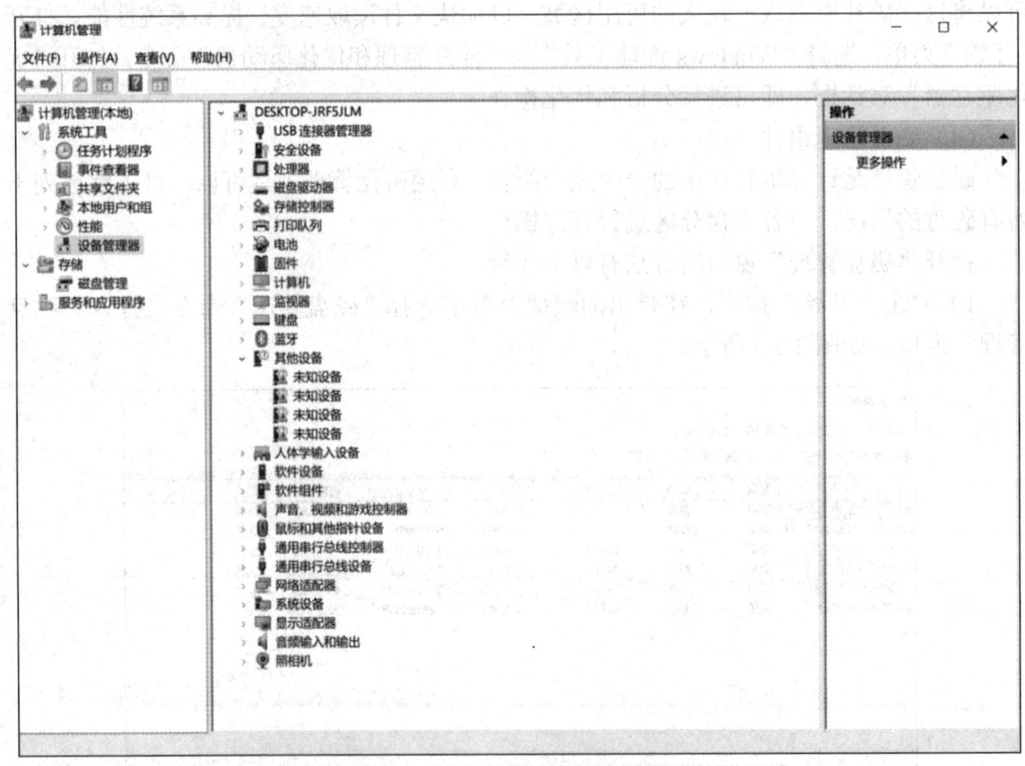

图 2.3.6　打开“设备管理器”选项窗口

双击某一条目，或者对某一条目右击，在弹出的快捷菜单中选择“属性”命令，在打开的属性对话框中可以查看设备的属性，还可以启用/禁用设备及显示隐藏的设备。

四、常用工具软件

Windows 10 为用户提供了许多使用方便而且功能强大的工具。例如，使用画图工具可以创建和编辑图画，显示和编辑扫描获得的图片；使用计算器工具可以进行各种运算；使用记事本工具可以进行文本文档的创建和编辑。

1. 计算器

计算器是 Windows 10 提供的可以进行简单计算，又可以执行高级的科学计算和统计计算的工具。打开“开始”菜单，在所有应用中找到字母 J 开头的应用分类，选择“计算器”命令，打开标准型计算器程序窗口，如图 2.3.7 所示。

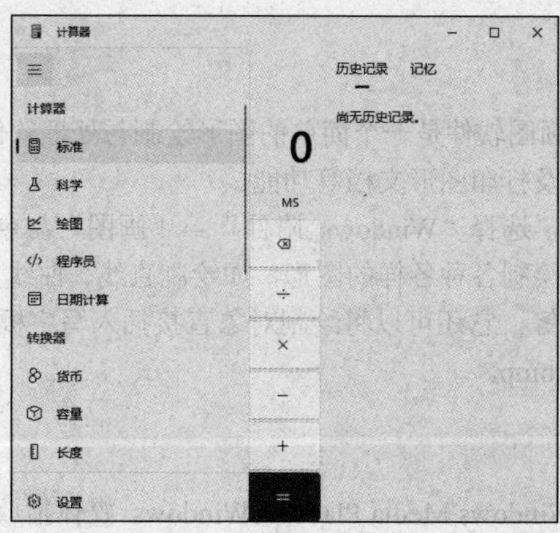

图 2.3.7 标准型计算器窗口

单击左上角的“打开导航”按钮☰，可以进行多种模式的切换。

计算器有以下几种基本操作模式。

1）标准型：按输入顺序进入单步计算，适用于基本的数学计算。

2）科学型：按运算顺序进入复合计算，有多种算数计算函数可以使用，适用于高级计算。

3）绘图：可同时绘制一个或多个方程的图像，轻松控制变量，使数学方程可视化。

4）程序员：对不同进制数据进行计算等，适用于二进制代码。

5）日期计算：适用于日期处理。

转换器适用于转换测量单位。

2. 记事本

记事本是 Windows 10 提供的一个文本编辑工具，其特点是程序小巧、功能简单、只能完成纯文本文件的编辑，一般用于写便条和简单的备忘录等，但无法完成特殊格式的编辑。记事本编辑文件存盘后的扩展名默认为.txt，即只有文字及标点符号，没有格式。

打开“开始”菜单，选择“Windows 附件”→“记事本”命令，打开记事本程序窗口，如图 2.3.8 所示。

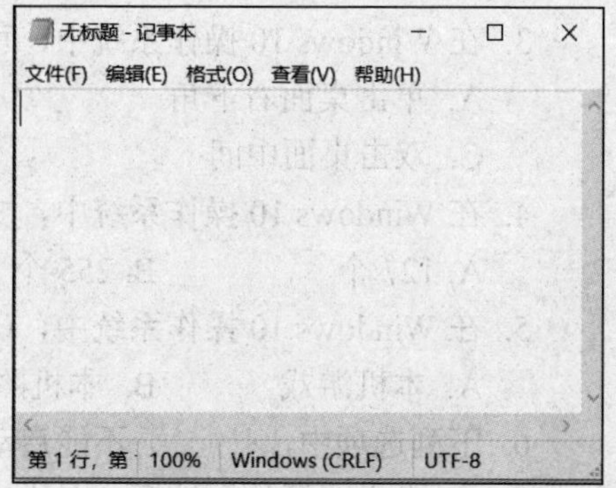

图 2.3.8 记事本程序窗口

3. 截图工具

截图是由计算机截取的能显示在屏幕或其他显示设备上的可视图像。

计算机系统自带的截图工具可以方便地对屏幕进行截图。

打开“开始”菜单，选择“Windows 附件”→“截图工具”命令，打开“截图工具”窗口。

4. 画图软件

Windows 10 中的画图软件是一个简单的图形绘制与处理软件，具有绘制和编辑图形、进行文字处理，以及打印图形文档等功能。

打开“开始”菜单，选择“Windows 附件”→“画图”命令，打开画图软件窗口。

利用画图软件可以绘制各种各样的图形，如绘制直线、曲线、矩形、圆，在图形上添加文字，给图形上色等。它还可以将绘制对象直接插入写字板的文档中和 Office 文档中，其文件扩展名为.bmp。

5. 媒体播放器

Windows 10 自带 Windows Media Player（Windows 媒体播放器），其功能强大，可以播放多种格式的音视频文件。

打开“开始”菜单，选择“Windows 附件”→“Windows Media Player”命令，打开“Windows Media Player”窗口。

项目测试题

选择题

1. 在 Windows 10 操作系统中，刚安装完成时桌面上默认有（　　）系统图标。

   A. 1 个　　B. 2 个　　C. 3 个　　D. 4 个

2. 在 Windows 10 操作系统中，任务栏最左边的按钮是（　　）。

   A. 搜索框　　B. 任务视图　　C. “开始”按钮　　D. 快速启动区

3. 在 Windows 10 操作系统中，可以打开“开始”菜单的操作是（　　）。

   A. 单击桌面右下角　　B. 单击桌面左下角

   C. 双击桌面中间　　D. 右击桌面空白处

4. 在 Windows 10 操作系统中，文件名最多可以取（　　）字符。

   A. 127 个　　B. 255 个　　C. 256 个　　D. 512 个

5. 在 Windows 10 操作系统中，（　　）是系统默认的库。

   A. 本机游戏　　B. 本机照片　　C. 本机文档　　D. 本机软件

6. 下列选项中，（　　）不能启动文件资源管理器。

   A. 右击“开始”按钮，在弹出的快捷菜单中选择“文件资源管理器”命令

B. 选择“开始”菜单所有程序列表中的“Windows 系统”→“文件资源管理器”选项

C. 双击桌面上的“回收站”图标

D. 以上选项都不正确

7. 在 Windows 10 操作系统中，要选择相邻的多个文件（文件夹），可以先单击第一个文件（文件夹），然后按住（　　）键的同时，单击最后一个文件（文件夹）。

A. Ctrl　　B. Shift　　C. Alt　　D. Enter

8. 在 Windows 10 操作系统中，以下关于卸载应用程序的操作中，（　　）是正确的。

A. 直接删除应用程序所在的文件夹

B. 单击“开始”菜单左下角固定程序区域中的“设置”按钮，在打开的“设置”窗口中选择“应用”命令，进行卸载

C. 在桌面上右击应用程序图标，在弹出的快捷菜单中选择“卸载”命令

D. 以上选项都不正确

9. 在 Windows 10 操作系统中，（　　）工具可以进行高级的科学计算。

A. 记事本　　B. 画图软件　　C. 计算器（科学型）　　D. 截图工具

10. 在 Windows 10 操作系统中，记事本编辑文件存盘后的扩展名默认为（　　）。

A. .doc　　B. .txt　　C. .bmp　　D. .ppt

文字处理软件及应用

Word 2016 是 Microsoft 公司推出的功能强大的一款文字处理软件，是 Office 2016 组件之一。它主要用于文字处理，不仅能够制作常用的文本、信函、备忘录，还专门定制了许多应用模板，如各种公文模板、书稿模板、档案模板等，使文字处理工作变得非常方便。此外，它还可以处理表格与图片，具有“所见即所得”的排版功能。Word 2016 不仅功能强大，而且简单易学，是目前比较流行的文字处理软件。

学习目标

知识目标

- 掌握 Word 2016 基本操作。
- 掌握文本的编辑与格式设置。
- 掌握 Word 2016 中创建表格及数值计算的方法。

技能目标

- 能够熟练运用 Word 2016 进行文字处理基本操作。
- 能够熟练运用 Word 2016 中编辑文本、插入图片、插入表格等功能。
- 能够使用艺术字、图片、文本框等制作编辑相关作品。
- 能够使用 Word 2016 中的高级应用，解决工作中的实际问题。
- 能够独立设置文档页面并完成打印。

思政与职业素养目标

- 培养团队合作精神、审美意识。
- 提高解决问题能力和时间管理能力。

任务一 文本型文档的处理

一、Word 2016 的启动和退出

1. Word 2016 的启动

方法 1：选择“开始”菜单→“Microsoft Office Word 2016”命令。

方法 2：在桌面上创建 Word 2016 的快捷方式，双击快捷图标。
方法 3：双击要打开的 Word 文档，在打开该文档的同时启动 Word 2016。

2. Word 2016 的退出

方法 1：单击标题栏右侧的“关闭”按钮。
方法 2：单击标题栏左侧的 Word 应用程序图标，在打开的菜单中，执行“关闭”命令。
方法 3：右击标题栏左上角，在弹出的快捷菜单中选择“关闭”命令。
方法 4：执行“文件”→“退出”命令。
方法 5：按组合键 Alt＋F4 退出。

二、Word 2016 的工作界面

Word 2016 启动后的工作界面如图 3.1.1 所示。

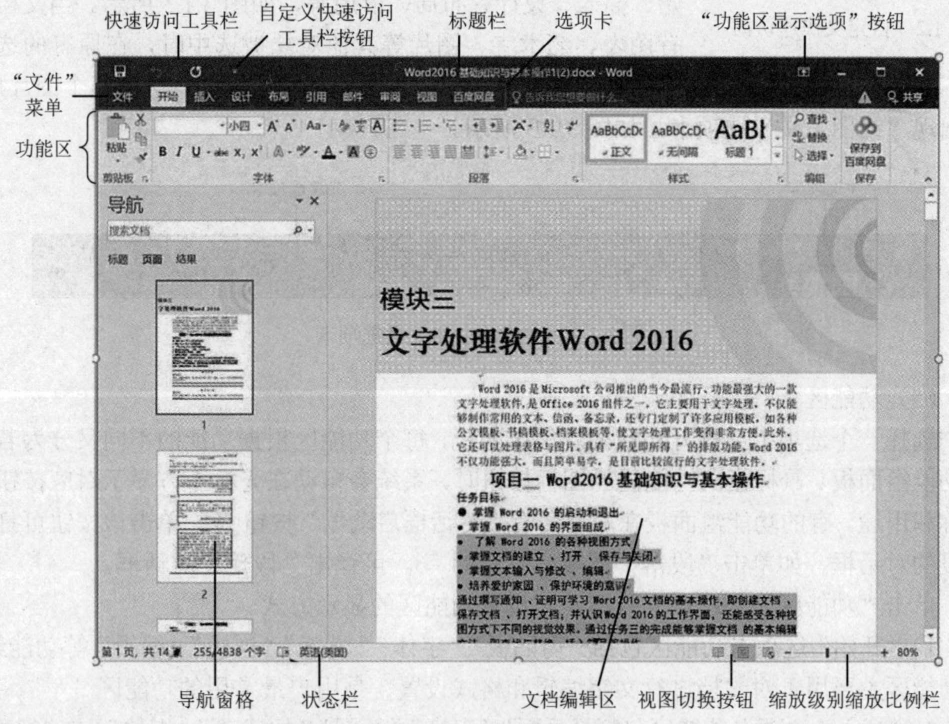

图 3.1.1　Word 2016 工作界面

（1）标题栏

标题栏显示当前正在编辑文档的文件名称和应用程序名称，位于窗口的最上端，左侧是快速访问工具栏，右侧是窗口控制按钮，右侧窗口控制按钮前增加了一个“功能区显示选项”按钮。

（2）快速访问工具栏

1）通过快速访问工具栏可以实现常用操作工具的快速选择和操作，如保存、撤销、恢复、打开、快速打印等。

2）系统默认的情况下快速访问工具栏中只有保存、撤销和恢复按钮，用户可以通过自定义快速访问工具栏按钮添加或删除其他按钮，单击该按钮可弹出图 3.1.2 所示的快捷菜单，还可以通过选择“在功能区下方显示”命令来改变快速访问工具栏的显示位置。

自定义快速访问工具栏
- 新建
- 打开
- ✓ 保存
- 电子邮件
- 快速打印
- 打印预览和打印
- 拼写和语法
- ✓ 撤消
- ✓ 恢复
- 绘制表格
- 触摸/鼠标模式
- 其他命令(M)...
- 在功能区下方显示(S)

图 3.1.2　自定义快速访问工具栏菜单

（3）“文件”菜单

Word 2016 工作界面选项卡左边有一个“文件”菜单，用于对文件进行整体操作，包括“新建”“保存”“另存为”“打开”等命令，选择相应命令可以执行相应操作。

（4）选项卡

Word 2016 的选项卡类似于菜单栏，单击某个选项卡时可以切换到对应的功能区面板。选项卡分为主选项卡和工具选项卡。默认情况下，Word 2016 界面提供的主选项卡依次为开始、插入、设计、布局、引用等，如图 3.1.3 所示。当文档中有图表、艺术字、图片等其他对象被选中时，在原有的选项卡的右侧会出现相应的工具选项卡。例如，选中某个图片后，会出现“绘图工具”选项卡，如图 3.1.3 所示。

图 3.1.3　主选项卡和工具选项卡

（5）功能区

选择一个选项卡会打开相应的功能区面板，每个功能区根据功能的不同又分为若干个功能组面板。鼠标指向功能区的图标按钮时，系统会自动在光标下方显示对应按钮的名称和用途。有的功能组面板在右下角有“对话框启动器”按钮 ↘，单击该按钮可打开下设的对话框，如单击“段落”面板右下角的 ↘，可弹出“段落”对话框。

单击“功能区显示选项”按钮，可设置功能区的显示方式。

1）“开始”选项卡功能区包括“剪贴板”“字体”“段落”“样式”“编辑”等功能组，该功能区主要用于对文档进行文字编辑和格式设置，是用户最常用的功能区。

2）“插入”选项卡功能区包括“页面”“表格”“插图”“加载项”“媒体”“链接”“批注”“页眉和页脚”“文本”“符号”等功能组，用于在文档中插入各种元素。

3）“设计”选项卡功能区包括“文档格式”“页面背景”等功能组。

4）“布局”选项卡功能区包括“页面设置”“稿纸”“段落”“排列”等功能组，用于设置文档的页面格式。

5）“引用”选项卡功能区包括“目录”“脚注”“信息检索”“引文与书目”“题注”“索引”“引文目录”等功能组，用于实现在文档中插入目录等高级功能。

6）“邮件”选项卡功能区包括“创建”“开始邮件合并”“编写和插入域”“预览结

果”“完成”等功能组，该功能区的功能比较专一，用于在文档中进行邮件合并等操作。

7)“审阅”选项卡功能区包括“校对”“辅助功能”“语言”“中文简繁转换”“批注”“修订”“更改”“比较”“保护”“墨迹”“OneNote”等功能组，主要用于长篇文档的校对和修订等操作，适用于多人协作处理长篇文档。

8)“视图”选项卡功能区包括“文档视图”“页面移动”“显示”“缩放”“窗口”“宏”等功能组，主要用于设置操作窗口的视图类型。

（6）标尺

Word 2016 提供了水平标尺和垂直标尺。使用标尺可以查看正文的高度和宽度，能方便地设置页边距、制表位、段落缩进等格式，还可以利用标尺对文档边界进行调整。值得注意的是，水平标尺可以在页面视图和 Web 版式视图下看到，而垂直标尺只能在页面视图下可以看到。

（7）文档编辑区

文档编辑区，也称为文档窗口，是用户输入文本，对文档进行编辑、修改和排版的区域。在文档编辑区有一闪烁的垂直线光标符号“|”，称为插入点，表示当前输入文本或对象出现的位置，是各种编辑、修改命令生效的位置，同时也是确定拼写、语法检查、查找等操作的起始位置。

（8）导航窗格

选中“视图”选项卡“显示”面板中的“导航窗格”复选框（图 3.1.4），就会显示导航窗格。导航窗格上方是搜索框，用于搜索当前打开文档中的内容；单击搜索框下方的“标题”按钮可浏览文档的标题，单击“页面”按钮可浏览文档中的页面，单击“结果”按钮可浏览文档中当前搜索的结果。在导航窗格中单击标题或页面缩略图可以快速定位到文档中的相应位置。

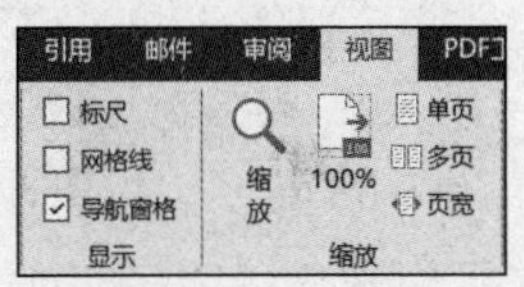

图 3.1.4 “显示”面板“导航窗格”复选框

（9）状态栏

状态栏位于 Word 窗口的底部，显示了当前页码/总页数、文档字数、当前工作状态、改写/插入状态，包括修订、录制、扩展等信息。单击页码可以打开“查找和替换”对话框的“定位”选项卡，可以快速跳转到指定的目标；单击字数可打开“统计字数”对话框，显示文档的字数信息；单击缩放级别或缩放滑块可打开“显示比例”对话框，可以对文档的显示比例进行设置。

（10）视图及视图切换按钮

Word 2016 提供了多种文档显示方式，包括页面视图、阅读视图、Web 版式视图、大纲视图、草稿视图等。通过视图切换按钮可以改变当前文档的显示方式。各个视图的切换可以使用“视图”选项卡或者直接单击文档状态栏右边视图按钮来实现。

1）页面视图：具有“所见即所得”的显示效果，也就是说，显示的效果与打印的效果完全相同。在这种视图下，可以进行正常的编辑，查看文档外观，还可以对格式以及版面进行修改，适用于浏览整个文档的总体效果，这是最常用的视图方式。

2）阅读视图：整篇文档分屏显示，没有页的概念，不显示页眉和页脚，便于文档阅读。

3）Web 版式视图：可以创建能在屏幕上显示的 Web 页面或文档。这一视图将显示文档在 Web 浏览器中的外观。例如，文档将显示为一个不带分页符的长页，并且文本和表格将自动换行以适应窗口的大小。

4）大纲视图：主要用于显示长文档的结构，能让文档层次结构清晰明了。在这种视图下，可以只显示文档的标题，而把标题下的文本暂时“折叠”起来，以便审阅和修改文章的大纲结构，重新安排文章的章节次序。当需要调整时，可以将标题直接拖动到新的位置，该标题下的所有子标题和从属正文也将自动随之移动、复制和重新组织文本。在此视图下不显示页眉、页脚、页边距、图片、背景等信息。

5）草稿视图：适用于快速输入文本、图形及表格并进行简单的排版，不能显示页眉、页脚、页码，也不能编辑这些内容，不能显示图文的内容及分栏效果。当文档内容多于一页时自动加虚线表示分页线。

（11）缩放级别缩放比例栏

在 Word 2016 窗口中查看文档时，可以放大或缩小显示的比例。使用缩放级别缩放比例栏中的滑动块可以直接调整文档的显示比例（图 3.1.5），或单击“视图”选项卡中的“显示比例”面板中的按钮也可以调整文档的显示比例（图 3.1.6）。

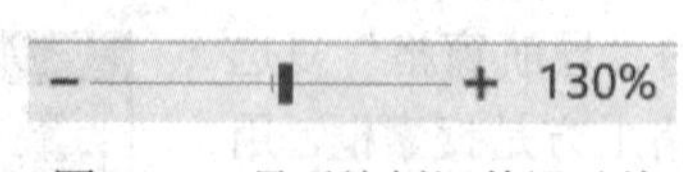

图 3.1.5　显示比例调整滑动块

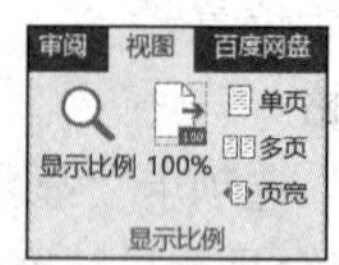

图 3.1.6　“显示比例”面板

（12）快捷菜单

右击选中的元素，可以打开此元素对应的快捷菜单，该菜单下有上下两个方框，上面方框中列出的是可对选中对象进行操作的命令，下面方框中显示的是该对象的属性，使用快捷菜单可对选中的元素快速进行操作和设置。

三、文本型文档的基本操作

1. 新建空白文档

方法 1：启动 Word 2016 后自动新建空白文档，文档自动命名为“文档 1”，扩展名为“.docx”，直到文档存盘时由用户确定具体的文件名。

方法 2：直接单击快速访问工具栏中的“新建”按钮（用户预先将此按钮添加到快速访问工具栏），则创建一个空白文档。

方法 3：启动 Word 2016 后，选择“文件”菜单→“新建”命令，选择“空白文档”或其中的模板即可新建一个空白文档或具有所选模板格式的文档。

方法 4：按 Ctrl＋N 组合键新建文档。

2. 保存文档

文档建立或修改后，在退出 Word 之前需将它作为磁盘文件保存起来，以便下次使用。

1）第一次保存文档时，“保存”和“另存为”命令是一样的，都将打开“另存为”对话框，用户可以选择保存位置、输入文件名及选择保存类型，如图 3.1.7 所示。

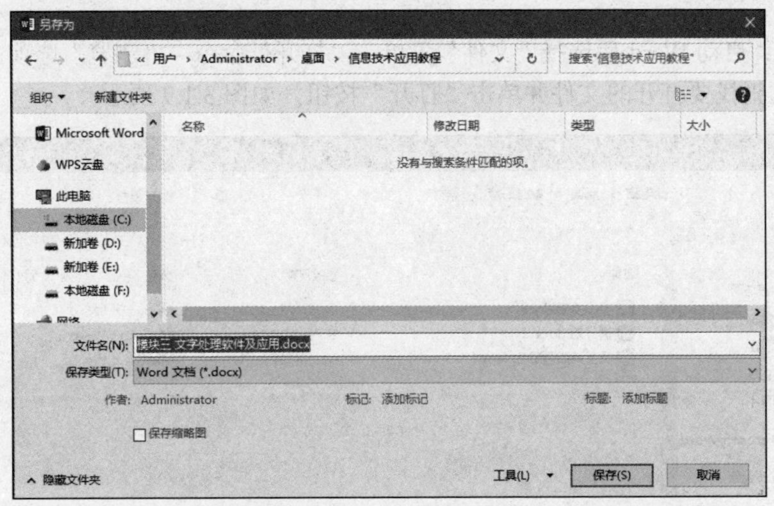

图 3.1.7　“另存为”对话框

2）对于已经保存过的文件，选择“保存”命令则用原来的文件名直接保存在原来的路径上，选择“另存为”命令则可以另外选择保存路径或重新命名文档。

3）设置自动保存方法，选择“文件”菜单→“选项”命令，打开“Word 选项”对话框，在对话框左侧选择“保存”命令，在对话框右侧“保存文档”区域可以设置自动保存时间间隔和保存位置等，如图 3.1.8 所示。

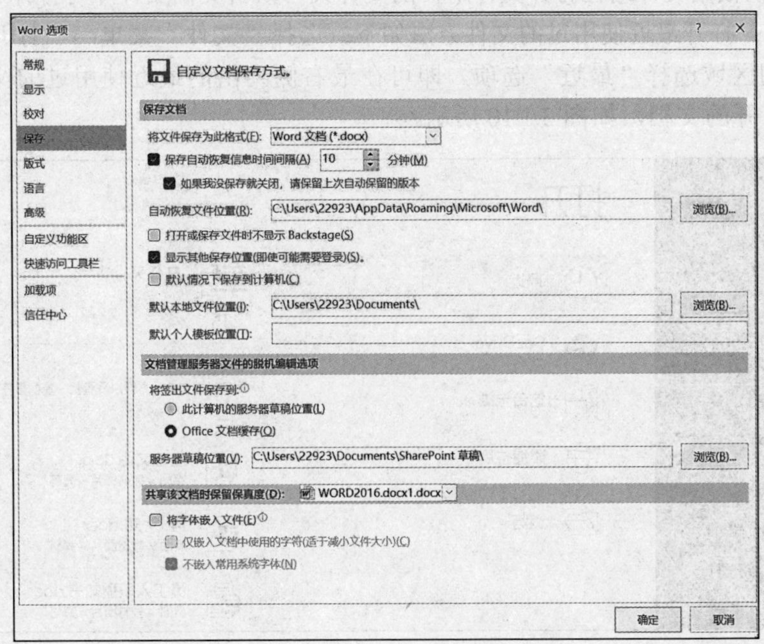

图 3.1.8　设置自动保存

4）保存命令的快捷键为Ctrl＋S。

3. 打开文档

方法1：启动Word后选择“文件”菜单→“打开”命令→“浏览”选项，通过“打开”对话框查找要打开的文件并单击“打开”按钮，如图3.1.9所示。

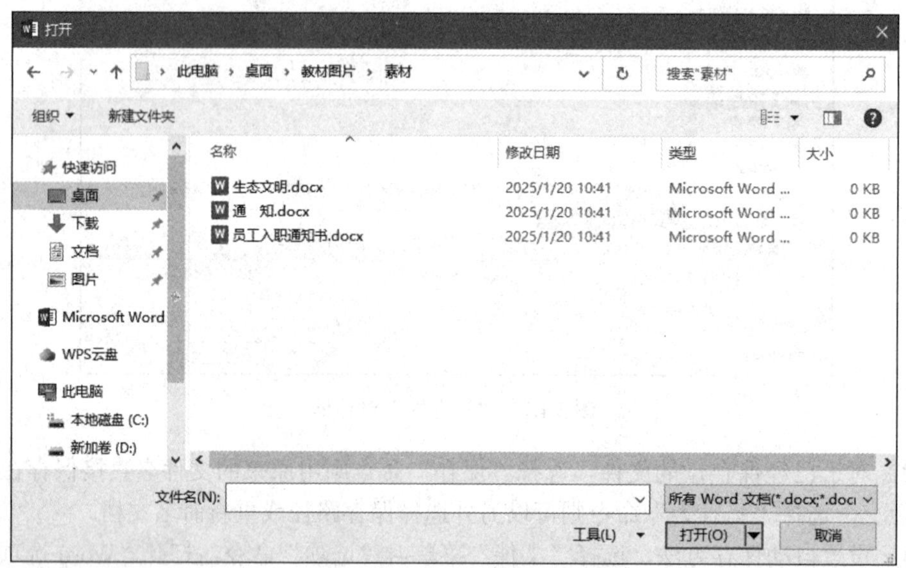

图3.1.9 “打开”对话框

方法2：根据文件路径打开文件所在的文件夹，双击文档文件即可打开。

方法3：打开最近使用过的文件方法如下：选择“文件”菜单→“打开”命令，在窗口中间区域选择“最近”选项，即可在最右侧列出的最近使用过的文档列表中选择需要打开的文档，如图3.1.10所示。

图3.1.10 打开最近使用的Word文档

4. 文档的基本编辑操作

（1）按 Enter 键产生一个段落

由于页面宽度有限，当用户录入文字超过一行后，Word 会自动跳到下一行，录入完一个段落后，可以按 Enter 键开始新一段落的录入。

（2）符号的插入

编辑文档时，经常会用到一些键盘上没有的符号，如☎、✂、🔔等，输入这些符号有两种方法。

1）单击“插入”选项卡→“符号”下拉按钮，选择“其他符号”命令，可打开如图 3.1.11 所示的“符号”对话框，从中选择需要的符号后单击“插入”按钮即可插入符号。

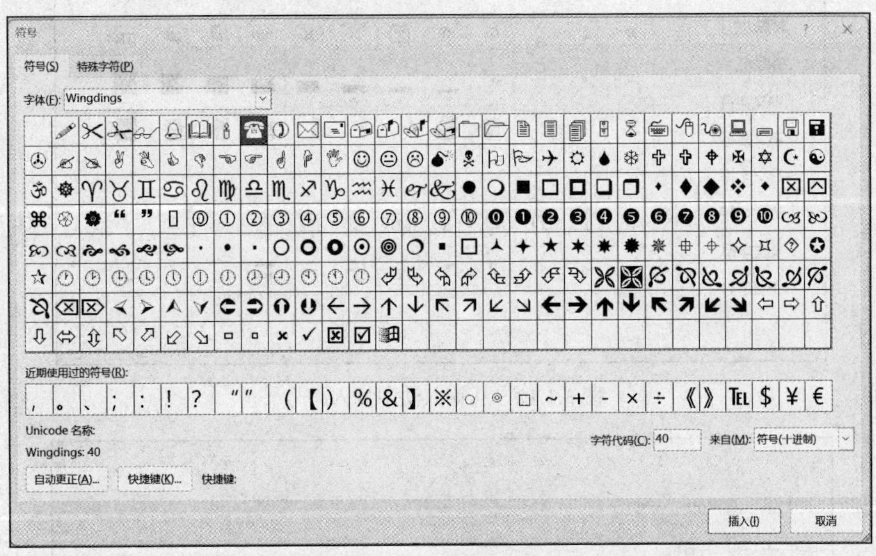

图 3.1.11　“符号”对话框

2）右击输入法，选择“符号大全”命令，打开“符号大全”对话框，如图 3.1.12 所示，选择相应的符号即可。

（3）定义符号快捷键

通常情况下，Word 2016 为常用的符号提供了快捷键，用户也可以为自己常用的符号自定义快捷键。

① 在“符号”对话框中选择要为其定义快捷键的符号，如“□”；单击“快捷键”按钮，打开“自定义键盘”对话框，将光标定位到“请按新快捷键”文本框中。

② 用户按新的快捷键（如 Ctrl＋T），单击“指定”按钮，然后单击“关闭”按钮，即可完成此快捷键的设定。

（4）成批替换、成批删除

文档中经常会出现多处相同的修改。例如，要将文档中所有“计算机”修改成“微型计算机”，或者将文档中的所有“计算机”三个字删除。Word 允许用户将部分或全文范围内的某个词全部修改成另外一个词，当然，也能够找到待修改词的每一个位置，由用户一一决定是否需要修改。单击“开始”选项卡→“编辑”面板→“替换”按钮打开“查找和替换”对话框，如图 3.1.13 所示。

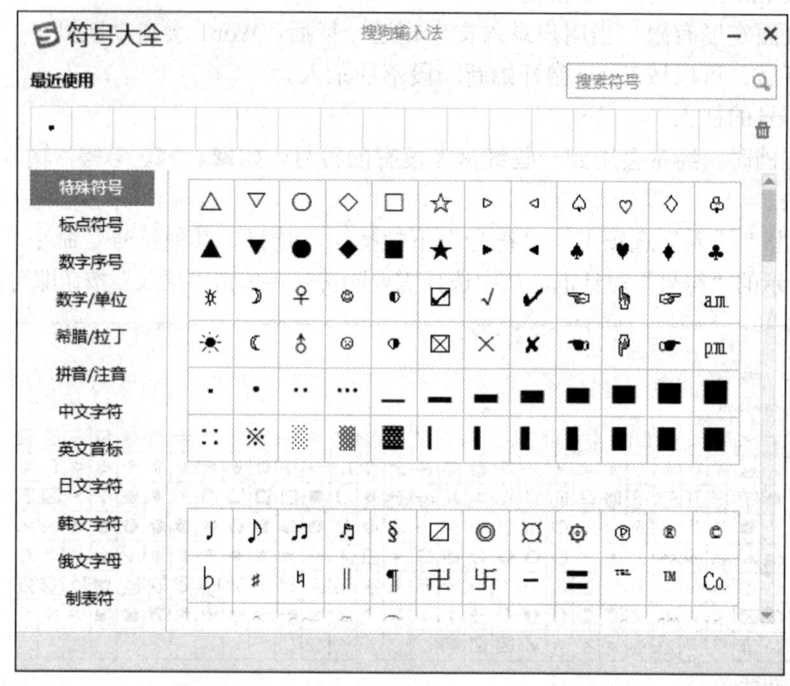

图 3.1.12　从输入法中插入符号

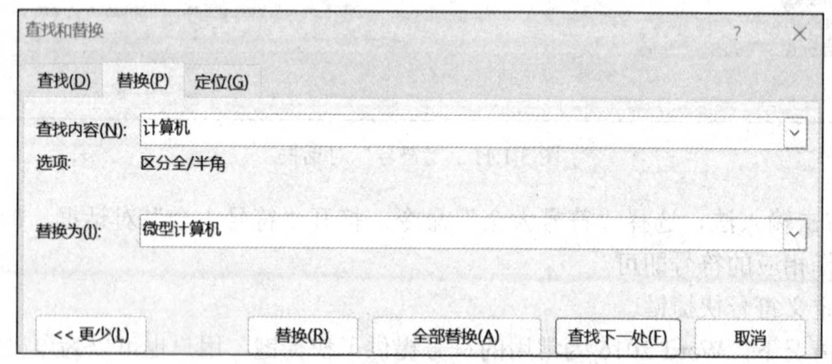

图 3.1.13　“查找和替换”对话框

1）普通替换。用户在“查找内容”文本框中输入要查找的内容，如“计算机”，在“替换为”文本框中输入要替换的内容，如“微型计算机”。若用户需按序逐一核对替换，就单击“查找下一处”按钮，Word 会逐一替换。如果用户确定文档中该词都要被替换，就直接单击“全部替换”按钮，Word 会全部替换并显示替换后的结果。如果成批删除，则在“替换为”文本框中不输入内容即可。

2）高级查找和替换。假设用户要把“计算机”三个字替换成红色的“微型计算机”，则需要设置“替换为”文本框中的“微型计算机”格式，单击“更多”按钮，打开扩展后的对话框，如图 3.1.14 所示。选择“微型计算机”后单击“格式”下拉按钮，并选择

“字体”命令进行格式设置，如图 3.1.15 所示。高级查找的过程与高级替换类似，不再赘述。

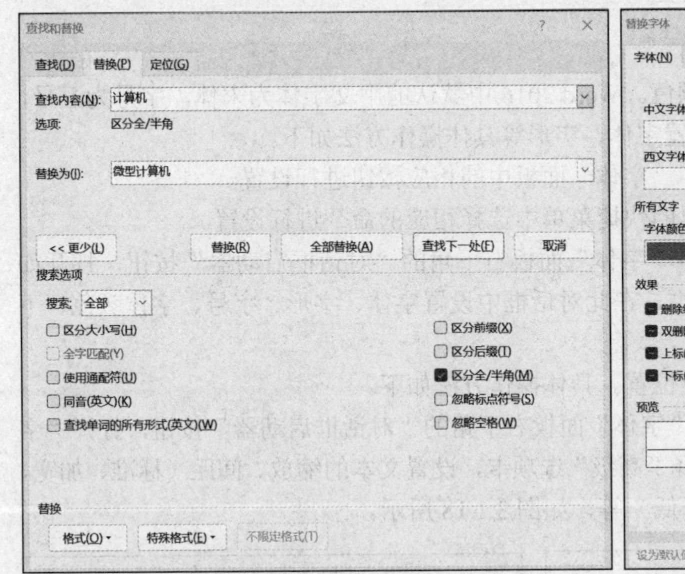

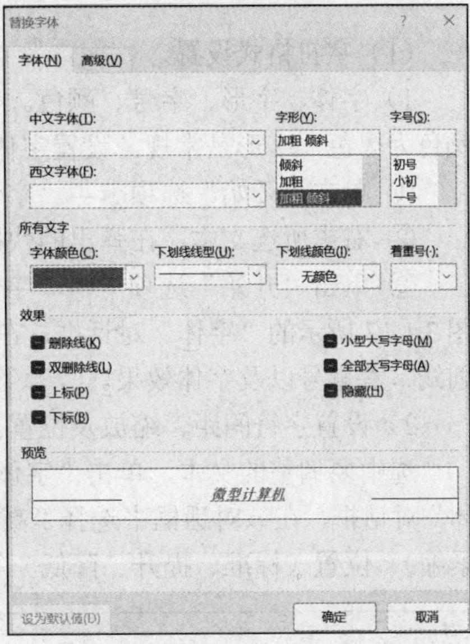

图 3.1.14 扩展后的“查找和替换”对话框　　图 3.1.15 “替换字体”对话框

（5）撤销和恢复

Word 中允许用户撤销当前编辑中的前几步操作，如不小心删除了一段文字或图片等，就可以撤销本次操作而恢复原来的文字或图片。执行撤销操作后，还允许用户重新加载已经撤销的操作，称为恢复。撤销和恢复操作方法如下。

1）单击快速访问工具栏中的“撤销”按钮和“重做”按钮即可。

2）按组合键 Ctrl＋Z 可以撤销一步操作，按组合键 Ctrl＋Y 可以恢复一次撤销操作。

3）单击“撤销”按钮右边的下三角按钮，从打开的列表框中一次性选择多步操作进行撤销。

（6）插入文件

如果要输入的文本已经在另一个保存的文件中，还可以将该文件内容插入到当前文档中。

将插入点定位到指定位置后，单击“插入”选项卡→“对象”右侧的下拉按钮，在打开的下拉列表中选择“文件中的文字”命令，如图 3.1.16 所示，可打开“插入文件”对话框。在此对话框中选择需要插入的文件，即可完成将已存在的文件内容插入当前文档插入点所在位置。

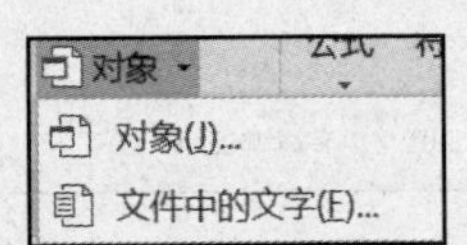

图 3.1.16 “文件中的文字”命令

（7）显示/隐藏段落标记

默认状态下系统是显示段落标记的，如果想隐藏段落标记，只需要选择“文件”菜单中的“选项”命令，打开“Word 选项”对话框，选择“显示”选项卡，取消选中“段落标记”复选框即可。

5. 字符格式、段落格式设置

（1）字符格式设置

1）字体、字形、字号、颜色。Word 2016 中默认的中文字体为宋体，字号为五号，颜色为黑色，字形是常规。设置字体、字形等具体操作方法如下。

① 单击“开始”选项卡→“字体”面板中的相应按钮进行设置。

② 右击所选文本，在弹出的快捷菜单中选择相应的命令进行设置。

③ 单击“开始”选项卡→“字体”面板右下角的“对话框启动器”按钮，打开如图 3.1.17 所示的“字体”对话框，在此对话框中设置字体、字形、字号、字体颜色、下划线、着重号以及字体效果。

2）设置字符间距、缩放及位置。具体操作方法如下。

选中要调整的文本，单击“字体”面板右下角的“对话框启动器”按钮，打开“字体”对话框，在该对话框中选择“高级”选项卡，设置文本的缩放、间距（标准、加宽、紧缩）、位置（标准、提升、降低）等，如图 3.1.18 所示。

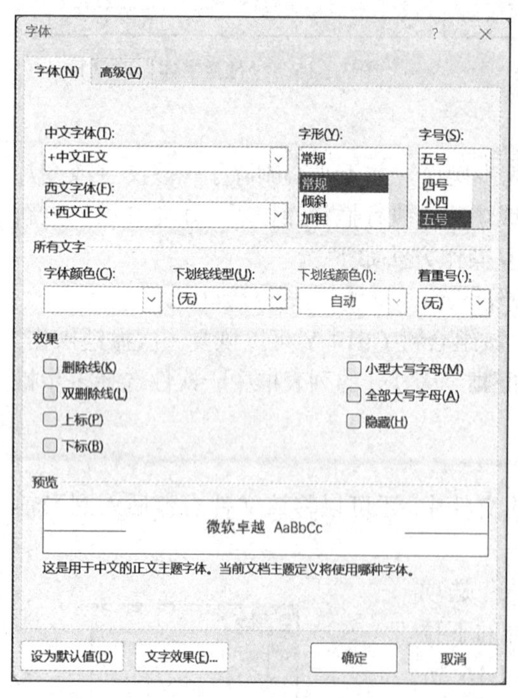

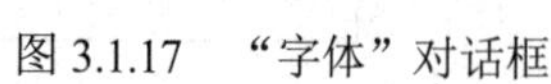
图 3.1.17 “字体”对话框

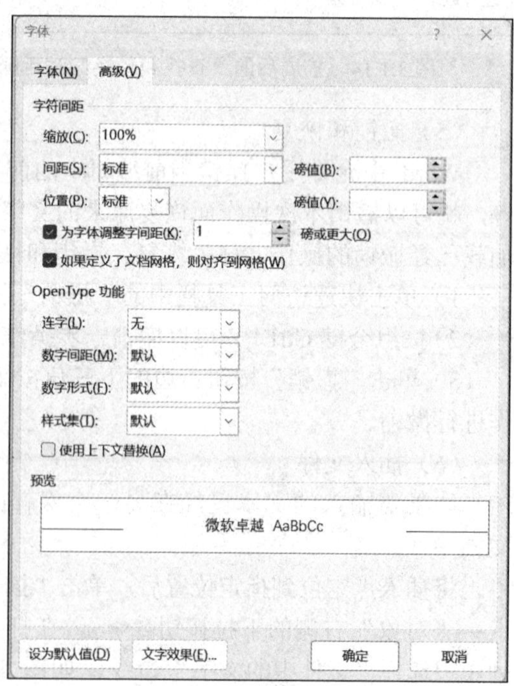

图 3.1.18 “字体”对话框中的“高级”选项卡

3）设置文字效果。选中文本，单击“字体”面板中的“字符边框”按钮 A，为文本添加边框；单击“字符底纹”按钮 A，为整个文本添加底纹背景；单击“文字效果”下拉按钮 A ▾，弹出下拉列表，如图 3.1.19 所示，在列表中提供了一组艺术字选项，下方有“轮廓”“阴影”“映像”“发光”等设置特殊文本效果的命令。

还可以通过单击“字体”对话框中的“文字效果”按钮（图 3.1.17），打开如图 3.1.20 所示的“设置文本效果格式”对话框，在其中可以设置文本填充、文本边框、阴影、三维格式等特殊格式。

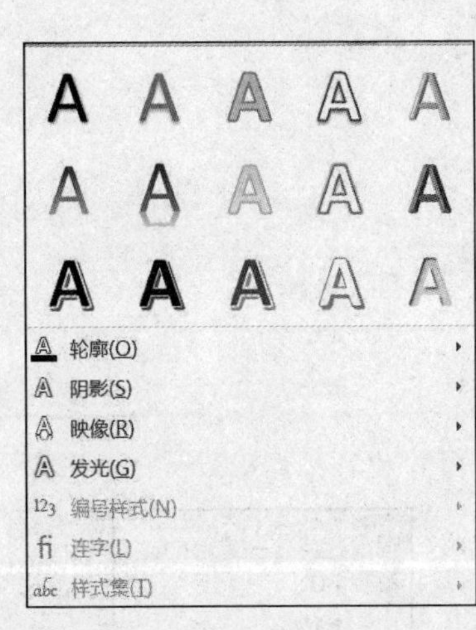

图 3.1.19 “文字效果”按钮下拉列表

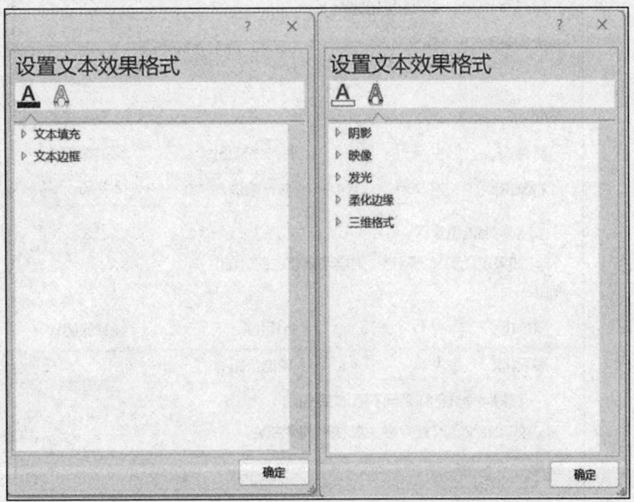

图 3.1.20 “设置文本效果格式”对话框

（2）段落格式设置

1）段落中常用的格式有段落缩进、段落对齐方式、段落间距等。

① 段落缩进。段落缩进决定了段落与页面边界的距离，缩进有左缩进、右缩进、首行缩进和悬挂缩进。通常情况下每一段第一行缩进 2 字符。悬挂缩进是指段落的第一行不动，而其他行由左向右缩进一定的距离。左、右缩进属于整段的缩进方式。

② 段落对齐方式。段落对齐方式是段落内容在文档的左右边界之间的横向排列方式。Word 有 5 种对齐方式，即两端对齐、左对齐、右对齐、居中对齐、分散对齐，默认的对齐方式是两端对齐。

③ 段落间距。段落间距可分为段落前后的间距和行间距（单倍行距、1.5 倍行距、2 倍行距、多倍行距、最小值、固定值）等。行间距决定段落中文本行与行之间的距离，默认为单倍行距。

在设置段落格式时，首先将光标定位到要设置的段落或选中要设置的段落，具体操作方法如下。

方法 1：使用“段落”对话框设置。单击“开始”选项卡→“段落”面板右下角的“对话框启动器”按钮，打开“段落”对话框，选择“缩进和间距”选项卡，如图 3.1.21 所示。

方法 2：利用“段落”面板中的命令按钮来调整段落缩进、对齐方式及间距。单击“段落”中的“减少缩进量”按钮（或“增加缩进量”按钮）来调整段落的左边界；单击各种对齐按钮，可调整段落的对齐方式。单击“行和段落间距”下拉按钮可打开如图 3.1.22 所示的下拉列表，可设置行间距或段落间距。

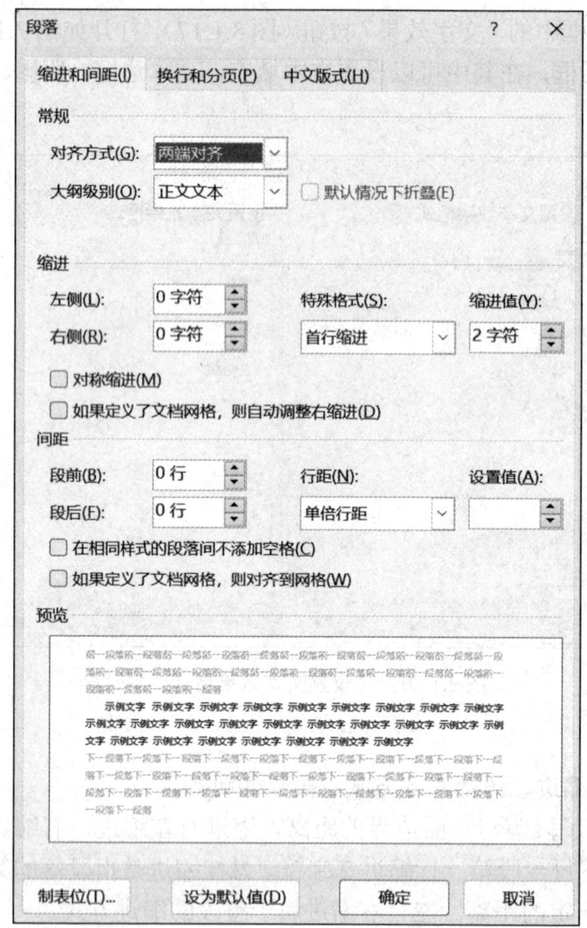

图 3.1.21 “段落”对话框

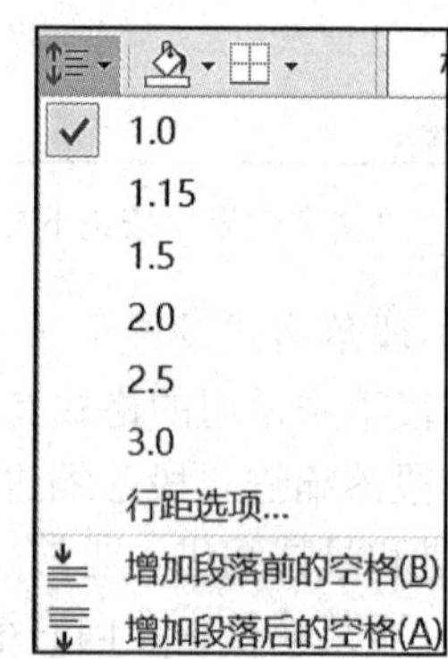

图 3.1.22 “行和段落间距”下拉列表

方法 3：设置段落缩进与行间距还可以通过“页面布局”选项卡“段落”面板中的命令按钮进行设置。

2）在“段落”对话框“换行和分页”选项卡中可以设置段落的换行和分页，如图 3.1.23 所示。

① 孤行控制：防止在页面的顶端出现段落的末行，或者是在页面的底端出现段落的首行。

② 与下段同页：用于设置前后两个段落始终处于同一页中。

③ 段中不分页：防止所选的段落出现跨页显示。

④ 段前分页：设置从当前段落开始的内容自动显示在下一页。

⑤ 取消行号：防止所选段落旁出现行号。

⑥ 取消断字：用于在所选的段落中取消断字。

3）“段落”对话框“中文版式”选项卡用于对中文“换行”“字符间距”“文本对齐方式”等做特殊处理，用户按需选择就可以了，如图 3.1.24 所示。

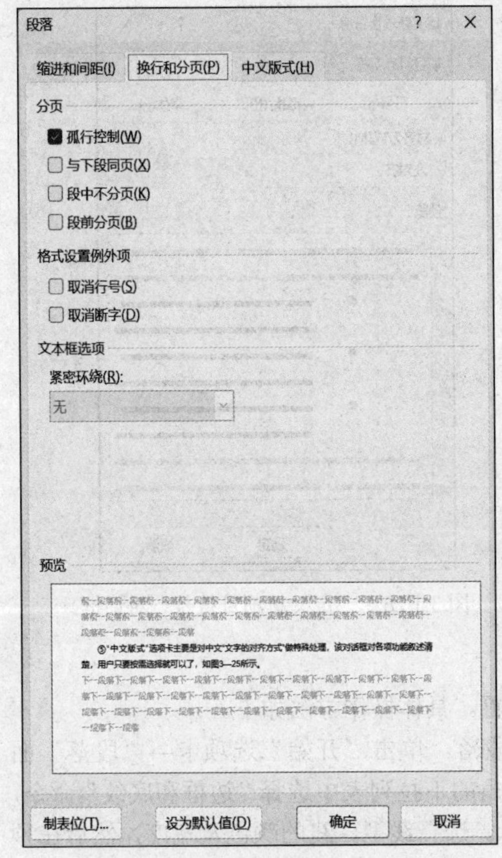

图 3.1.23　“换行和分页”选项卡

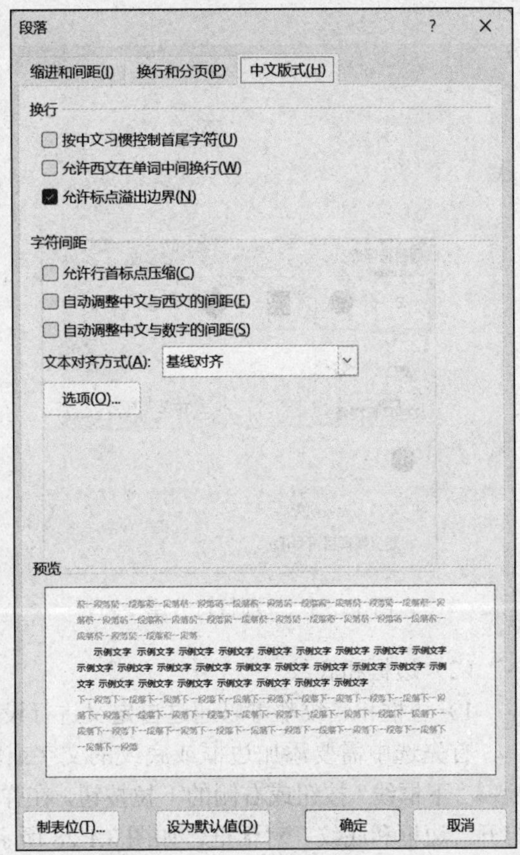

图 3.1.24　“中文版式”选项卡

6. 项目符号和编号、边框与底纹、分栏、首字下沉

（1）项目符号和编号

项目符号和编号是显示在段落前的符号。在 Word 文档中添加项目符号和编号，可使得文档条理清楚，便于读者阅读和理解，还能引起读者注意。

1）添加项目符号。操作方法为：选中需要添加项目符号的段落，单击“开始”选项卡“段落”面板中的“项目符号”下拉按钮，打开“项目符号库”列表，用户选择一种符号即可，如图 3.1.25 所示。

2）自定义项目符号。对默认的项目符号不满意时，可以自定义符号，操作方法如下。

如图 3.1.25 所示，选择“定义新项目符号”命令，打开“定义新项目符号”对话框，如图 3.1.26 所示，在此对话框中单击“符号”按钮，打开“符号”对话框，在此对话框中选择需要的符号，单击“确定”按钮返回到“定义新项目符号”对话框，单击“确定”按钮即可。单击“图片”按钮，在打开的对话框中选择图片作为项目符号。单击“字体”按钮，在打开的对话框中可以设置项目符号的颜色、大小等。

3）添加编号。添加编号操作方法与添加项目符号类同，单击“编号”下拉按钮，打开“编号库”列表，从中选择一种编号即可，如图 3.1.27 所示。

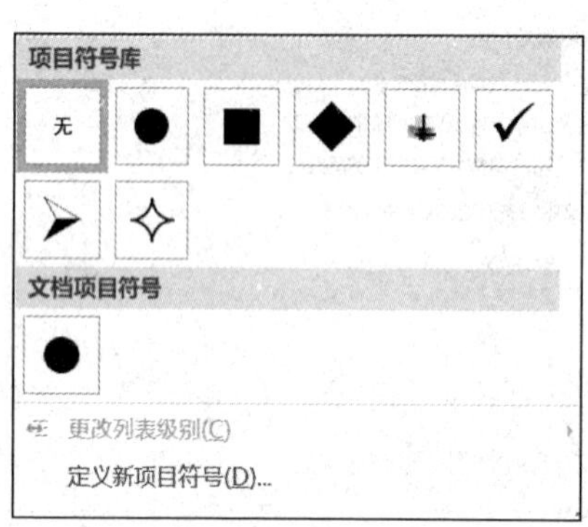

图 3.1.25 “项目符号库”列表

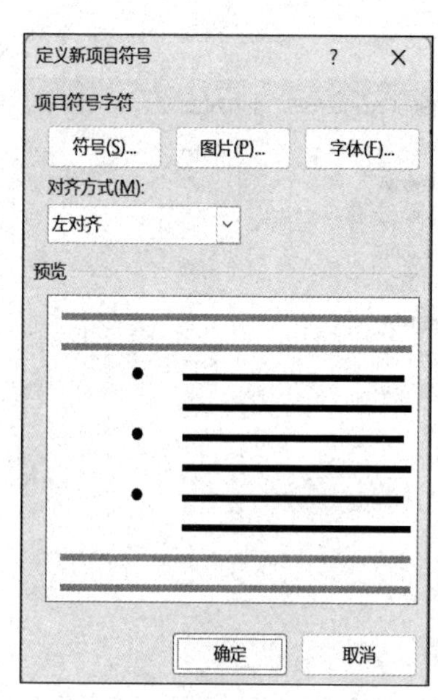

图 3.1.26 “定义新项目符号”对话框

（2）边框和底纹

1）边框和底纹都可以通过自定义进行设置。具体操作方法如下。

首先选中需要添加边框或底纹的文字或段落，单击“开始”选项卡→“段落”面板→“下框线”按钮或右侧的下拉按钮，在弹出的下拉列表中选择“边框和底纹”命令，打开“边框和底纹”对话框，如图 3.1.28 所示。选择线型、线的颜色及宽度，然后在预

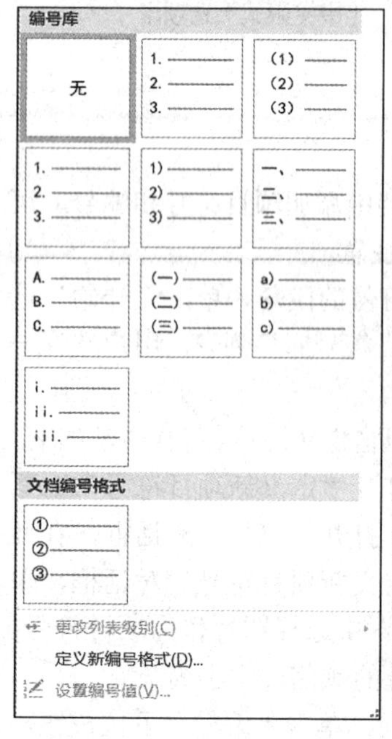

图 3.1.27 “编号库”列表

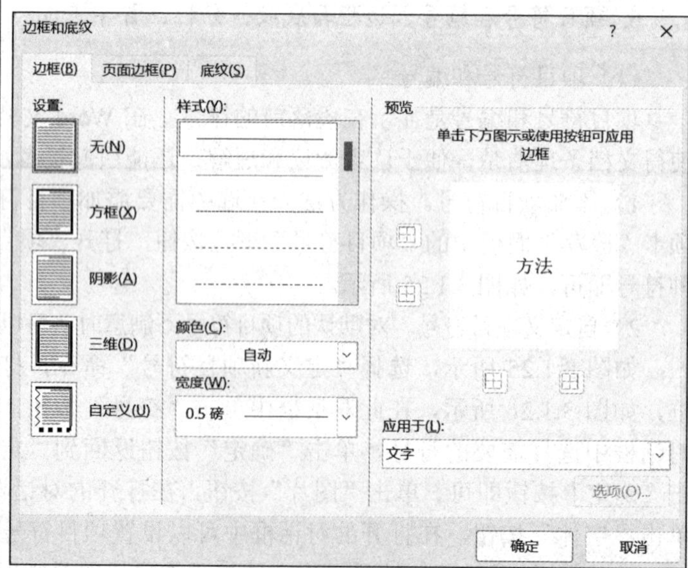

图 3.1.28 “边框和底纹”对话框

览区域的图示中选择相应的位置，需要注意的是应用范围（文字或段落）。底纹的设置方法与边框设置类似，这里不再赘述。

2）页面边框。设置页面边框的操作方法与设置边框类似，应用范围有四种，如图 3.1.29 所示。

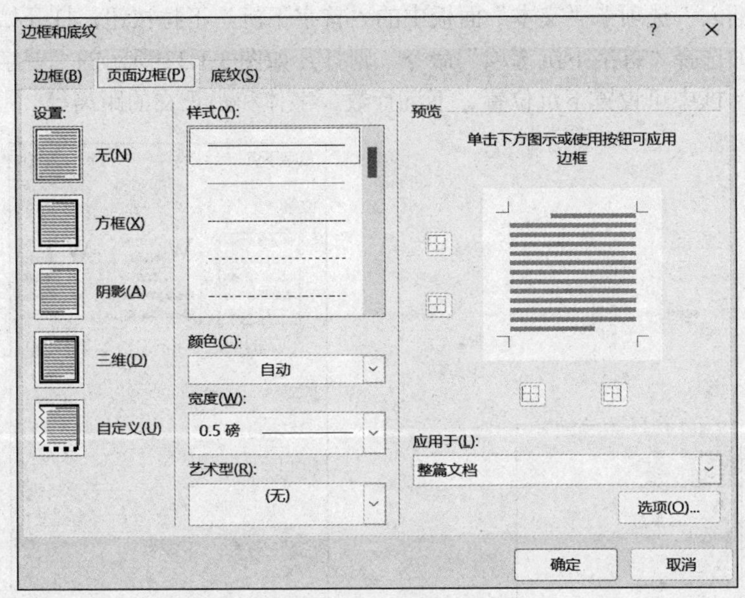

图 3.1.29　“页面边框”选项卡

（3）分栏

在报刊、试卷等文档中经常见到文本分栏的格式。具体操作步骤如下。

单击“布局”选项卡“页面设置”面板中的“分栏”按钮，打开如图 3.1.30 所示的下拉列表，从中选择“更多分栏”命令，打开如图 3.1.31 所示的“分栏”对话框。值得

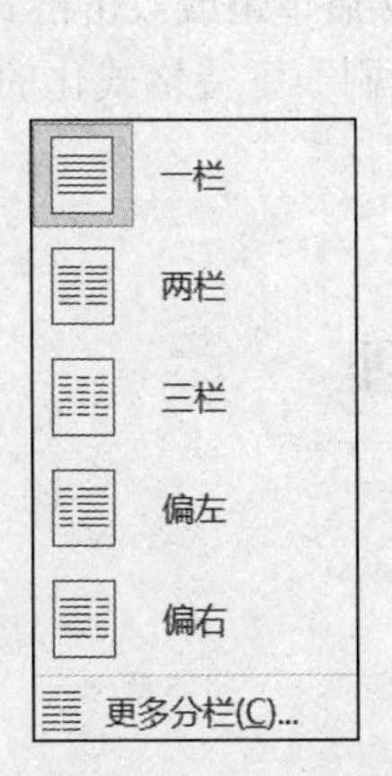

图 3.1.30　“分栏”列表

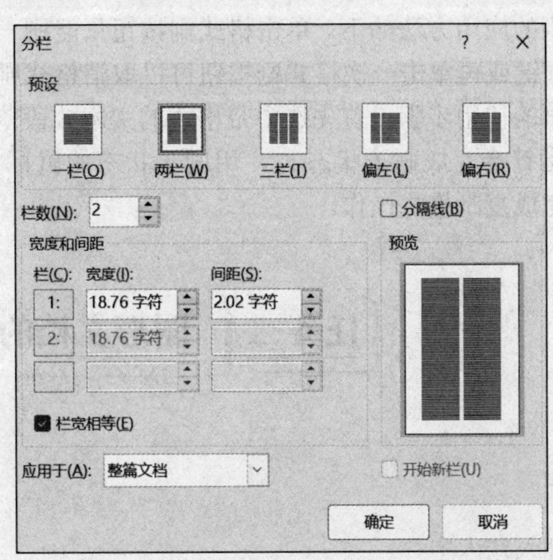

图 3.1.31　“分栏”对话框

注意的是，如果选中了“分隔线”复选框，则在分栏位置上有分隔线；如果选中了“栏宽相等”复选框，则分栏宽度相等。

（4）首字下沉

“首字下沉”是美化段落的一种格式，使段落的第一个字特别明显。操作步骤如下。

单击“插入”选项卡“文本”面板中的“首字下沉”下拉按钮，打开如图 3.1.32 所示的列表，如选择“首字下沉选项”命令，则打开如图 3.1.33 所示的“首字下沉”对话框，在此对话框中可设置下沉位置、下沉行数、字体和距正文的距离等。

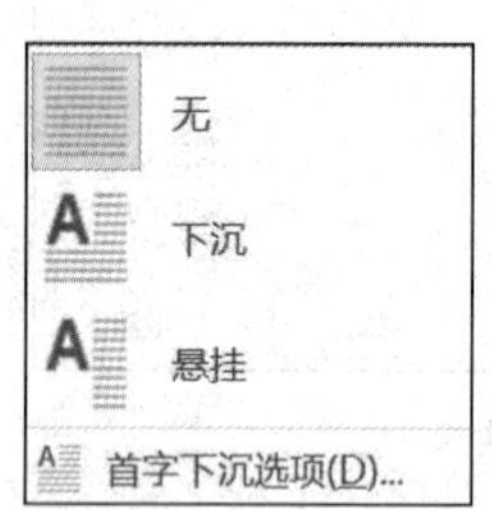

图 3.1.32 “首字下沉”列表

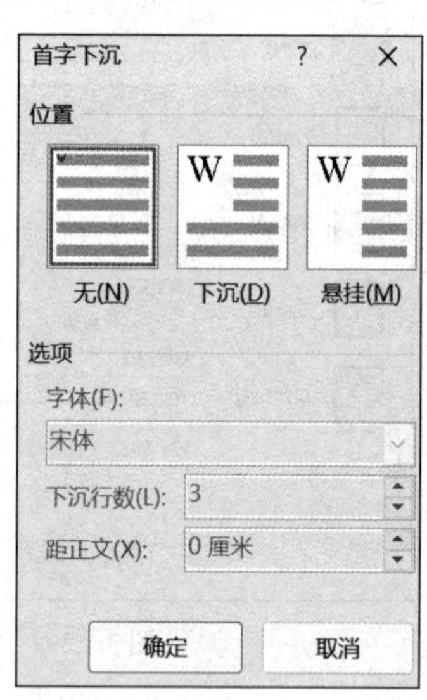

图 3.1.33 “首字下沉”对话框

7. 格式刷的应用

格式刷有复制文本格式或段落格式的作用。

格式刷的应用方法如下。单击格式刷按钮只能刷一次。双击能使用多次，使用完毕后，按 Esc 键或再单击一次格式刷按钮可以取消格式刷应用状态。

格式刷的使用步骤：首先选中带格式的文本或段落，然后单击或双击格式刷按钮，此时鼠标指针会变成刷子状态，用刷子状态的鼠标指针刷一下待格式化的文本或段落，即可完成复制格式操作。

任务二 图形文档的处理

一、艺术字

（1）插入艺术字

单击“插入”选项卡“文本”面板中的“艺术字”下拉按钮，弹出“艺术字”

下拉列表，如图 3.2.1 所示，选择一种样式后即可编辑艺术字。

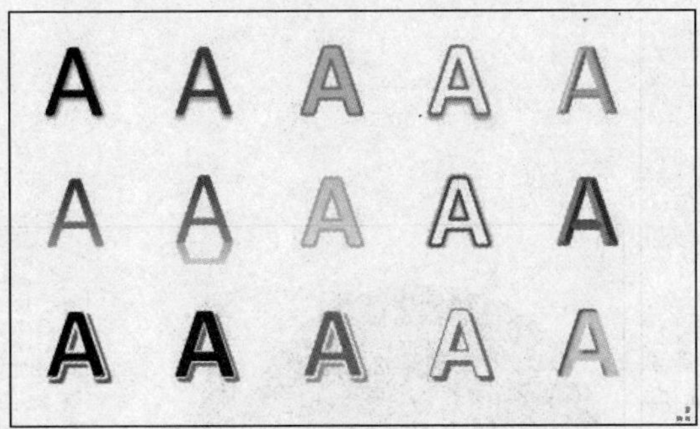

图 3.2.1　“艺术字”下拉列表

（2）编辑艺术字

在 Word 2016 中选中某个艺术字的同时在选项卡栏中自动出现“绘图工具”上下文选项卡“格式”选项卡，如图 3.2.2 所示。通过“绘图工具”上下文选项卡“格式”选项卡中的各功能组按钮可以重新编辑艺术字文本，设置艺术字形状样式、艺术字样式、位置、排列、大小等。

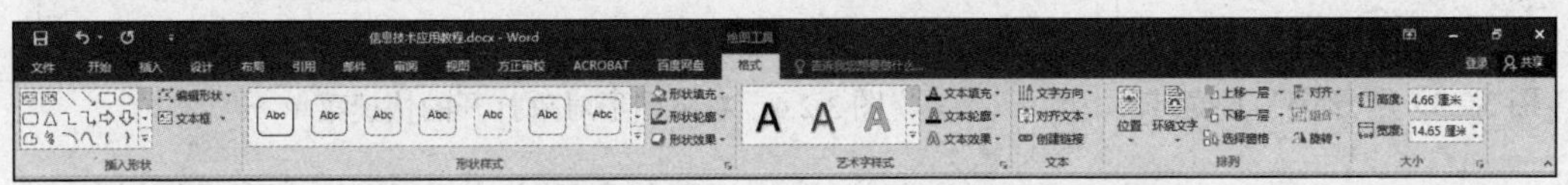

图 3.2.2　“绘图工具”上下文选项卡“格式”选项卡

二、图形

（1）绘制图形

单击“插入”选项卡“插图”面板中的“形状”下拉按钮，打开如图 3.2.3 所示的下拉列表。例如，绘制椭圆，则选择“基本形状”区域中的“椭圆”图形，此时光标变成十字形状，拖动鼠标将会绘制出一个大小合适的椭圆。

（2）绘制理想图形

按住 Shift 键，配合“形状”下拉列表中的图形按钮可绘制水平线、垂直线、特殊角度的斜线、正方形或圆形等各种理想的图形。

（3）调整图形的排列次序

绘制多个重叠图形时，可以将图形叠放在不同的层面上。操作方法为：右击选定对象，在弹出的快捷菜单中选择“置于顶层”或“置于底层”命令进行设置，如图 3.2.4 所示。

（4）图形格式的设置、图形组合

默认情况下，绘制图形的线条颜色是黑色，填充颜色是白色。为了美化图形效果，可以对图形的线条及填充颜色进行调整。例如，奥运五环的填充颜色设置为无填充，线条颜色分别为蓝、黑、红、绿、黄，并且制作完成每一个环之后进行组合，将其组合成为一个整体。具体操作方法如下。

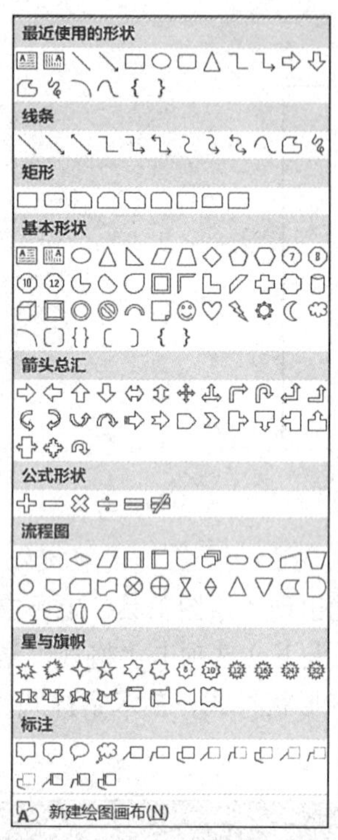

图 3.2.3 “形状”下拉列表

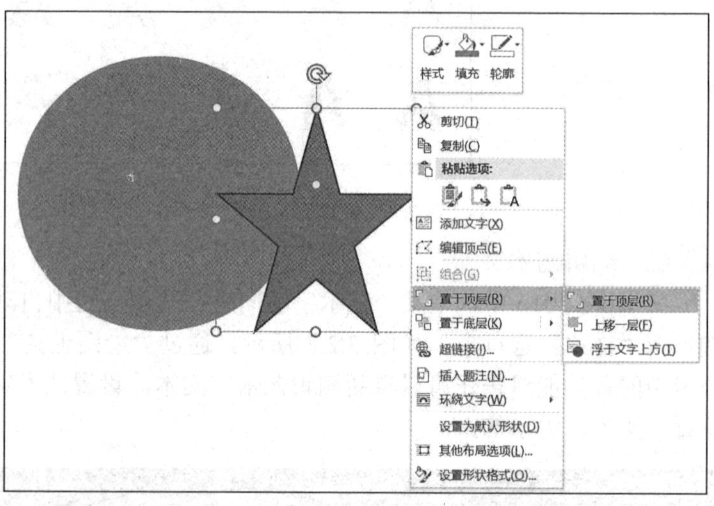

图 3.2.4 右击图形对象打开的快捷菜单

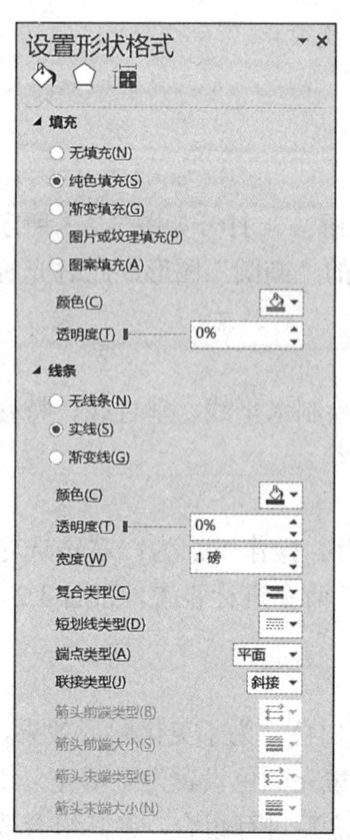

图 3.2.5 “设置形状格式”窗格

1）选择“形状”列表中的“同心圆”图形并按住 Shift 键画出圆形。

2）选中圆形并右击，在弹出的快捷菜单中选择“设置形状格式”命令，打开如图 3.2.5 所示的窗格，在此窗格中设置填充颜色、线条颜色、线型。

3）制作完成 5 个环后，按住 Shift 键依次选中 5 个环并右击，在弹出的快捷菜单中选择“组合”命令，将其组合成一个整体。

也可以利用“绘图工具”上下文选项卡“格式”选项卡中的相应按钮来完成图形的排列次序、填充颜色、线条颜色等的调整及组合操作，如图 3.2.2 所示。

（5）在自选图形上添加文字

除直线和任意多边形外，也可以在自选图形上添加文字，文字可以随着图形的移动而移动，旋转图形时文字也旋转。具体操作方法如下：选中画好的图形，右击，打开如图 3.2.6 所示的快捷菜单，选择“添加文字”命令，即可在图形上添加文字。图形上方的绿色点是“旋转控制”柄，单击并拖曳“旋转控制”柄即可旋转图形。

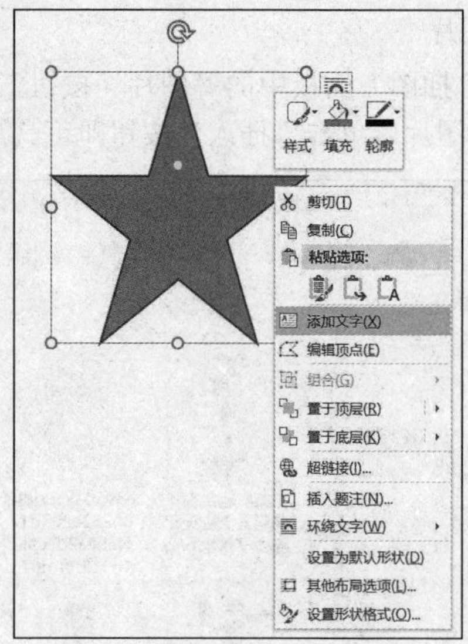

图 3.2.6　图形上添加文字

三、图片

在 Word 中可以插入图片实现图文混排，有联机图片和来自文件的图片，通过插入联机图片可以从网上搜索获取图片。

（1）插入联机图片

单击“插入”选项卡“插图”面板中的“联机图片”按钮，打开联机图片窗格，从中搜索“熊猫”图片，选择相应图片插入即可，如图 3.2.7 所示。

图 3.2.7　“联机图片”窗格

（2）插入来自文件的图片

单击“插入”选项卡“插图”面板中的“图片”按钮，弹出如图 3.2.8 所示的“插入图片”对话框，选择图片后单击“插入”按钮即可。

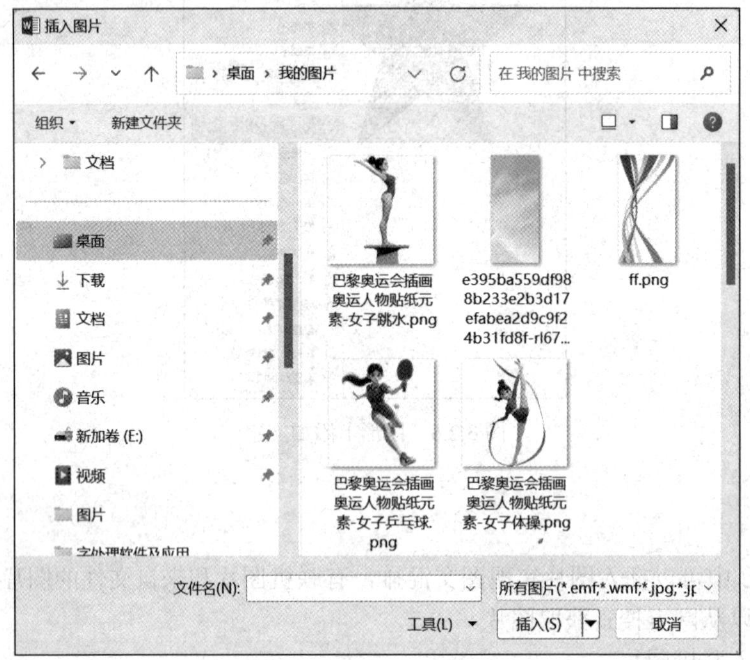

图 3.2.8 “插入图片”对话框

（3）编辑、设置图片格式

选中图片，会出现“图片工具”上下文选项卡“格式”选项卡，如图 3.2.9 所示。此选项卡中包含“调整”“图片样式”“排列”“大小”等面板，通过单击“调整”面板中相应按钮可以对图形的背景、颜色、大小等进行设置；通过单击“图片样式”面板中相应按钮可以对图片边框及发光、阴影效果进行快速调整；通过单击“排列”面板中相应按钮则对图片的环绕方式、图片的叠放次序、组合、对齐、旋转等进行设置；通过单击“大小”面板中相应按钮可以对图片的大小、裁剪等进行设置。

图 3.2.9 “图片工具”上下文选项卡“格式”选项卡

四、文本框

文本框是一种可移动和可调整大小的文字或图形容器。使用文本框可以将文本放置于任意位置，在 Word 排版中经常使用文本框对版面进行布局。根据文本框中的文字排列方式，文本框分为横排和竖排两种形式。文本框也是一种图形对象，可调整大小和位置、设置填充颜色和线条颜色、自动换行等，使得文本框里的文字更加突出。

插入文本框操作方法：单击“插入”选项卡“文本”面板中的“文本框”下拉按钮，可打开内置文本样式和绘制文本框命令的列表，如图 3.2.10 所示。

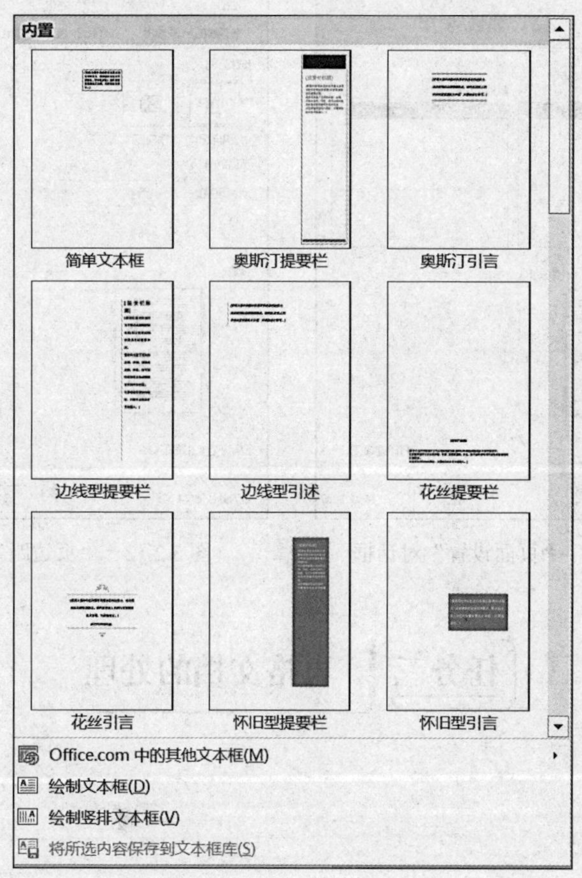

图 3.2.10 “文本框”下拉列表

五、页面设置

编辑好文档，就为打印工作做好了准备。接着进行页面设置，如纸张的选择、页边距的设置以及纸张的方向设置等。只有做好这些工作才能获得美观整齐的打印效果。

（1）设置纸张类型

Word 默认纸张是 A4 纸。当使用特殊纸张排版文档时，需要将纸张的大小设置为“自定义大小”。单击“布局”选项卡“页面设置”面板中的“纸张大小”下拉按钮，将打开下拉列表，选择“其他纸张大小”命令，则出现“页面设置”对话框，如图 3.2.11 所示。

（2）设置页边距

页边距是文档中的文本与纸张边缘之间的距离。如果文档需要装订成册，可以设置装订线位置。页边距的设置可以在“页面设置”对话框中选择“页边距”选项卡进行操作，如图 3.2.12 所示。

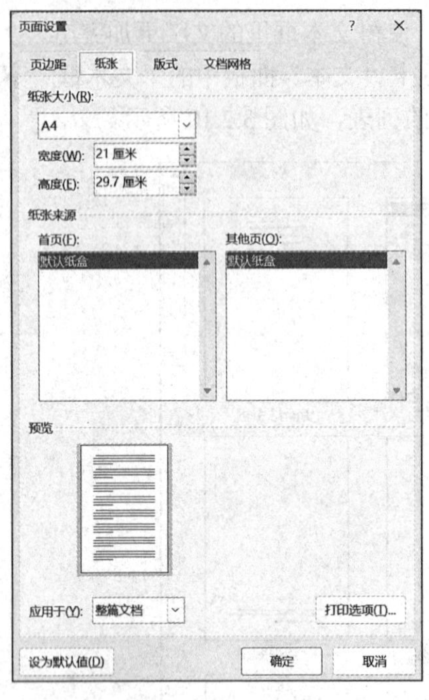

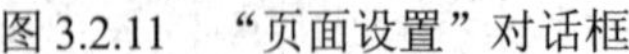
图 3.2.11 “页面设置”对话框

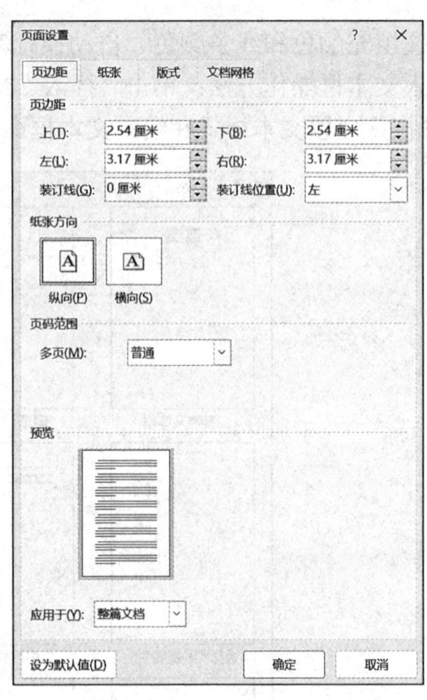

图 3.2.12 “页边距”选项卡

任务三 表格文档的处理

一、创建表格

（1）插入表格

单击“插入”选项卡中的“表格”下拉按钮，会出现如图 3.3.1 所示的“表格”下拉列表，选择“插入表格”命令，打开“插入表格”对话框，如图 3.3.2 所示，

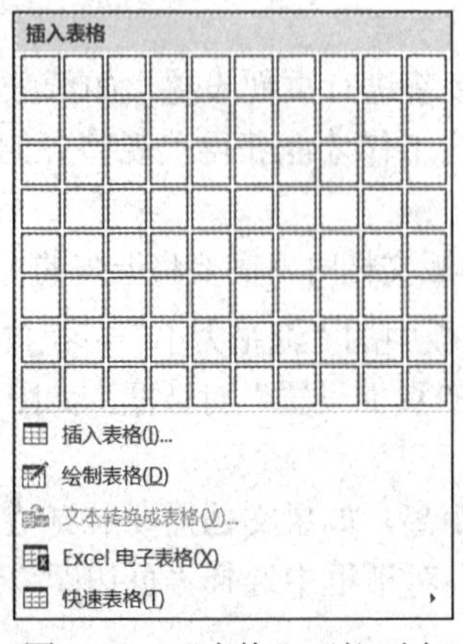

图 3.3.1 “表格”下拉列表

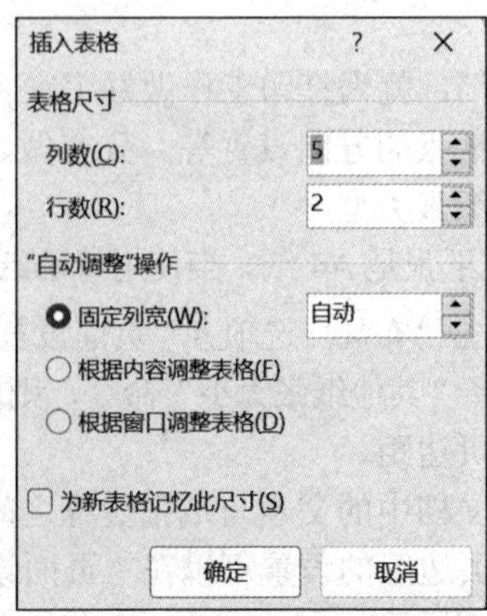

图 3.3.2 “插入表格”对话框

输入列数和行数后单击“确定”按钮即可建立表格。

（2）绘制表格

在图 3.3.1 所示的“表格”下拉列表中选择“绘制表格”命令，插入点变成笔的形状，利用此“笔”可以手动绘制表格，也可以用此方法处理表格中的复杂部分。

在绘制表格或插入表格的同时，选项卡栏里会出现“表格工具”上下文选项卡“设计”选项卡，如图 3.3.3 所示。利用其中的各种功能面板可以对表格样式、边框样式、底纹等进行编辑设置。

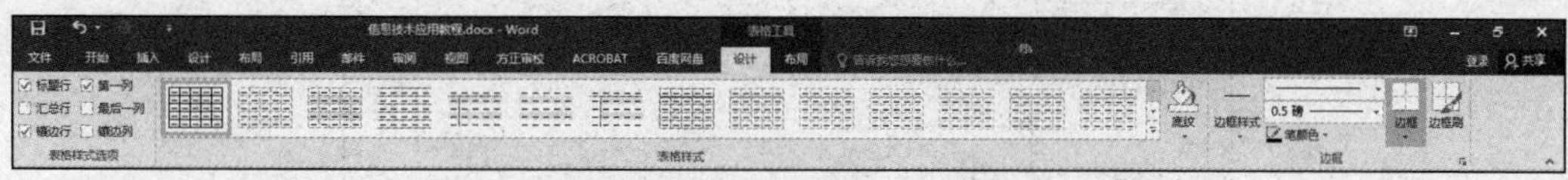

图 3.3.3　“表格工具”上下文选项卡“设计”选项卡

二、表格的编辑

（1）单元格、行、列的插入与删除

表格的基本元素为单元格、行、列。创建表格之后，用户可以对表格进行编辑调整。例如，插入和删除单元格或其行、列等。具体操作方法如下。

选择对象（单元格、行、列等），右击，打开快捷菜单，通过菜单中相应命令可以进行插入、删除单元格及行、列等操作，还能进行调整行高、列宽等操作，非常方便。

（2）单元格的合并与拆分

合并单元格是将相邻的两个或两个以上单元格合并为一个单元格，拆分单元格是将一个单元格分成若干个小的单元格。选择的对象不同，快捷菜单内容也有所不同。例如，选中两个以上单元格时，快捷菜单中的“拆分单元格”命令变为“合并单元格”命令，如图 3.3.4 所示。

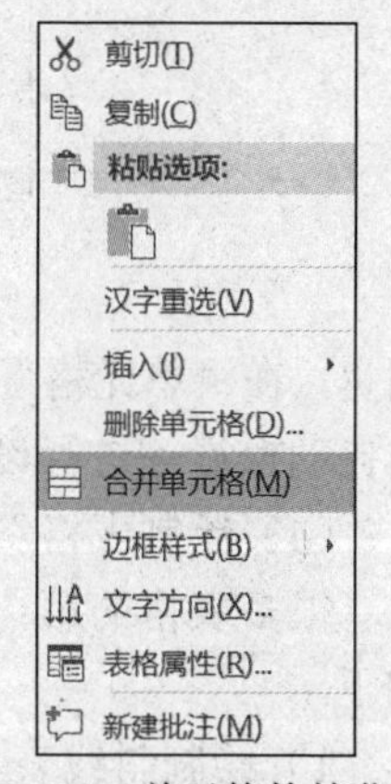

图 3.3.4　单元格快捷菜单

（3）设置表格属性

表格左上角有个“选定表格”按钮，如图 3.3.5 所示，单击“选定表格”按钮可选中整张表格。右击，打开“表格属性”对话框，如图 3.3.6 所示。在此对话框的“表格”选项卡中可调整表格对齐方式、边框和底纹等，在“行”“列”选项卡中可设置行高、

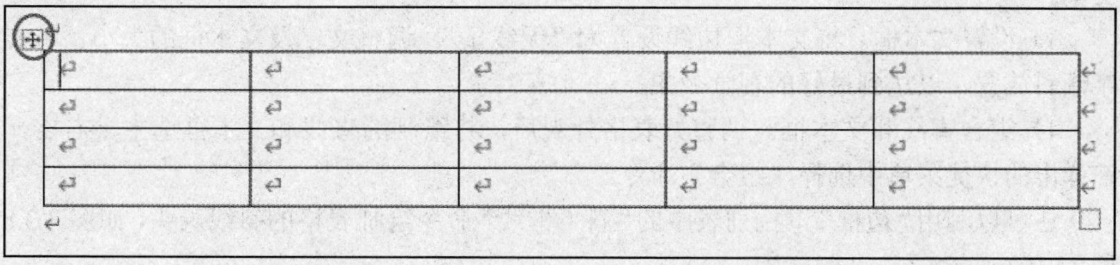

图 3.3.5　“选定表格”按钮

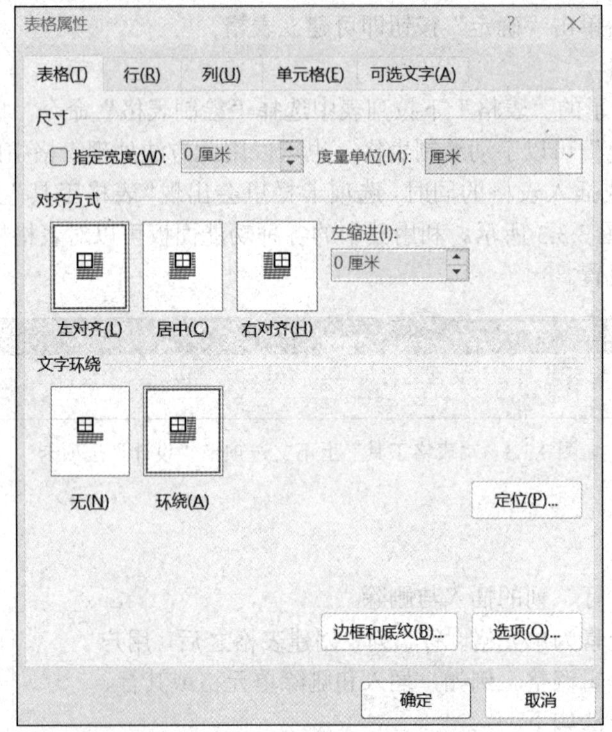

图 3.3.6 “表格属性”对话框

列宽，在“单元格”选项卡中可对单元格的高度、宽度及单元格文字的对齐方式、文字的自动换行等进行设置。

（4）绘制表格斜线表头

很多表格的第一个单元格中需要添加表头，可以手动绘制斜线表头，具体操作步骤如下。

1）绘制斜线表头。将光标放置在表格第一个单元格中，单击“插入”选项卡“插图”面板中的“形状”下拉按钮，在弹出的下拉列表中选择“直线”命令，在该单元格内绘制斜线并调整直线的方向和粗细（通过“绘图工具”选项卡中的“形状轮廓”命令可设置直线的形状和粗细，如图 3.3.7 所示）。

2）添加文本框。单击“插入”选项卡“文本”面板中的“文本框”下拉按钮，在弹出的下拉列表中选择“绘制横排文本框”命令，然后绘制 2 个文本框并在文本框中输入文本。

3）设置文本框。将文本框边线设置为“无线条”，调整文字及文本框的大小。将文字倾斜放置，以达到最好的视觉效果。

4）组合直线和文本框。调整好表格外观后，将绘制的直线和文本框选中，右击，在弹出的快捷菜单中选择“组合”命令。

还可以利用“边框”下拉列表中的“斜下框线”命令绘制表格的斜线表头，如图 3.3.8 所示。

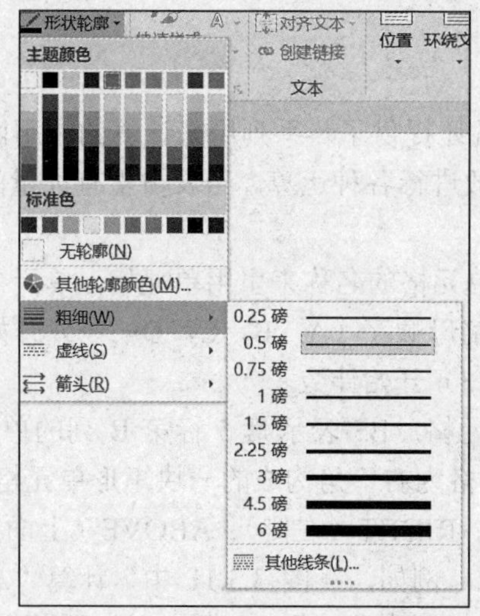

图 3.3.7　“形状轮廓”下拉列表

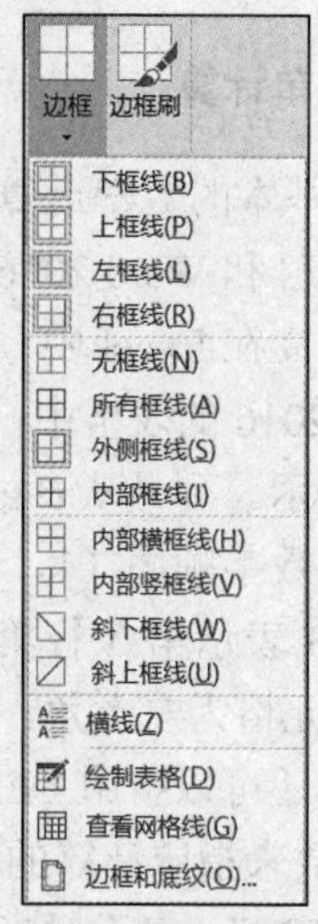

图 3.3.8　“边框”下拉列表

三、表格的修饰

（1）背景水印的设置

与文档背景水印的设置方法一样，单击“设计”选项卡“页面背景”面板中的“水印”下拉按钮，在下拉列表中选择“自定义水印”命令，将会打开“水印”对话框，在对话框中进行如图 3.3.9 所示的设置。

（2）自动套用格式的设置

Word 预定义了许多丰富多彩的表格样式，用户可直接套用，以提高编辑效率。具体操作步骤如下。

选中需要格式化的表格，选择“表格工具”上下文选项卡“表设计”选项卡中的“表格样式”面板中任意一种样式即可。例如，选中“课程表”并单击“表格样式”面板中的“网格表 4-着色 6”，如图 3.3.10 所示。

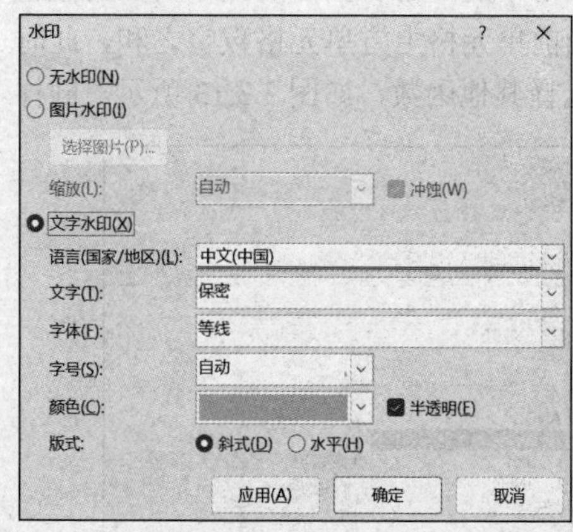

图 3.3.9　“水印”对话框

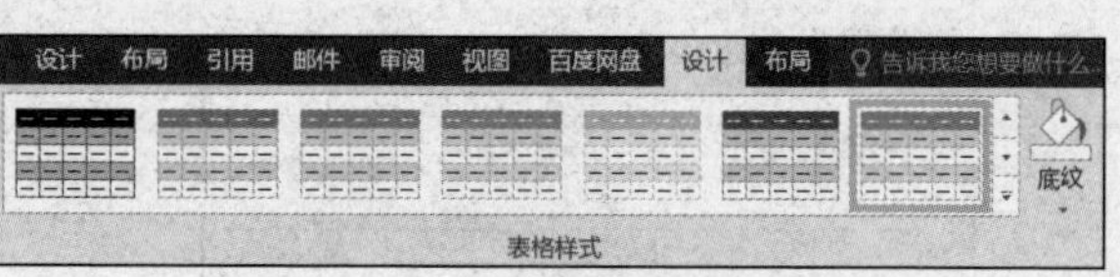

图 3.3.10　套用“网格表 4-着色 6”

四、表格的简单计算

Word 有基本的数学运算功能，并且还提供了一系列用来计算的常用函数，用户可以使用运算符号和 Word 2016 提供的函数进行各种运算。当表格里有大量的计算时，一般会将表格建立在 Excel 中。

在 Word 2016 的表格中，可以使用单元格的名称来引用单元格，单元格的名称用列号和行号来表示。列号从表格的左侧按字母顺序（A，B，C，D……）开始计数，行号从表格顶部按数字顺序（1，2，3，4……）开始计数。

例如，A3 表示第 3 行第 A 列的单元格；B5 表示第 5 行第 B 列的单元格；A3:B5 表示以 A3 单元格为左上角，以 B5 单元格为右下角构成的一块矩形单元格区域。

在公式中还可以引用 LEFT（左侧）、RIGHT（右侧）、ABOVE（上面）和 BELOW（下面）等参数来指定计算的单元格区域。例如，在图 3.3.11 中，计算“总分”可以使用“SUM(LEFT)”，表示对当前单元格左方的数据求和。对图 3.3.11 所示成绩表的计算操作步骤如下。

学生成绩表

姓名	计算机	英语	高等数学	思想政治	总分	平均分
丽丽	96	89	85	96	366	91.5
张硕	95	90	88	92	365	91.3
李强	90	88	87	90	355	88.8
小红	92	91	89	91	363	90.75
王磊	97	93	90	93	373	93.25

图 3.3.11　学生成绩表

1）将光标置于 F2 单元格中，单击“表格工具”上下文选项卡“布局”选项卡→“数据”面板中的“公式”按钮 fx 公式，打开“公式”对话框，如图 3.3.12 所示，如果单击“粘贴函数”列表框下拉按钮，则会在下拉列表中显示所有可用的函数。

2）在“公式”文本框中，Word 2016 会根据表格中的数据和当前单元格所在的位置自动推荐一个公式，如“=SUM(ABOVE)”计算当前单元格上方单元格数字之和，此时可以从“公式”对话框“粘贴函数”下拉列表中选择其他函数，如图 3.3.13 所示。同样

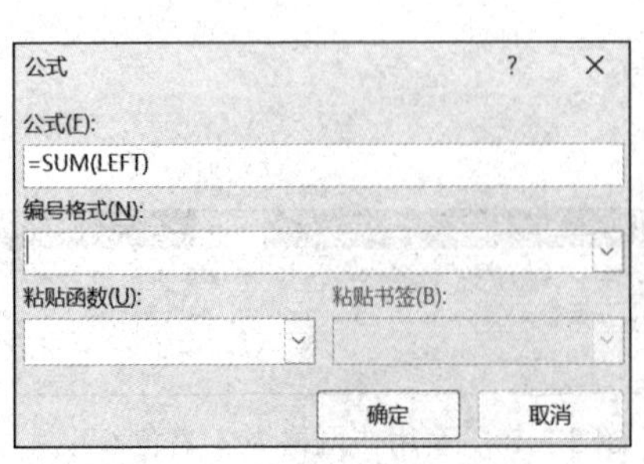

图 3.3.12　“公式”对话框

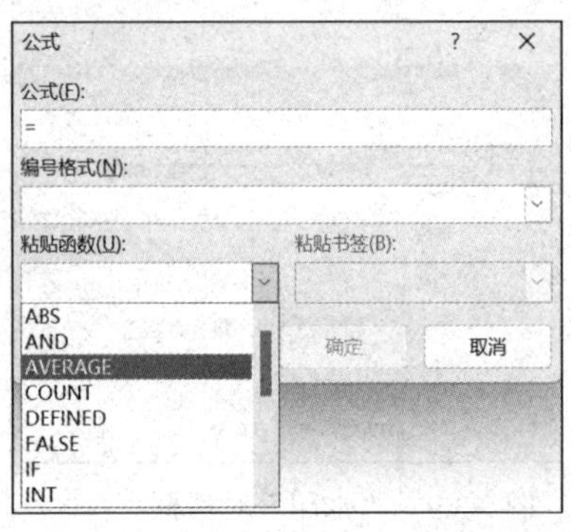

图 3.3.13　“公式”对话框中选择其他函数

依次计算其他人的总分和平均分。

五、排序

可以将表格数据按照某一关键字进行排序。下面以图 3.3.11 所示的学生成绩表为例，按“总分”从高到低排序，当该列内容有多个相同的值时，则根据另一列（称为次要关键字）排序，以此类推，最多可以选择 3 个关键字进行排序。具体操作步骤如下。

将光标置于“学生成绩表”的“总分”列的某个单元格中，单击“表格工具”上下文选项卡“布局”选项卡→“数据”面板中的“排序”按钮，打开“排序”对话框，如图 3.3.14 所示，选择“主要关键字”为“总分”，排序“类型”为“数字”，并选中“降序”单选按钮，表示对成绩表按“总分”进行降序排序。选中“有标题行”单选按钮，表示标题不参与排序，然后按“确定”按钮即可排序。

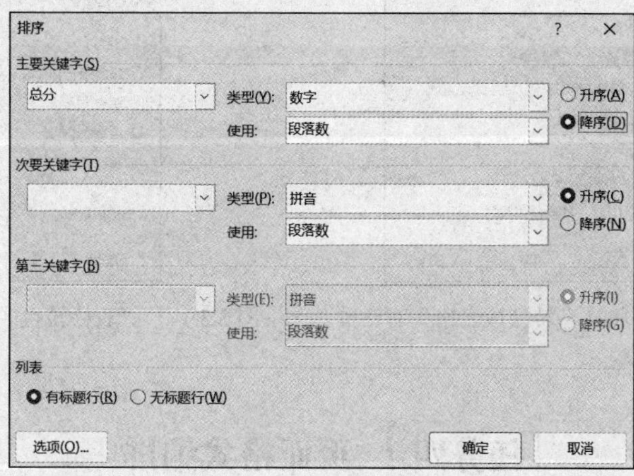

图 3.3.14　“排序”对话框

六、表格与文本的相互转换

Word 中可以将有规则的文本转换成表格，也可以将表格转换成文本。

（1）文本转换成表格

例如，将图 3.3.15 所示的文本转换成表格，具体操作方法如下。

姓名	计算机	英语	高等数学	思想政治	总分	平均分
丽丽	96	89	85	96		
张硕	95	90	88	92		
李强	90	88	87	90		
小红	92	91	89	91		
王磊	97	93	90	93		

图 3.3.15　有规则文本样图

1）选中文本，选择“插入”选项卡“表格”下拉按钮中的“文本转换成表格”命令，则打开如图 3.3.16 所示的对话框，该对话框中的列数默认为“7”，单击“确定”按钮即可将选定文本转换成表格。

2）选中文本，选择“插入”选项卡“表格”下拉按钮中的“插入表格”命令即可。

（2）表格转换成文本

将图 3.3.11 所示的“学生成绩表”转换成文本的具体操作步骤如下。

首先选中表格，单击“表格工具”上下文选项卡“布局”选项卡→“数据”面板中的“转换为文本”按钮，则会打开“表格转换成文本”对话框，如图 3.3.17 所示，选择“文字分隔符”为“逗号”，即可产生如图 3.3.15 所示的文本。

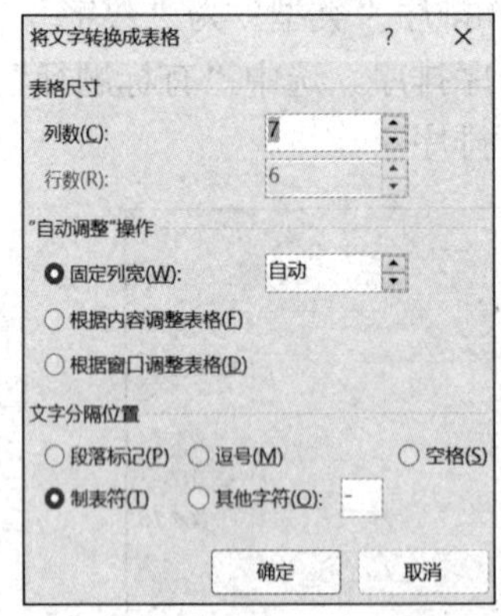

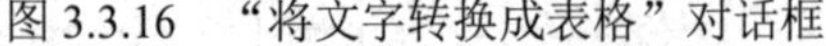
图 3.3.16 “将文字转换成表格”对话框

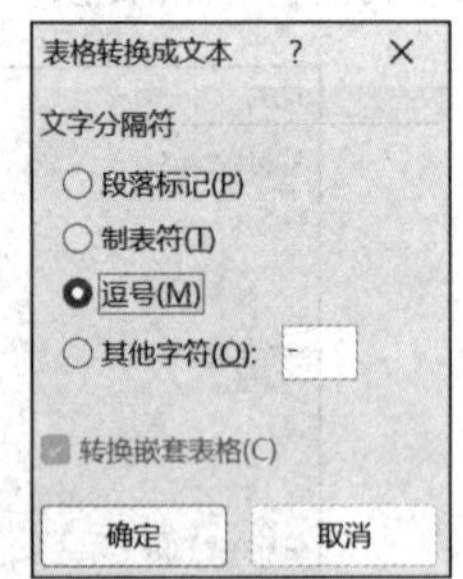

图 3.3.17 “表格转换成文本”对话框

任务四 页面格式编排

一、分节符和分页符

在编排某些文档时，经常需要为不同部分设置各自不同的格式，如页码的格式和位置，页眉与页脚的文本、位置和格式，页边距、纸型、页面方向、页面的边框等，可以通过为不同部分创建一个节，然后用插入分节符的方法来达到目的。节可小至一个段落，大至整篇文档。可以为分节后的文档设置不同的文本格式。

（1）插入分节符

插入分节符的具体操作步骤如下。

将光标置于需要分节文字所在的行首，在“布局”选项卡中，单击“页面设置”面板中的“分隔符”下拉按钮，在打开的下拉列表中选择“下一页”命令，如图 3.4.1 所示。

（2）插入分页符

分页符：分页的一种符号，上一页结束以及下一页开始的位置。Word 中录入文本时满一页可“自动”插入一个分页符（软分页符）。还可手动插入分页符（硬分页符）

在指定位置强制分页。插入分页符的方法如下。

1）快捷插入方式是直接按 Ctrl＋Enter 组合键。

2）与插入分节符的方法相同，在图 3.4.1 所示的“分隔符”下拉列表中选择“分页符”命令。

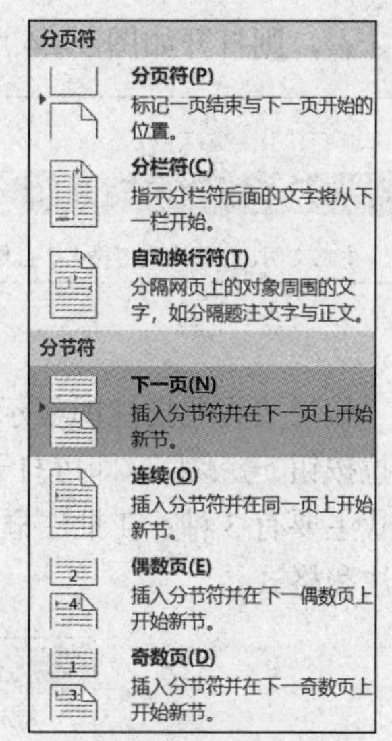

图 3.4.1　“分隔符”下拉列表

二、脚注、尾注、批注

（1）脚注和尾注

脚注和尾注用于文档和书籍中，以显示引用资料的来源或一些说明性和补充性的信息。脚注位于页面的底部，而尾注则位于文档的结尾处。插入脚注和尾注的操作步骤如下。

单击“引用”选项卡“脚注”面板中的“插入脚注”按钮（图 3.4.2），光标自动定位到页面底部，用户输入脚注内容即可；当单击“插入尾注”按钮时，光标自动定位到文档结尾处，用户输入尾注内容即可。若想调整脚注、尾注编号格式、标记、起始编号等元素，可以单击“脚注”面板的“对话框启动器”按钮（图 3.4.2），即打开如图 3.4.3 所示的“脚注和尾注”对话框。

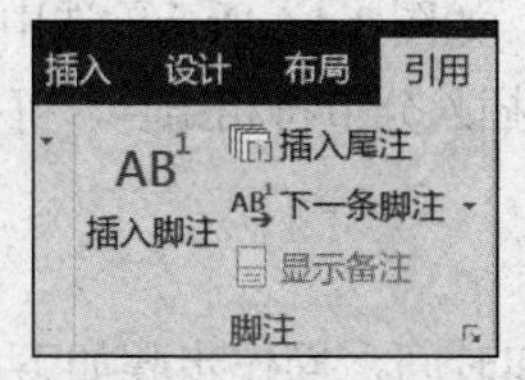

图 3.4.2　“脚注”面板

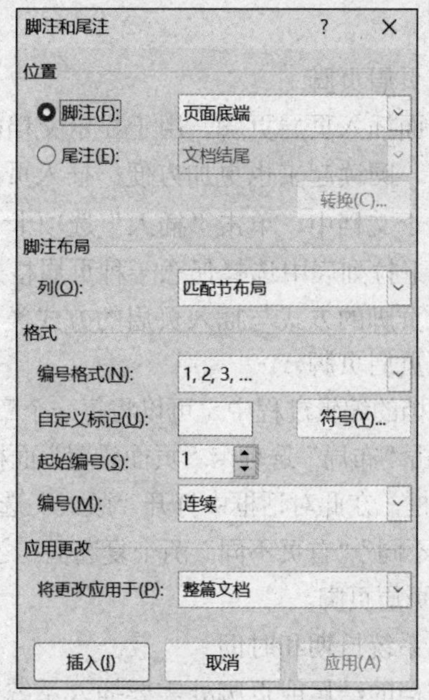

图 3.4.3　“脚注和尾注”对话框

（2）批注

批注是一种批评、注释，用以说明、解释、记录与之相关的内容。插入批注的操作步骤如下。

选择需要插入批注的文本，单击“审阅”选项卡“批注”面板中的“新建批注”按钮新建批注，则打开如图 3.4.4 所示的批注框，将批注内容录入即可。

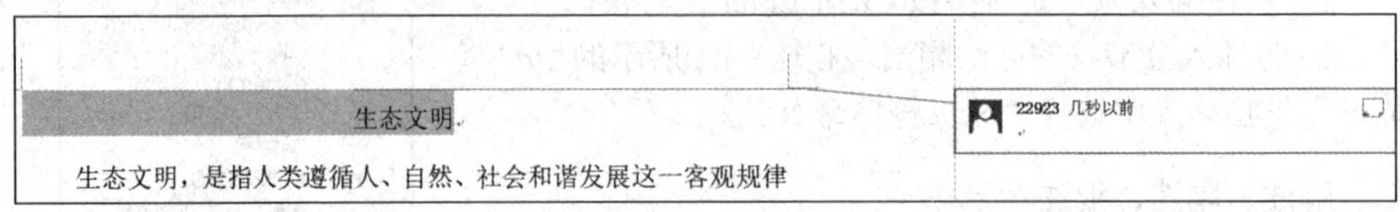

图 3.4.4 批注框

如果要设置批注的显示方式，可单击“审阅”选项卡“修订”面板中的“显示标记”下拉按钮显示标记，即可打开“批注框”下拉菜单，如图 3.4.5 所示。批注、修订的显示方式主要有 3 种：在批注框中显示修订、以嵌入方式显示所有修订和仅在批注框中显示批注和格式。

批注框(B)
特定人员(S)
突出显示更新(U)
其他作者(O)
在批注框中显示修订(B)
以嵌入方式显示所有修订(I)
✓ 仅在批注框中显示批注和格式(C)

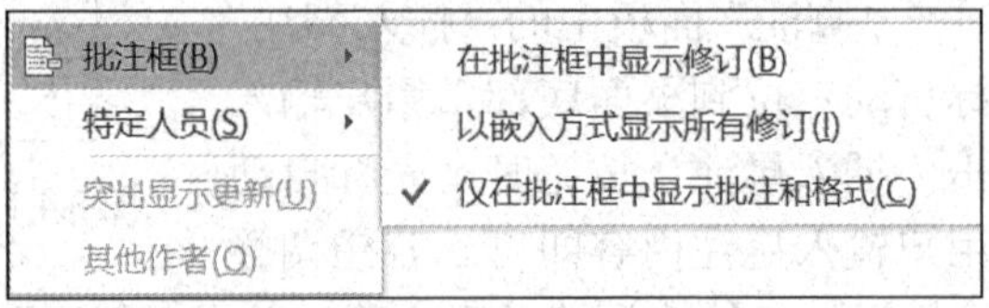

图 3.4.5 “批注框”下拉菜单

三、页眉页脚

（1）插入页眉页脚

在文档页面插入页眉页脚，用于显示文档的章节名、页码、页数、时间等，使全篇文档更加完整，阅读起来也更加方便。插入页眉页脚的操作步骤如下。

将光标置于文档中，单击“插入”选项卡“页眉页脚”面板中的“页眉”下拉按钮页眉，在打开的下拉列表中选择任意一种页眉格式，光标会自动移到页眉处，输入页眉内容即可。插入页脚的方式与插入页眉的方式类似，不再重复。

（2）设置页眉页脚

在长篇文档的编辑过程中，可以将每一个章节的页眉页脚设置成不同内容，这样更加方便阅读。单击“布局”选项卡“页面设置”面板中的“对话框启动器”按钮，打开“页面设置”对话框，在此对话框中打开“版式”选项卡，如图 3.4.6 所示，选中“页眉页脚”栏中“奇偶页不同”“首页不同”两个复选框。之后与插入分节符相结合，可在不同的章节中设置不同的页眉页脚。

（3）插入系统日期和时间

如果在文档的结尾或页脚处需要插入系统日期和时间，操作步骤如下。

1）将光标置于文章的最后一行，单击“插入”选项卡“文本”面板中的“日期和时间”按钮日期和时间，打开“日期和时间”对话框。

2）在打开的“日期和时间”对话框中，选择合适的日期格式，并选中“自动更新”复选框，如图 3.4.7 所示，单击“确定”按钮，插入当前日期，在今后编辑该文档时会自动更新日期。

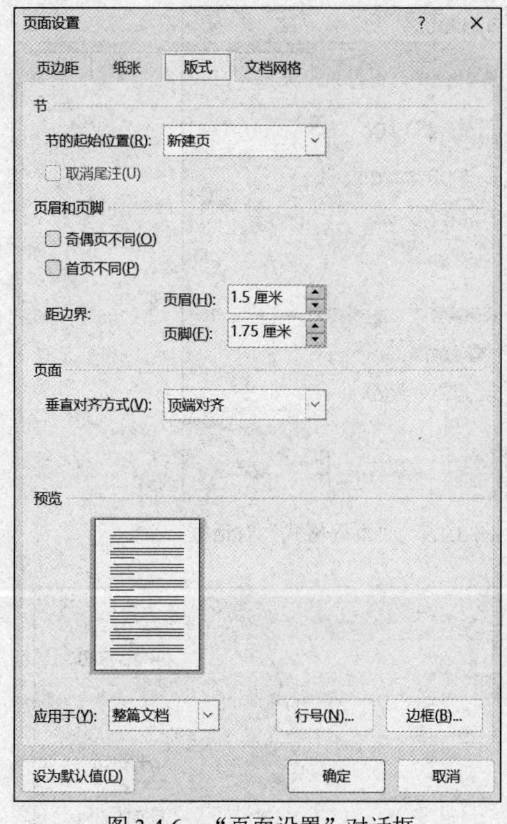

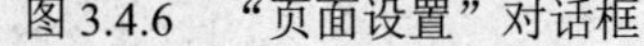
图 3.4.6　“页面设置”对话框

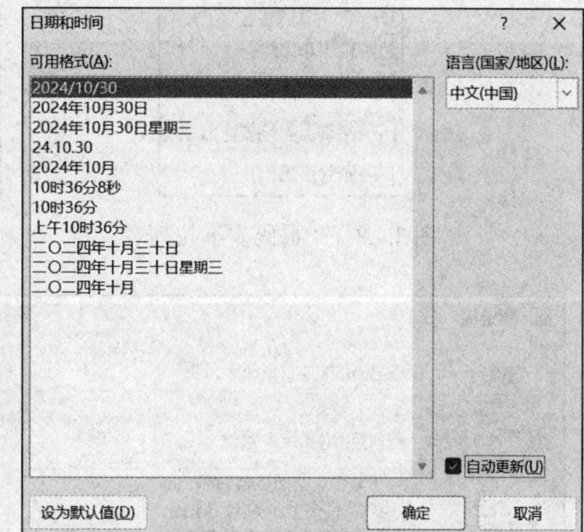

图 3.4.7　“日期和时间”对话框

（4）插入页码

在文档中插入页码的操作步骤如下。

1）单击“插入”选项卡“页眉页脚”面板中的“页码”下拉按钮，打开“页码”下拉列表，如图 3.4.8 所示。

2）在打开的“页码”下拉列表中，选择一种合适的页码位置设置命令，即可自动插入页码。可选择“设置页码格式”命令，打开“页码格式”对话框，在此对话框中可设置“编号格式”“起始页码”等，如图 3.4.9 所示。在文档中插入页码之后，在该文档的修改过程中页码会自动更新。

（5）插入链接

有时在文档中需要插入一些链接，方便用户更好地了解相关的内容。插入链接的操作步骤如下。

1）选中要插入超链接的文本，单击“插入”选项卡“链接”面板中的“超链接”按钮，打开“插入超链接”对话框。

2）在打开的“插入超链接”对话框中，选择“链接到：”功能组中的“现有文件或网页”按钮，并从“查找范围”下拉列表中选择需要链接的文件，如图 3.4.10 所示，单击“确定”按钮，即可创建超链接。

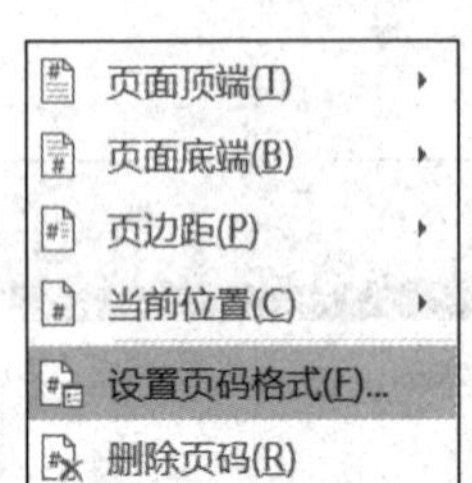

图 3.4.8 “页码”下拉列表

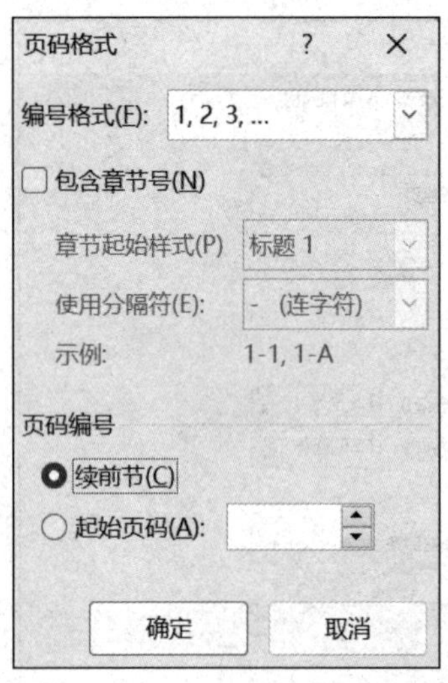

图 3.4.9 “页码格式”对话框

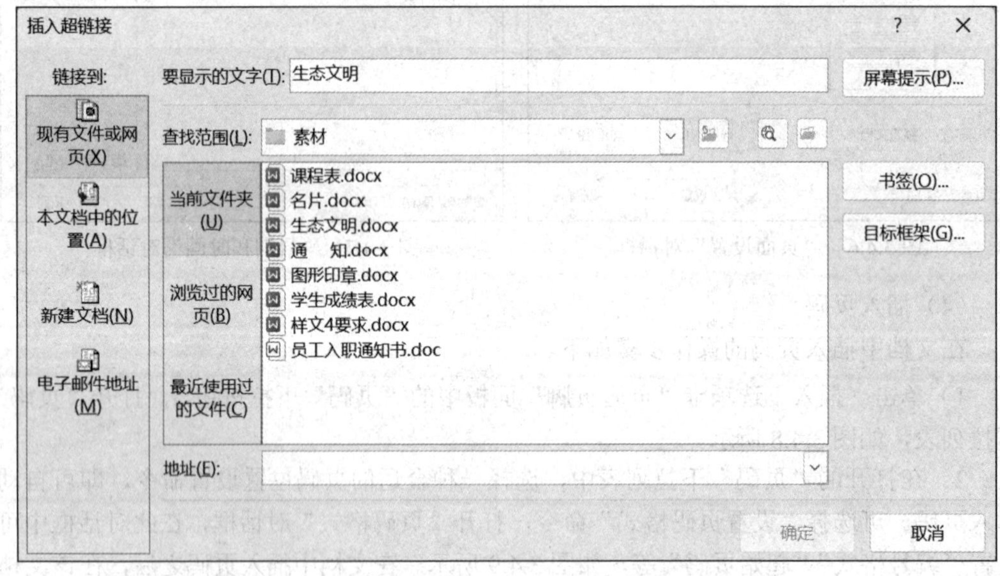

图 3.4.10 “插入超链接”对话框

还有一种情况是在 Word 中如果输入网址或电子邮件地址，软件就会自动把它们设置为超链接，如 www.163.com、Naren_190@163.com。如果不想让它们成为超链接，可以关闭自动设置超链接功能，操作步骤如下。

1）选择“文件”菜单中的“选项”命令，打开“Word 选项”对话框，在此对话框中选择“校对”命令，如图 3.4.11 所示，在右侧列表中单击“自动更正选项”按钮，打开“自动更正”对话框，如图 3.4.12 所示。

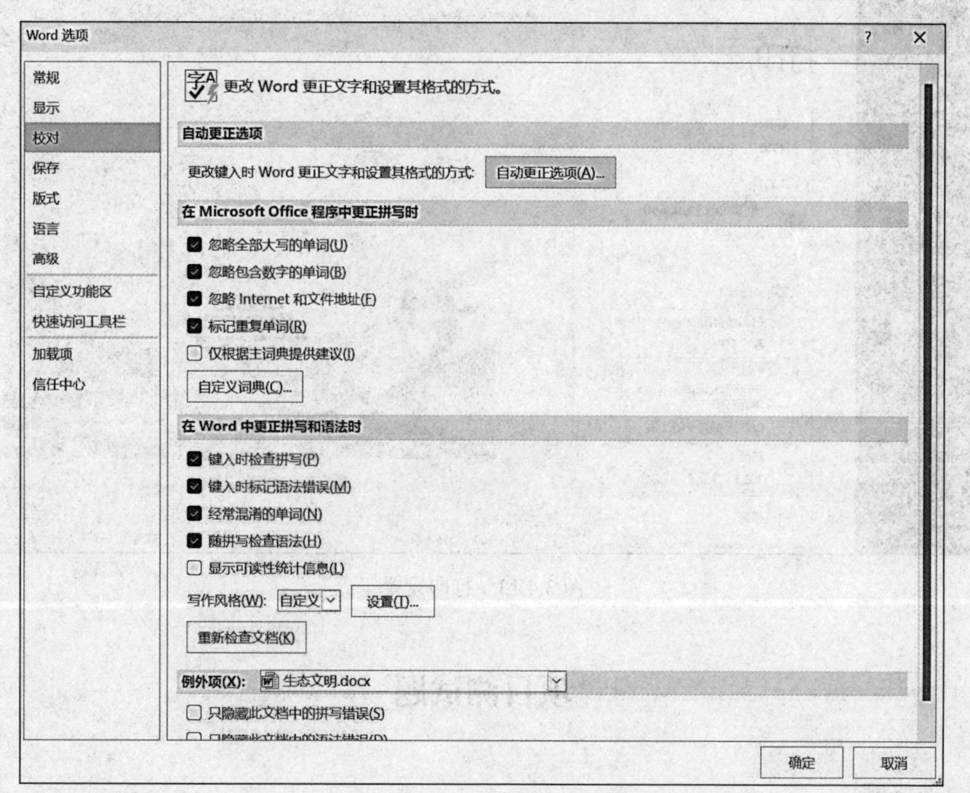

图 3.4.11 “Word 选项”对话框

2）在“自动更正”对话框中选择“自动套用格式”选项卡，如图 3.4.12 所示，其中在“替换”组中取消选中“Internet 及网络路径替换为超链接”复选框，单击“确定”按钮，即可关闭自动设置超链接功能。

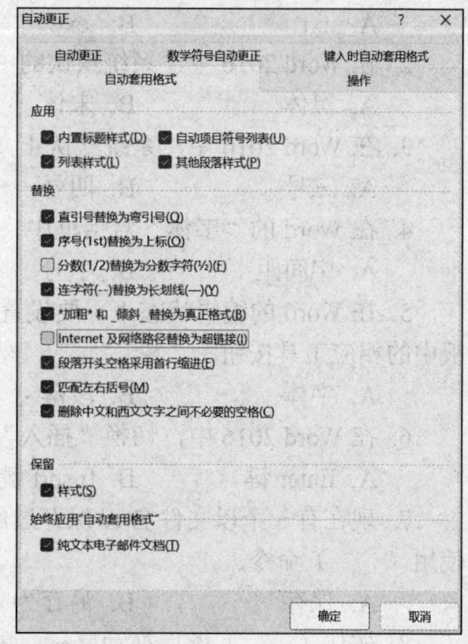

图 3.4.12 “自动更正”对话框

四、打印文档

选择“文件”菜单中的“打印”命令，如图 3.4.13 所示，用户自行设置纸张大小、方向、页边距等，在窗口右侧预览区域可以查看效果，并且还可以通过调整窗口右下角的缩放滑块任意缩放页面的显示比例，在确认需要打印的文档正确无误后，即可打印文档。

如图 3.4.13 所示，在“打印机”下拉列表中选择已安装的打印机，设置合适的打印份数、打印范围等参数后，单击“打印”按钮，开始打印输出。

图 3.4.13 打印设置

项目测试题

一、选择题

1. Word 2016 文档的默认扩展名为（　　）。

   A. .txt　　B. .exe　　C. .docx　　D. .sys

2. 在 Word 2016 中，系统默认的中文字体是（　　）。

   A. 黑体　　B. 宋体　　C. 仿宋体　　D. 楷体

3. 在 Word 2016 中，系统默认正文的中/英文字体的字号是（　　）。

   A. 三号　　B. 四号　　C. 五号　　D. 六号

4. 在 Word 的“字体”对话框中，不可设置文字的（　　）。

   A. 字间距　　B. 字号　　C. 删除线　　D. 行距

5. 在 Word 的编辑状态下，要设置上标、下标，应使用“开始”选项卡（　　）面板中的相应工具按钮。

   A. 字体　　B. 段落　　C. 剪贴板　　D. 样式

6. 在 Word 2016 中，切换“插入”和“改写”编辑状态，可以按（　　）。

   A. Enter 键　　B. Insert 键　　C. Delete 键　　D. Backspace 键

7. 现在有一个以文件名 A 保存过的文件，如果要把文件 A 再以文件名 B 保存，可使用（　　）命令。

   A. 保存　　B. 另存为　　C. 另存为 Web 页　　D. 打开

8. 按住（　　）键后拖动鼠标，鼠标所标记的长方形区域内的文字将被选择。

   A. Shift　　B. Alt　　C. Ctrl　　D. Ctrl+Alt

9. 以只读方式打开的 Word 2016 文档，做了某些修改后，要保存时，应使用“文件”菜单中的（　　）命令。

A. 保存　　B. 保存并发送　　C. 另存为　　D. 关闭

10. 在 Word 2016 中，要把多处同样的错误一次性更正，正确的方法是（　　）。

A. 使用“撤销”与“恢复”命令

B. 使用“开始”选项卡中的“替换”命令

C. 使用“开始”选项卡中的“查找”命令

D. 用插入点逐字查找并修改

11. Word 2016 格式化分为（　　）三类。

A. 字符、段落和句子　　B. 字符、页面和句子

C. 段落、句子和页面　　D. 字符、段落和页面

12. Word 2016 的“格式刷”命令用于复制文本或段落的格式，若要将选中的文本或段落格式复制多次，应（　　）。

A. 单击“格式刷”按钮　　B. 双击“格式刷”按钮

C. 右击“格式刷”按钮　　D. 拖动“格式刷”按钮

13. 将光标插入点定位于句子“飞流直下三千尺”中的“直”与“下”之间，按一下 Delete 键，则该句子（　　）。

A. 变为“飞流下三千尺”　　B. 变为“飞流直三千尺”

C. 整句被删除　　D. 不变

14. Word 2016 中组合键 Ctrl＋A 用于（　　）。

A. 撤销上一步操作　　B. 执行复制操作

C. 选择整篇文档　　D. 选择一个段落

15. 在 Word 2016 中，如果要调整文档中的字符间距，可在“开始”选项卡的（　　）面板中进行操作。

A. 段落　　B. 样式　　C. 字体　　D. 剪贴板

二、判断题

1. 在 Word 2016 中，插入的图形默认情况下是紧密型排列的。（　　）

2. 在 Word 2016 中，可以通过“插入”选项卡下的“形状”按钮来插入 SmartArt 图形。（　　）

3. 在 Word 2016 中，只能通过“文件”菜单来保存文档，没有快捷键用于保存。（　　）

4. 在 Word 2016 中，可以通过“开始”选项卡下的“替换”命令来查找文档中的特定文字，并且替换成其他文字。（　　）

5. 在 Word 2016 中，如果不小心关闭了文档而没有保存，就无法恢复未保存的更改。（　　）

Excel 电子表格处理

Excel 是目前主流的表格制作和数据处理软件，因其功能强大、操作简便以及安全稳定等特点，已经成为办公用户必备的数据处理软件之一。Excel 2016 是 Microsoft Office 2016 的组件之一，其应用涵盖了办公自动化应用的所有领域，熟练操作 Excel 软件已经成为职场人士必备的技能。本项目分为 5 个任务，分别介绍了 Excel 2016 基本操作、格式化工作表、数据运算、数据处理、图表与数据透视表创建等。

学习目标

知识目标

- 掌握 Excel 2016 表格基本操作，工作表的格式化处理。
- 掌握表格数据运算，电子表格数据处理与分析。
- 掌握电子表格中图表与数据透视表的创建方法。

技能目标

- 能够熟练进行 Excel 2016 电子表格基本操作及格式化处理。
- 能够综合运用公式与函数，准确进行数据计算和分析。
- 能够高效进行数据筛选和排序，快速提取所需信息。
- 能够制作专业美观的图表并进行设置，增强数据的可视化效果。
- 能够创建数据透视表并使用数据透视表进行数据汇总和分析。

思政与职业素养目标

- 树立正确的价值观，提升自我学习能力。
- 培养逻辑思维能力，提高决策能力和增强时间管理能力。

任务一 电子表格基本操作

一、设置 Excel 2016 工作表环境

Excel 2016 窗口与 Word 2016 窗口类似，且启动方法相同。Excel 2016 中的文档叫作工作簿，是处理和存储数据的文件，每个工作簿包含若干张工作表。工作表用于存储

和处理数据，由排列成行或列的若干个单元格组成。

1. 认识 Excel 2016 的工作界面

Excel 2016 的工作界面主要包括标题栏、功能区、单元格名称框、编辑栏、工作表编辑区、状态栏等部分。其中，在功能区的各个选项卡中集中了绝大部分命令按钮，如图 4.1.1 所示。

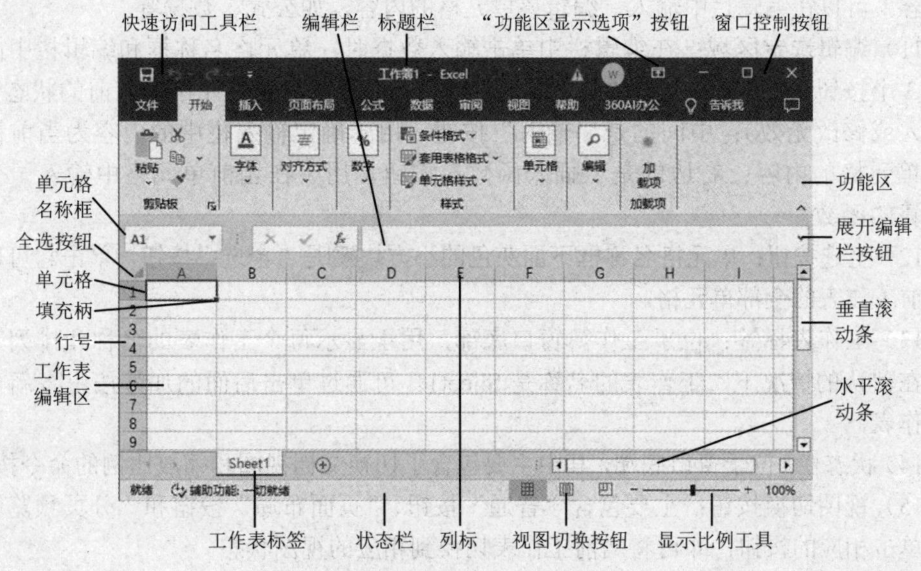

图 4.1.1　Excel 2016 工作界面

1）标题栏：显示正在操作的文档的名称或程序名称。

2）快速访问工具栏：用于显示常用的工具按钮，默认显示“保存”“撤销”“恢复” 3 个按钮。

3）“功能区显示选项”按钮和窗口控制按钮：从左到右依次为“功能区显示选项”按钮、“最小化”按钮、“最大化”按钮［“向下还原”按钮（窗口最大化后显示）］和“关闭”按钮，单击这些按钮就可以执行相应的操作。

4）功能区：位于标题栏下方，主要包括“文件”菜单、“开始”选项卡、“插入”选项卡、“页面布局”选项卡、“公式”选项卡、“数据”选项卡、“审阅”选项卡、“视图”选项卡等。单击某个选项卡将展开相应的功能区而每个选项卡的功能区又被细化为几个面板。例如，“开始”选项卡功能区由“剪贴板”“字体”“对齐方式”“数字”“样式”等组成，单击某一面板中的命令按钮，可以执行该命令按钮对应的功能或打开其对应的子菜单。

5）工作表编辑区：中间最大的区域就是 Excel 的工作表编辑区，是存放数据的场所，也是输入、编辑、修改数据和处理图片等的操作区域。

6）行号：以阿拉伯数字（自然数）来标示行的序号，如 1、2、3、…、1048576。

7）列标：以英文字母来标示列的序号，如 A、B、…、AA、AB、…、XFD。

8）单元格：工作表中行与列的交叉部分称为单元格，通常用“列标+行号”表示一个单元格（如 A2、B5 等），单击某单元格，则该单元格（称为活动单元格）的名称会出现在单元格名称框中。每张工作表最多可由 1048576×16384 个单元格组成。

9）单元格名称框：位于工作表编辑区左上角，用于给一个或一组单元格（单元格区域）定义一个名称。

10）编辑栏：单元格名称框右边的长区域是编辑栏，用于显示一个被选中的单元格的内容。可以在编辑栏中输入、编辑该单元格的内容，如公式、数据等。

11）编辑选定区域：在编辑栏中单击输入数据时，单元格名称框和编辑栏中间会出现 3 个按钮 × ✓ fx 。左边的是“取消”按钮，用于恢复到单元格输入前的状态（本次输入或修改无效）；中间的是“输入”按钮，用于确定输入栏中的内容为当前被选中的单元格的内容；右边的是“插入函数”按钮，用于在当前单元格中输入一个用于计算的函数。

12）全选按钮：单元格名称框下面灰色的小方块是“全选”按钮，单击它可以选中当前工作表的全部单元格。

13）工作表标签：位于工作簿窗口底部，用于显示每个工作表的名称和排列工作表。在默认的情况下，工作表的名称是 Sheet1。可通过单击后面的加号按钮新建一个工作表。

14）状态栏：位于窗口底端，其中主要包含了切换文档视图和缩放比例的命令按钮。

15）视图切换按钮：主要包含“普通”按钮、“页面布局”按钮和“分页预览”按钮，单击相应的按钮，即可将当前工作表切换到相应的视图状态。

16）显示比例工具：单击“缩小”按钮或“放大”按钮，可以以 10%的比例对工作表进行缩小或放大显示。

一个工作簿中可以包含多个工作表。工作簿左下角的两个三角形按钮是工作表标签滚动按钮。在有多个工作表时，可用该按钮调整要显示的工作表。

2. 显示和隐藏选项卡

在 Excel 2016 工作窗口中，默认显示“文件”菜单、“开始”选项卡、“插入”选项卡、“页面布局”选项卡、“公式”选项卡、“数据”选项卡、“审阅”选项卡、“视图”选项卡等。其中“文件”菜单比较特殊，默认始终保持显示状态，而其他选项卡均可根据用户的使用习惯显示或隐藏。

具体操作方法是：选择“文件”菜单中的“选项”命令，在弹出的“Excel 选项”对话框中选择“自定义功能区”命令，通过选中“自定义功能区”下方各主选项卡复选框来显示对应的主选项卡，如图 4.1.2 所示。

通过“Excel 选项”对话框也可以添加和删除自定义选项卡。

3. 快速访问工具栏的使用

快速访问工具栏包含一组常用的命令快捷键，在快速访问工具栏中，除系统默认的命令按钮之外，还可以添加或删除不常用的命令按钮。将常用的命令按钮添加到快速访问工具栏中，可以提高常用命令的访问速度，大大提升工作效率。

单击右侧的下拉按钮，在弹出的扩展菜单中可以选择添加更多的命令按钮，如“新建”“打开”“快速打印”等，如图 4.1.3 所示。

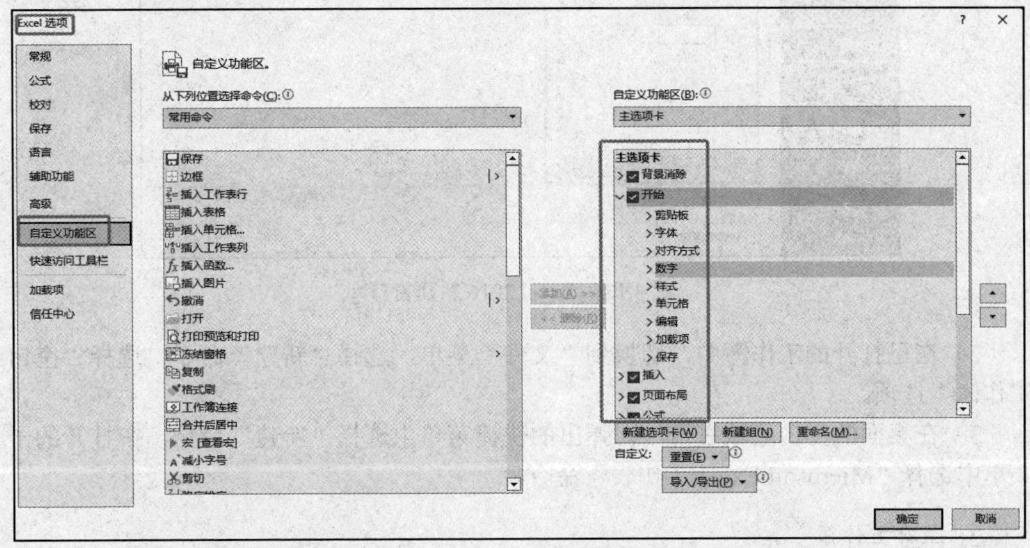

图 4.1.2　“Excel 选项”对话框

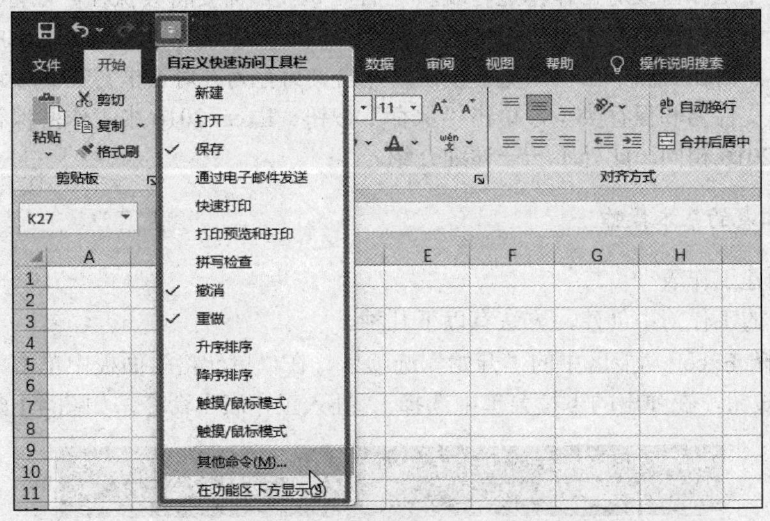

图 4.1.3　Excel 自定义快速访问工具栏

二、工作簿的基本操作

1. 创建工作簿

在 Excel 2016 中，如果要新建空白工作簿，可以通过以下几种方法实现。

1）启动 Excel 2016，在打开的程序窗口中选择“新建”命令，选择右侧的“空白工作簿”选项，如图 4.1.4 所示。

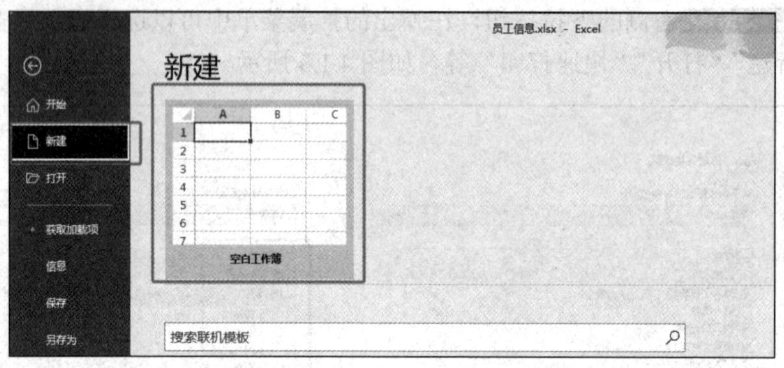

图 4.1.4　Excel 2016 新建窗口

2）在已打开的工作簿中，切换到“文件”菜单，选择“新建”命令，选择“空白工作簿”选项。

3）在桌面的空白区域右击，在弹出的快捷菜单中选择“新建”命令，在打开的子菜单中选择“Microsoft Excel 工作表”命令。

2. 保存工作簿

新建一个工作簿或对工作簿进行编辑之后，一般都需要将其保存，以备日后使用。可以直接单击“快速访问工具栏”中的“保存”按钮；或选择“文件”菜单中的“另存为”命令，然后在右侧单击“浏览”按钮，弹出“另存为”对话框，在其中设置文档的保存位置、文件名和保存类型，单击“保存”按钮。Excel 2016 中工作簿保存的操作方法与 Word 2016 相同，此处不一一详细介绍。

3. 工作表的基本操作

（1）创建工作表

在现有的工作簿中创建，方法有以下几种。

- 选择 Excel 功能区中的“开始”选项卡，在“单元格”面板中单击“插入”下拉按钮，在弹出的下拉菜单中选择 “插入工作表”命令，如图 4.1.5 所示。

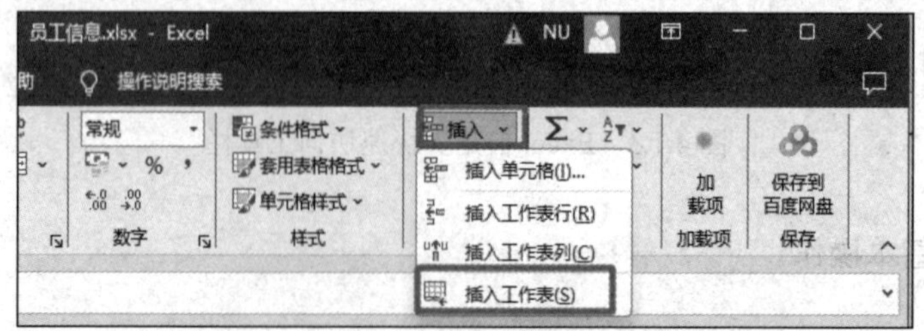

图 4.1.5　“插入”下拉菜单

- 单击工作表标签右侧的“新工作表”按钮，在工作表标签的末尾处可快速插入新工作表。

- 在当前工作表的标签上右击，在弹出的快捷菜单中选择“插入”命令（图 4.1.6）然后在弹出的“插入”对话框中单击“确定”按钮，即可成功创建。
- 在键盘上按下“Shift+F11”组合键，可以在当前工作表前插入新工作表。
- 在按住“Shift”键的同时选中多张工作表，然后在“开始”选项卡的“单元格”面板中执行“插入”→“插入工作表”命令，可一次插入多张工作表。

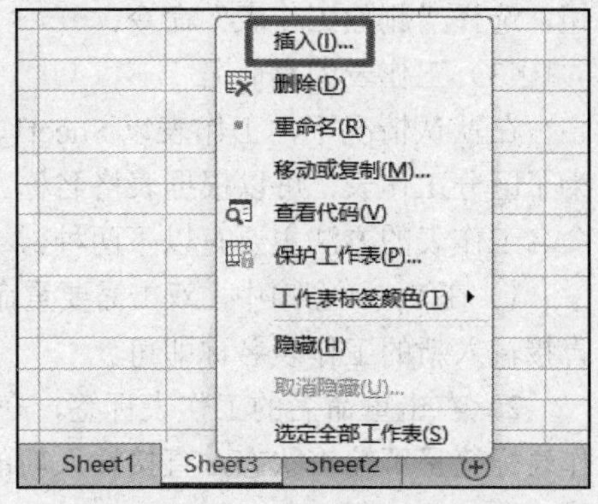

图 4.1.6　右击工作表标签快捷菜单

（2）工作表的复制、移动和删除

1）在同一个工作簿中移动或复制工作表的方法比较简单，主要是利用鼠标拖动来操作，方法如下。

移动工作表：将鼠标指针指向要移动的工作表，将工作表标签拖动到目标位置 员工信息 Sheet2 Sheet3 后释放鼠标左键即可。

复制工作表：将鼠标指针指向要复制的工作表，在拖动工作表的同时按住 Ctrl 键，至目标位置后释放鼠标左键即可。

2）在工作簿中右击工作表标签，在弹出的快捷菜单中选择“移动或复制”命令，如图 4.1.7 所示。弹出“移动或复制工作表”对话框，在“工作簿”下拉列表框中选择“员工信息”工作簿，在“下列选定工作表之前”列表框中，选择移动后在“Sheet2”的位置，选中“建立副本”复选框，单击“确定”按钮即可，如图 4.1.8 所示。

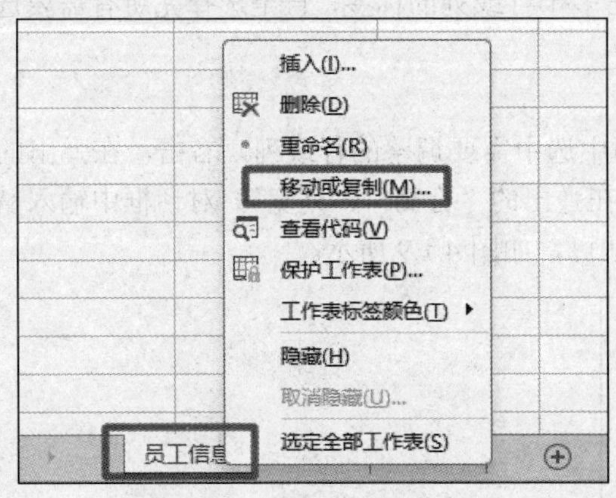

图 4.1.7　“移动或复制”命令

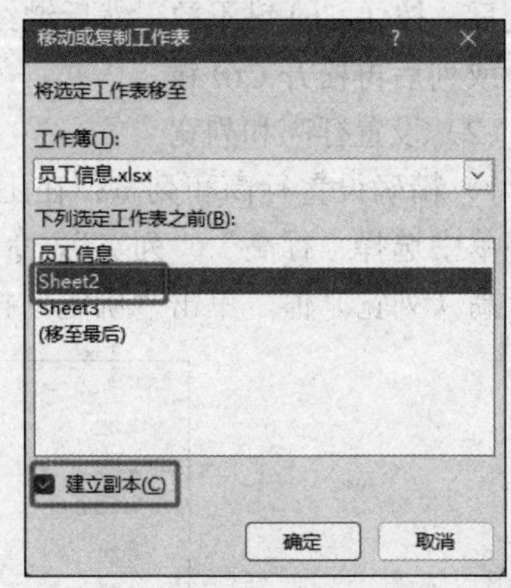

图 4.1.8　“移动或复制工作表”对话框

3）删除工作表：在编辑工作簿时，如果工作簿中存在多余的工作表，可以将其删除。删除工作表的方法主要有以下两种。

① 在工作簿窗口中，右击需要删除的工作表标签，在弹出的快捷菜单中选择“删除”命令。

② 选中需要删除的工作表，在“开始”选项卡“单元格”面板中单击“删除”按

钮，选择“删除工作表”命令。

（3）工作表的重命名

在默认情况下，工作表以 Sheet1、Sheet2、Sheet3……依次命名，在实际应用中，为了区分工作表，可以根据表格名称、创建日期、表格编号等对工作表进行重命名。重命名工作表的方法主要有以下两种。

1）在 Excel 窗口中，双击需要重命名的工作表标签，此时工作表标签呈可编辑状态，直接输入新的工作表名称即可。

2）右击重命名的工作表标签，在弹出的快捷菜单中选择“重命名”命令，此时工作表标签呈可编辑状态，直接输入新的工作表名称即可。

三、编辑工作表

1. 行和列的基本操作

（1）选择行和列

选择单行或单列：单击某个行号标签或列标标签即可选中单行或单列。当选中某行之后，该行的行号标签会改变颜色，而所有的列标标签会加亮显示，此行的所有单元格也会加亮显示，以表示该行正处于选中状态。相应地，选中单列的方法也是一样的。

选择相邻的多行或多列：单击某行的标签后，按住鼠标左键不放，向上或者向下拖动鼠标，即可选中连续的多行。选中多列的方法与选中多行相似，选中列标之后向左或向右拖动即可。

选择不相邻的多行或多列：如果要选择不相邻的多行或多列，可以在选中单行或单列之后，按住 Ctrl 键不放，然后继续单击多个行或列的标签，直至选择完所有需要选择的行或列后再松开 Ctrl 键。

（2）设置行高和列宽

1）精确设置行高和列宽：在工作簿中选中需要调整的行或列，右击，在弹出的快捷菜单中选择“行高”（“列宽”）命令，在弹出的“行高”（“列宽”）对话框中输入精确的行高（列宽）值，单击“确定”按钮即可，如图 4.1.9 所示。

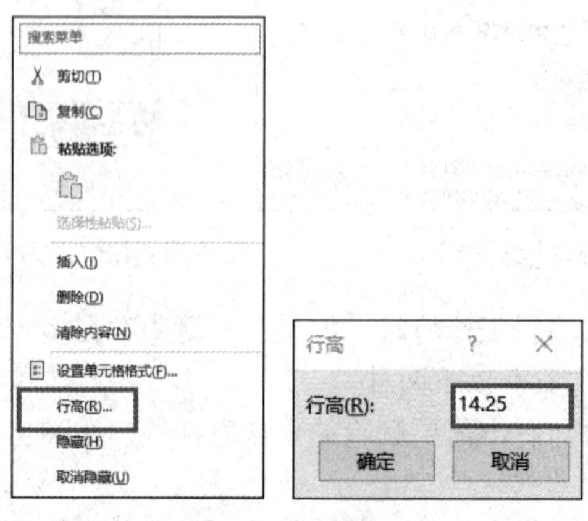

图 4.1.9　设置行高

2）鼠标拖动设置行高、列宽：用户只需将光标移至行号或列标的间隔线处，当鼠标指针变为✛或者✛形状时按住鼠标左键不放，此时行号标签或列标标签上方会出现一个提示框，以显示当前的行高或列宽。当调整到合适的行高或列宽时，松开鼠标左键，即可完成行高或列宽的设置。

（3）插入行和列

在工作表中插入需要的行和列可以通过右键菜单和功能区相关操作按钮实现。

通过右键菜单插入：右击要插入行所在行号，在弹出的快捷菜单中选择“插入”命令即可。插入完成后，将在选中的行上方插入一空白行。插入空白列与此同理。

通过功能区插入：选中要插入行所在行号，单击“开始”选项卡“单元格”面板中的“插入”下拉按钮，在弹出的下拉菜单中选择“插入工作表行”命令。将在选中的行上方插入一空白行。插入列与此同理。

（4）移动、复制和删除行、列

1）移动行和列：选定需要移动的行，然后将鼠标指针移动到选定行的绿色边框上，鼠标指针会呈黑色十字箭头。此时按下鼠标左键，然后按住 Shift 键后拖动鼠标，可以看到有一条较粗的绿色横线，将该横线拖动到想要移动的位置后松开鼠标左键，该行即移动到目标位置。移动列的方法与此同理。

2）复制行和列：复制行和列与移动行和列的区别在于，前者保留了原有的行或列，而后者清除了原有的行或列，操作方法十分相似。最常用也是最简单的方法是拖动鼠标复制行与列。在复制行与列时，通常可遇到保留数据和替换数据两种情况。

保留数据：复制时如果想要保留数据，可以在选定行或列之后按住 Ctrl+Shift 组合键，然后按住鼠标左键将其拖动到想要的位置，该行或列会以插入的方式出现在目标位置。

替换数据：复制时如果想替换目标位置的数据，可以在选定行或列之后按住 Ctrl 键，然后按住鼠标左键将其拖动到想要复制的位置，该行或列出现在目标位置后，就会覆盖原来区域中的数据。

3）删除行和列：选中想要删除的行或列，右击，在弹出的快捷菜单中选择“删除”命令即可。也可以通过功能区，选中想要删除的行或列，在“开始”选项卡中，单击“单元格”面板中的“删除工作表行”或“删除工作表列”按钮。

（5）隐藏和显示行列

如果工作表中的某行或某列暂时不用，或是不愿意让别人看见，可以将这些行或列隐藏。

1）隐藏行和列：选中要隐藏的行或列，在选中部分右击，在弹出的快捷菜单中选择“隐藏”命令。

2）显示行和列：如果想取消隐藏，即重新显示被隐藏的行或列，需要先选中被隐藏的行或列邻近的行或列。如这里要重新显示被隐藏的 B 至 D 列，需要先选中 A 列和 E 列，然后右击，在弹出的快捷菜单中选择“取消隐藏”命令。

（6）单元格区域选取

单元格区域的选取包括连续区域的选取和不连续区域的选取，操作方法如下。

1）连续区域的选取。

- 选定一个单元格后，按住鼠标左键不放，拖动选取相邻的连续区域。
- 选定一个单元格后按住 Shift 键，然后使用方向键在工作表中选择相邻的连续区域或单击想选取区域的最后一个单元格。
- 在工作窗口的名称框中输入区域地址，如“A1:D5”，然后按 Enter 键，即可选取并定位到目标区域。

2）不连续区域的选取。

- 选定一个单元格之后，按住 Ctrl 键，然后单击或拖拉选择多个单元格或者连续区域。
- 按住 Shift+F8 组合键，进入“添加”模式，其功能与按住 Ctrl 键相同。进入添加模式后，再用鼠标选取单元格或区域即可。
- 在工作窗口的名称框中输入多个单元格地址或区域地址，地址间用半角状态下的逗号隔开，如“A2,C5:F7,G10”，输入完成后按 Enter 键确认，即可选取并定位到目标区域。

2. 数据输入与编辑

（1）输入文本

在表格中输入文本的常用方法有三种：选择单元格输入、双击单元格输入和在编辑栏中输入。

1）选择单元格输入：选择需要输入文本的单元格，然后直接输入文本，完成后按 Enter 键或单击其他单元格。

2）双击单元格输入：双击需输入文本的单元格，将光标插入到其中，然后在单元格中输入文本，完成后按 Enter 键或单击其他单元格。

3）在编辑栏中输入：选择单元格，然后在编辑栏中输入文本，单元格也会跟着自动显示输入的文本。

（2）数值输入

数值是代表数量的数字形式。数值可以是正数，也可以是负数，可以用于数值计算，如加、减、求和、求平均值等。除数字之外，还有一些特殊的符号也被 Excel 2016 理解为数值，如百分号（%）、货币符号（$）、科学记数符号（E）等。

虽然在自然界中，数字的大小是无尽的，但在 Excel 2016 中表示和存储的数字最大精确到 15 位有效数字。如果输入的整数数字超出 15 位，那 15 位之后的数字会变为零。如果是大于 15 位有效数字的小数，则会将超出的部分截去。

对一些很大或很小的数值，Excel 2016 会自动以科学记数法来表示，如 123456789123 表示为 1.23457E+11。

1）输入分数：输入分数时，必须在分数前面加数字和空格符。例如，要输入 1/3 时，应输入“0+空格符+1/3”；而要输入 $2\frac{1}{3}$ 时，应输入“2+空格符+1/3”。

2）负数输入：数字前加“-”符号或数字用圆括号“()”括起来，如-10 或（10）。

3）输入“零”开头或超过默认长度的数字：先输入英文状态下的单引号“'”，再输入相应的数字，如“'001”或身份证号码“'125322199011232255”。

4）输入小数：默认是可以直接输入小数。如果设置小数位数，可以通过“设置单元格格式”对话框的“数字”选项卡根据需要精确设置小数位数。也可以在“开始”选项卡“数字”面板中单击“增加小数位数”和“减少小数位数”按钮 ←.0 .00 .00 →.0 来设置。

（3）输入日期和时间

1）输入时间：如果要在单元格中输入时间，可以以时间格式直接输入，如输入“15:30:00”。在 Excel 中，系统默认按 24 小时制输入，如果要按照 12 小时制输入，就需要在输入的时间后加上“AM”或者“PM”字样表示上午或下午。输入时在数字后面输入一个空格，再输入字母 a 或 p，如输入“9:30 p”按 Enter 键后显示“9:30 PM”。想输入当前时间可以按组合键 Ctrl+Shift+;。

2）输入日期：输入日期时在年、月、日之间用“/”或者“-”隔开。例如，在 A1 单元格中输入“24/10/8”，按 Enter 键后就会自动显示为日期格式“2024/10/8”。若要输入当前日期可以按组合键 Ctrl+;。如同时输入日期和时间，需要在中间用一个空格隔开。

（4）查找与替换数据

1）查找数据。利用 Excel 2016 提供的查找功能可方便地查找需要的数据，以提高工作效率。通过查找功能查找数据的方法如下。

在“开始”选项卡“编辑”面板中单击“查找和选择”下拉按钮，在打开的下拉菜单中选择“查找”命令。弹出“查找和替换”对话框，在“查找”选项卡的“查找内容”文本框中输入要查找的内容，单击“查找下一个”按钮，如图 4.1.10 所示。

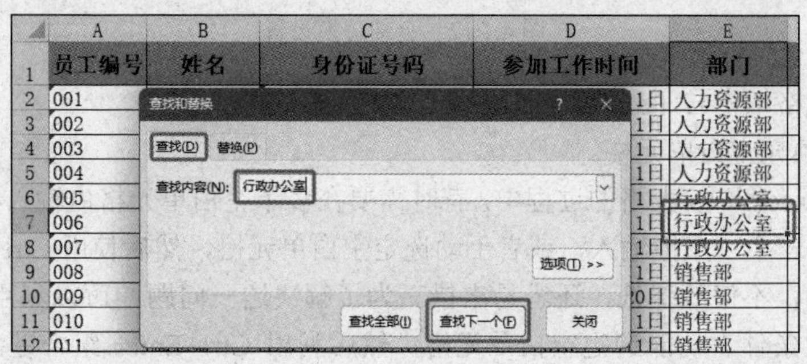

图 4.1.10 “查找和替换”对话框

此外，单击“查找全部”按钮，将在“查找和替换”对话框的下方显示符合条件的全部单元格信息，如图 4.1.11 所示。

2）替换数据。如果要对工作表中查找到的数据进行修改，可以使用“替换”功能。通过该功能可以快速地将符合某些条件的内容替换成指定的内容，以替换“行政办公室”为“行政部”为例，方法如下。

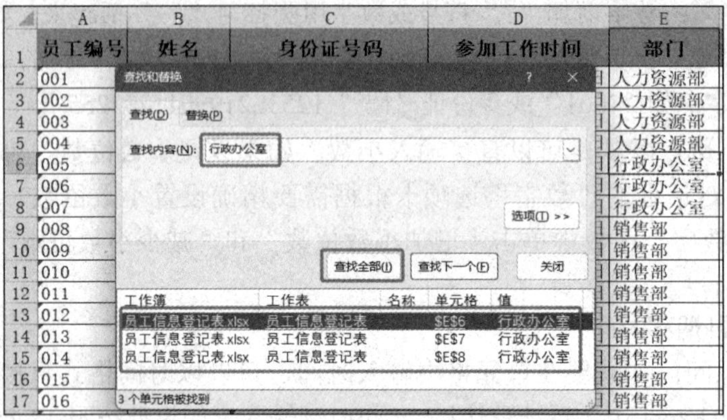

图 4.1.11　查找全部结果

在“开始”选项卡“编辑”面板中单击“查找和选择”下拉按钮，在打开的下拉菜单中选择“替换”命令，弹出“查找和替换”对话框，在“替换”选项卡的“查找内容”文本框中输入要查找的内容，在“替换为”文本框中输入要替换的内容，单击“全部替换”按钮，如图 4.1.12 所示。

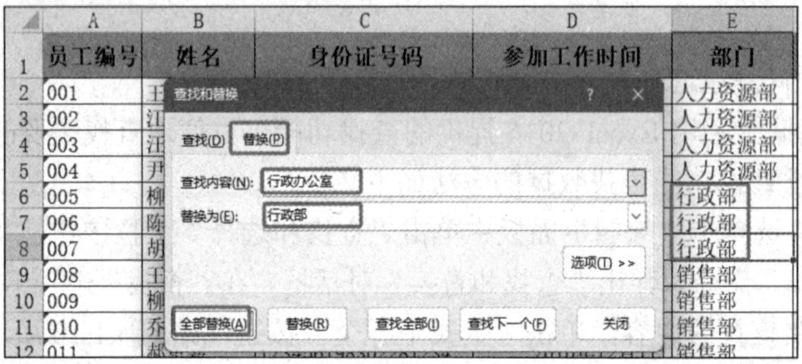

图 4.1.12　全部替换设置

（5）单元格填充与序列

1）快速填充空白单元格。

在制作 Excel 2016 表格的过程中，有时需要在多个空白单元格内输入相同的数据内容。如果手动一个一个地输入，或者手动选定空白单元格，然后使用 Ctrl+Enter 组合键快速输入数据，不仅效率低，还容易出错。为了解决这一问题，可以利用 Excel 2016 提供的“定位条件”功能选定空白单元格，然后利用 Ctrl+Enter 组合键，快速在空白单元格中输入相同的数据内容。在单元格中，可以对数字、文本、日期、时间等数据进行快速填充，从而大幅提高工作效率。快捷填充空白单元格方法如下。

选中表格所在的单元格区域，切换到“开始”选项卡，在“编辑”面板中单击“查找和选择”按钮，选择“定位条件”命令，如图 4.1.13 所示。弹出“定位条件”对话框，选中“空值”单选按钮，如图 4.1.14 所示，单击“确定”按钮，即可自动选中所选单元格区域中所有的空白单元格。

图 4.1.13　选择“定位条件”命令

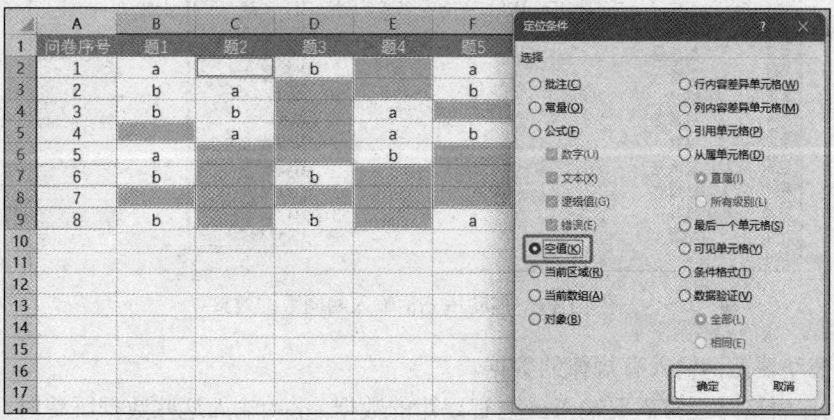

图 4.1.14　“定位条件”对话框

根据需要输入数据内容（如输入字母 c），按 Ctrl+Enter 组合键，即可快速填充所选空白单元格，如图 4.1.15 所示。

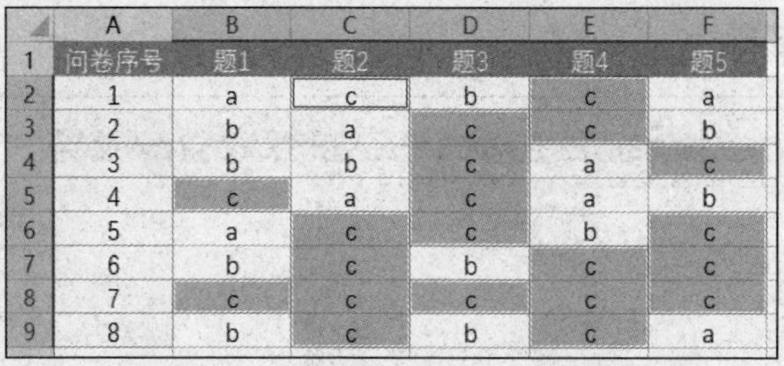

图 4.1.15　快速填充空白单元格效果

2）拖动填充柄输入相同的数据。

在编辑表格的过程中，有时需要在多个单元格中输入相同的数据，此时可以通过拖动单元格右下角的填充柄来快速输入，方法如下。

选中单元格，将光标移到单元格右下角的填充柄上，鼠标指针变为十字形，按住鼠标左键不放，拖动至所需位置或双击填充柄，如图 4.1.16 和图 4.1.17 所示。

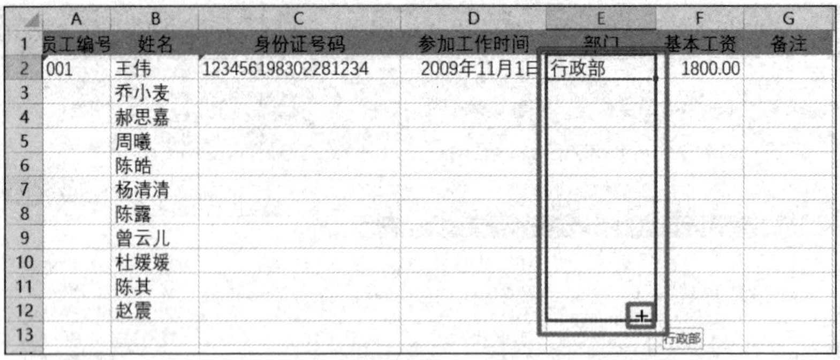

员工编号	姓名	身份证号码	参加工作时间	部门	基本工资	备注
001	王伟	123456198302281234	2009年11月1日	行政部	1800.00	
	乔小麦					
	郝思嘉					
	周曦					
	陈皓					
	杨清清					
	陈露					
	曾云儿					
	杜媛媛					
	陈其					
	赵震					

图 4.1.16　拖动填充柄至所需位置

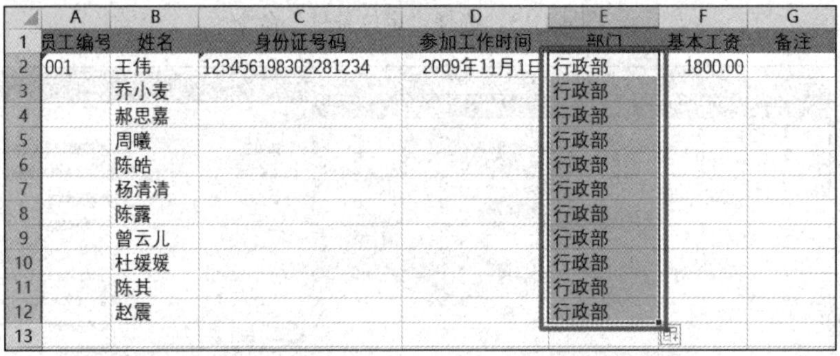

员工编号	姓名	身份证号码	参加工作时间	部门	基本工资	备注
001	王伟	123456198302281234	2009年11月1日	行政部	1800.00	
	乔小麦			行政部		
	郝思嘉			行政部		
	周曦			行政部		
	陈皓			行政部		
	杨清清			行政部		
	陈露			行政部		
	曾云儿			行政部		
	杜媛媛			行政部		
	陈其			行政部		
	赵震			行政部		

图 4.1.17　拖动填充柄输入相同数据效果

3）拖动填充柄输入有规律的数据。

在制作表格时经常需要输入一些有规律的数据，手动输入这些数据既费时，又费力，为了提高工作效率，可以通过拖动填充柄快速输入。在 A2 单元格中输入了起始数据“’001”，在 A3 单元格中输入了“’002”（英文状态下的单引号），选中 A2:A3 单元格区域，将光标移到 A3 单元格右下角的填充柄上，当鼠标指针变为十字形时，按住鼠标左键不放，并拖动至需要的位置，释放鼠标左键，即可在 A4 到 A10 单元格中快速输入员工编号，如图 4.1.18 所示。

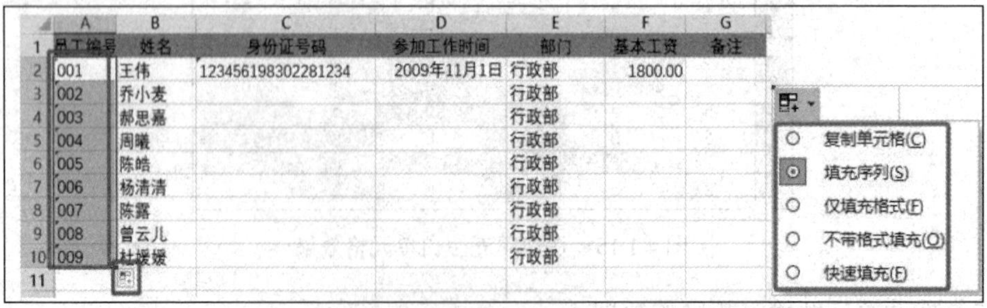

员工编号	姓名	身份证号码	参加工作时间	部门	基本工资	备注
001	王伟	123456198302281234	2009年11月1日	行政部	1800.00	
002	乔小麦			行政部		
003	郝思嘉			行政部		
004	周曦			行政部		
005	陈皓			行政部		
006	杨清清			行政部		
007	陈露			行政部		
008	曾云儿			行政部		
009	杜媛媛			行政部		

○ 复制单元格(C)
⊙ 填充序列(S)
○ 仅填充格式(F)
○ 不带格式填充(O)
○ 快速填充(F)

图 4.1.18　拖动填充柄填充员工编号

拖动填充柄填充数据时，填充区域右下角会出现一个“自动填充选项”按钮，该按钮向用户提供了“复制单元格”“填充序列”“仅填充格式”“不带格式填充”“快速填充”等选项。

任务二　电子表格格式化处理

在 Excel 2016 中输入的文本字体默认为宋体。为了制作出美观的电子表格，用户可以更改工作表中单元格或单元格区域中的字体、字号或颜色等文本格式。

一、单元格格式设置

1. 单元格字体设置

（1）单元格文本格式设置

1）通过浮动工具栏设置：双击需设置字体格式的单元格，将光标插入其中，拖动鼠标左键，选择要设置的字符，并将鼠标光标放置在选择的字符上，片刻后将出现一个半透明的浮动工具栏，将光标移到上面，浮动工具栏将变得不透明，在其中可设置字符的字体格式，如图 4.2.1 所示。

2）通过“字体”面板设置：选择要设置格式的单元格、单元格区域、文本或字符，在“开始”选项卡“字体”面板中单击相应的操作按钮来改变字体的格式，如图 4.2.2 所示。

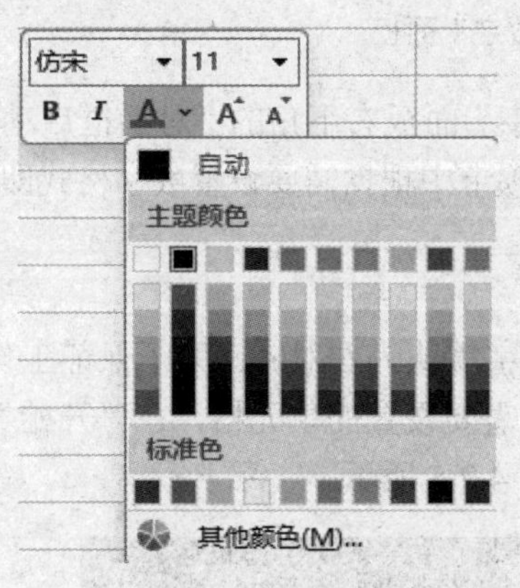

图 4.2.1　“字体”设置浮动工具栏

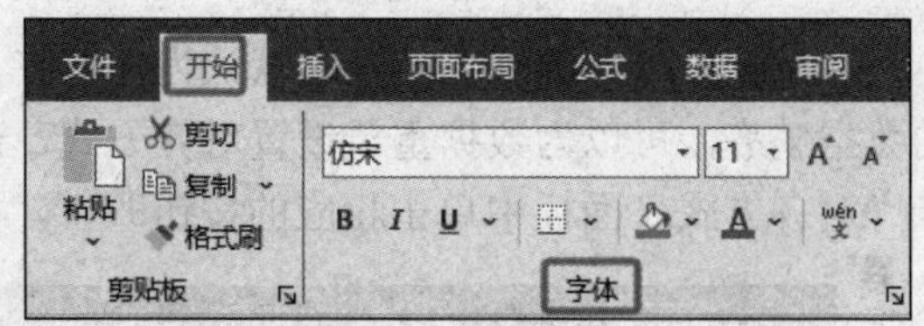

图 4.2.2　“开始”选项卡中“字体”面板

3）通过“设置单元格格式”对话框设置：单击“字体”面板右下角的“对话框启动器”按钮，打开“设置单元格格式”对话框，在“字体”选项卡中根据需要设置字体、字形、字号、下划线、字体颜色和特殊效果等字体格式，如图 4.2.3 所示。

（2）单元格数字格式设置

在 Excel 2016 中输入数字后可根据需要设置数字的格式，如常规格式、货币格式、会计专用格式、日期格式和分数格式等。数字格式的设置方法与字体格式的设置方法相似，可通过“数字”面板和“设置单元格格式”对话框进行设置。

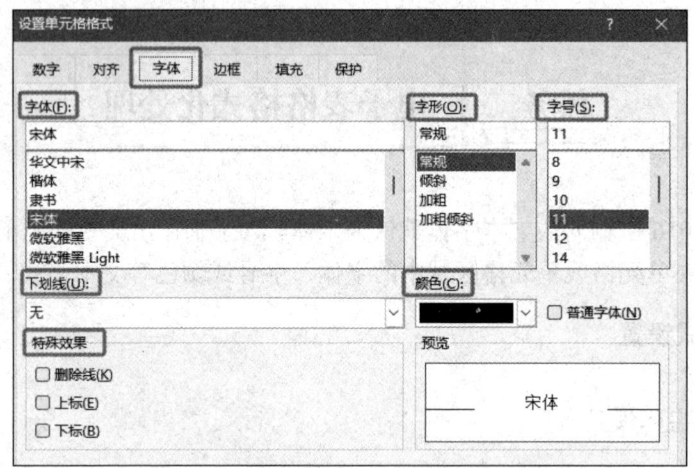

图 4.2.3 “设置单元格格式”对话框“字体”选项卡

通过“数字”面板设置：选择要设置格式的单元格、单元格区域、文本或字符。在“开始”选项卡“数字”面板中执行相应的操作命令即可，如图 4.2.4 所示。

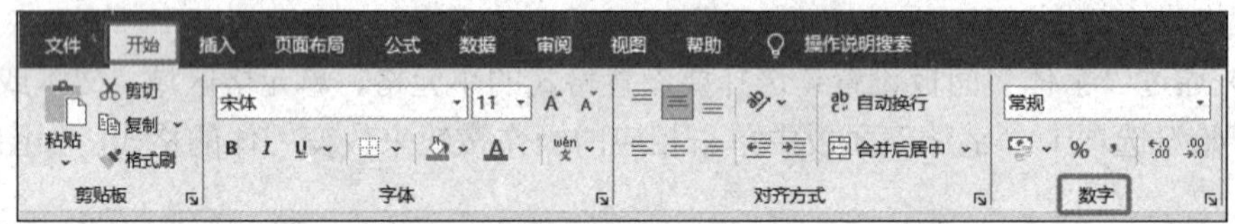

图 4.2.4 “开始”选项卡中“数字”面板

通过“设置单元格格式”对话框设置：单击“数字”面板右下角的“对话框启动器”按钮，打开“设置单元格格式”对话框，在“数字”选项卡中根据需要设置数字格式即可。

2. 单元格对齐方式设置

在 Excel 2016 单元格中，文本默认为左对齐，数字默认为右对齐。为了保证工作表中的数据整齐，可以为数据重新设置对齐方式，选中需要设置的单元格，在“开始”选项卡“对齐方式”面板中单击相应的按钮即可，如图 4.2.5 所示。

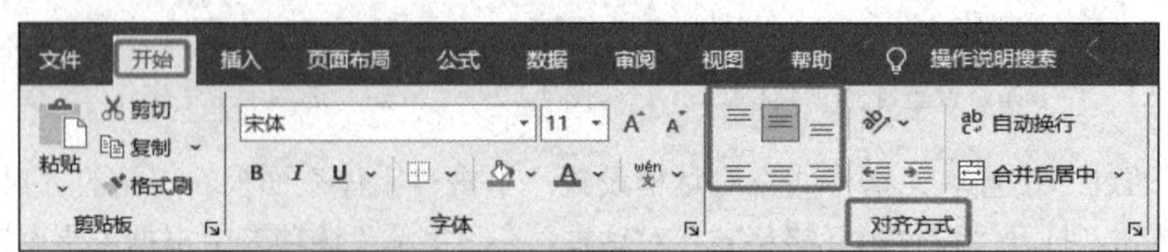

图 4.2.5 “开始”选项卡中“对齐方式”面板

1）垂直对齐方式按钮：依次为“顶端对齐”“垂直居中”“底端对齐”，可以在垂直方向上设置数据的对齐方式。

2）水平对齐方式按钮：依次为“左对齐”“居中”“右对齐”，可以在水平方向上设置数据的对齐方式。

3）“方向”按钮：单击此按钮，在弹出的下拉菜单中选择文字需要旋转的方向，如图 4.2.6 所示。选择“设置单元格对齐方式”命令，在打开的对话框中可以设置需要旋转的更精确角度。

逆时针角度(O)
顺时针角度(L)
竖排文字(V)
向上旋转文字(U)
向下旋转文字(D)
设置单元格对齐方式(M)

图 4.2.6 “对齐方式”面板中“方向”下拉菜单

4）“自动换行”按钮 自动换行：当单元格中的数据太多，无法完整显示在单元格中时，可以将该单元格中的数据自动换行后以多行形式显示在单元格中，方便直接阅读其中的数据。如果要取消自动换行，再次单击该按钮即可。

5）“减少缩进量”按钮和“增加缩进量”按钮：单击“减少缩进量”按钮，可减小单元格边框与单元格数据之间的边距，单击“增加缩进量”按钮，可以增大单元格边框与单元格数据之间的边距。

合并后居中(C)
跨越合并(A)
合并单元格(M)
取消单元格合并(U)

图 4.2.7 “对齐方式”面板中“合并单元格”下拉菜单

6）“合并单元格”按钮：合并单元格是把连续多个单元格合并为一个单元格。在 Excel 2016 中“合并单元格”下拉菜单中有“合并后居中”“跨越合并”“合并单元格”“取消单元格合并”等选项，默认为“合并后居中”类型，如图 4.2.7 所示。如果合并区域含有多个数据时，合并到一个单元格后只保留左上角单元格的数据。

3. 单元格边框和底纹设置

（1）添加边框

在默认情况下，Excel 2016 的灰色网格线无法打印出来。为了使工作表更加美观，在制作表格时，通常需要为其添加边框，方法有以下几种。

1）选中要设置边框的单元格或单元格区域，在“开始”选项卡“字体”面板中打开“边框”下拉菜单，如图 4.2.8 所示，根据需要进行选择，从而快速设置表格边框。

2）选中要设置边框的单元格或单元格区域，在“开始”选项卡“字体”面板中打开“绘制边框”下拉菜单，如图 4.2.9 所示，根据需要进行选择，手动绘制表格边框。

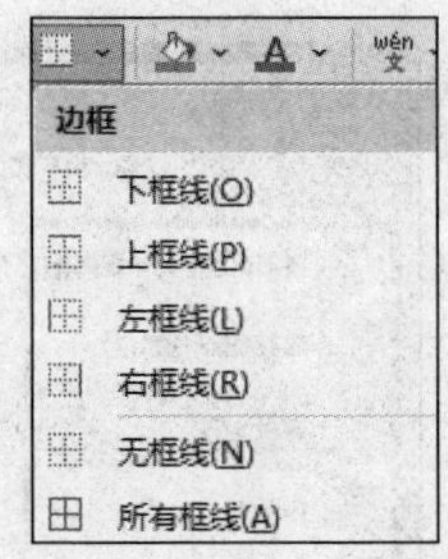

图 4.2.8 “字体”面板中“边框”下拉菜单

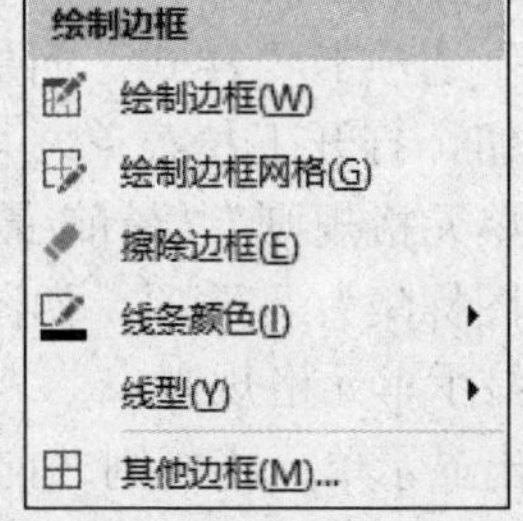

图 4.2.9 “绘制边框”下拉菜单

3）选中要设置边框的单元格或单元格区域，打开“设置单元格格式”对话框，切换到“边框”选项卡，根据需要详细设置边框线条颜色、样式、位置等，如图 4.2.10 所示，完成后单击“确定”按钮即可。

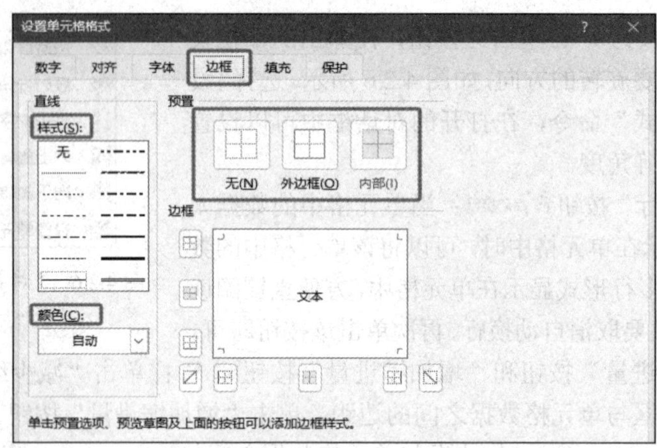

图 4.2.10 “设置单元格格式”对话框“边框”选项卡

（2）设置单元格背景颜色

默认情况下，Excel 2016 工作表中的单元格为白色，而为了美化表格或者突出单元格中的内容，可以为单元格设置背景颜色，常用方法有以下两种。

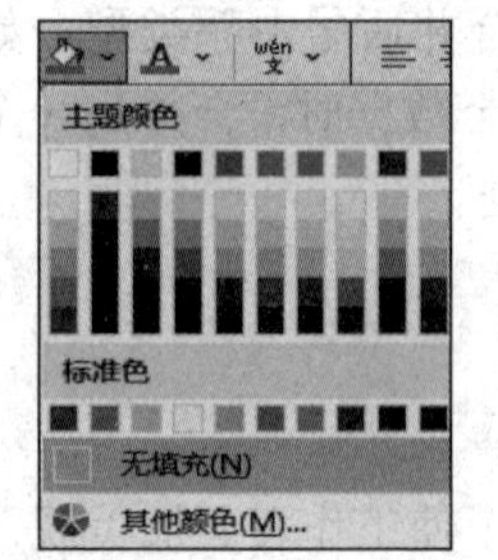

图 4.2.11 “字体”面板中“填充颜色”下拉菜单

1）选中要设置背景颜色的单元格区域，在“开始”选项卡“字体”面板中单击“填充颜色”下拉按钮，在打开的下拉列表中根据需要进行选择，如图 4.2.11 所示。

2）选中要设置背景颜色的单元格区域，右击，在弹出的快捷菜单中选择“设置单元格格式”命令，此时弹出“设置单元格格式”对话框，在“填充”选项卡的“背景色”色板中选择一种颜色，或者也可以在“图案颜色”下拉列表中选择自己喜欢的“图案样式”，单击“确定”按钮即可。

4. 条件格式应用

在 Excel 2016 中，条件格式是指当单元格中的数据满足某一个设定的条件时，以设定的单元格格式显示出来。

在“开始”选项卡“样式”面板中单击“条件格式”下拉按钮，打开下拉菜单，可以看到其中包含“突出显示单元格规则”“最前/最后规则”“数据条”“色阶”“图标集”等选项，如图 4.2.12 所示。

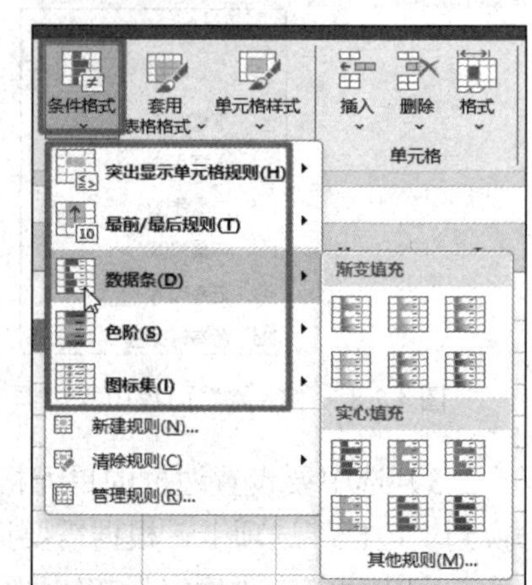

图 4.2.12 “条件格式”下拉菜单

（1）突出显示单元格规则

在使用突出显示单元格规则之前，首先需要了解各命令的具体含义。

- 大于：表示将大于某个值的单元格突出显示。
- 小于：表示将小于某个值的单元格突出显示。
- 介于：表示将单元格中数据在某个数值范围内突出显示。

- 等于：表示将等于某个值的单元格突出显示。
- 文本包含：表示将单元格中符合设置的文本信息突出显示。
- 发生日期：表示将单元格中符合设置的日期信息突出显示。
- 重复值：表示将单元格中重复出现的内容突出显示。

（2）最前/最后规则

项目选取规则的具体含义为：

- 前 10 项：表示将突出显示值最大的前 10 个单元格。
- 前 10%：表示将突出显示值最大的前 10%单元格。
- 最后 10 项：表示将突出显示值最小的后 10 个单元格。
- 最后 10%：表示将突出显示值最小的后 10%单元格。
- 高于平均值：表示将突出显示值高于平均值的单元格。
- 低于平均值：表示将突出显示低于平均值的单元格。

（3）条件格式规则管理器

用户可以通过“条件格式规则管理器”自定义适合自己的条件格式和规则。要新建条件格式规则，需在“条件格式规则管理器”对话框中单击“新建规则”按钮，或在“开始”选项卡“样式”面板中单击“条件格式”下拉按钮，选择“新建规则”选项。打开“条件格式规则管理器”对话框的方法是：单击“开始”选项卡“样式”面板中的“条件格式”下拉按钮，在弹出的下拉菜单中选择“管理规则”命令即可。在此对话框中除了新建规则外还可以“编辑规则”和“删除规则”，如图 4.2.13 所示。

图 4.2.13　“条件格式规则管理器”对话框

在打开的“条件格式规则管理器”对话框中，单击“新建规则”按钮，打开“新建格式规则”对话框，在“选择规则类型”列表框和“编辑规则说明”列表框中基于不同的条件格式样式，为其设置新的规则，如图 4.2.14 所示。

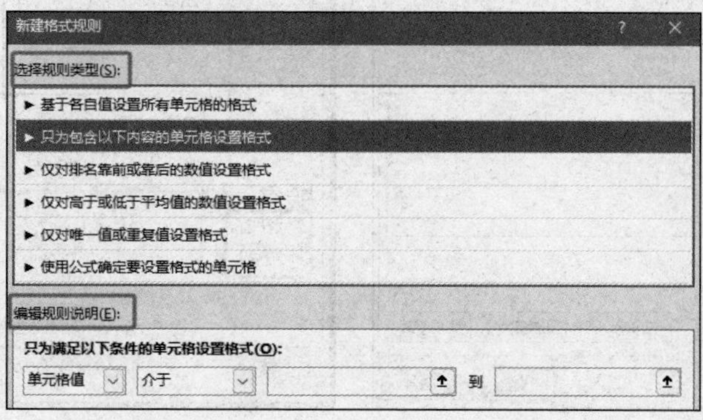

图 4.2.14　“新建格式规则”对话框

二、打印电子表格

1. 页面设置

（1）设置页面大小

通过功能区设置：打开需要打印的工作表，然后切换到“页面布局”选项卡，单击“页面设置”面板中的“纸张大小”下拉按钮，在弹出的下拉列表中选择需要的纸张大小即可。

通过“页面设置”对话框设置：打开需要打印的工作表，然后切换到“页面布局”选项卡，单击“页面设置”面板右下角的“对话框启动器”按钮，在弹出的“页面设置”对话框中单击“纸张大小”下拉按钮，在打开的下拉列表中选择需要的纸张大小，然后单击“确定”按钮即可，如图 4.2.15 所示。

（2）设置页面方向

在 Excel 2016 中，默认的页面方向为纵向。设置步骤跟页面大小设置类似，也是通过功能区和“页面设置”对话框进行设置，在相应的选项卡或对话框中选择对应的方向，如“纵向”或“横向”。

（3）设置页边距

页边距是指页面上打印区域之外的空白区域，用户可以根据需要对其进行设置，方法为：打开需要打印的工作表，切换到“页面布局”选项卡，单击“页面设置”面板右下角的“对话框启动器”按钮，弹出“页面设置”对话框，切换到“页边距”选项卡，在各个数值框中输入相应的页边距数值，完成后单击“确定”按钮即可。此外，在实际工作中有时需要打印的数据不多，直接打印数据内容可能会集中在纸张的顶端，看起来很不美观。此时可以在“页面设置”对话框的“居中方式”栏中，选中“水平”和“垂直”两个复选框，如图 4.2.16 所示。

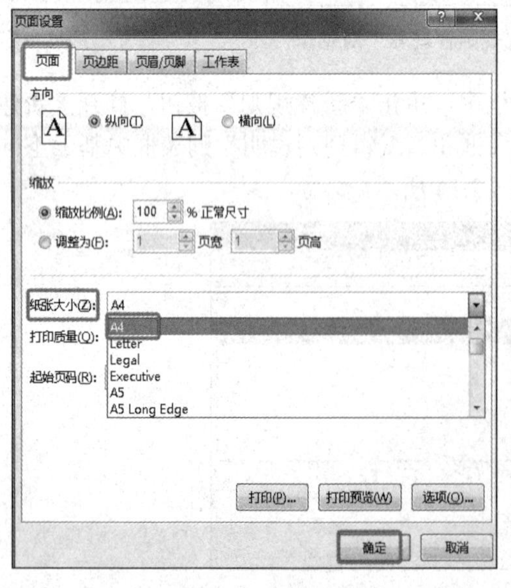

图 4.2.15　“页面设置”对话框“页面”选项卡

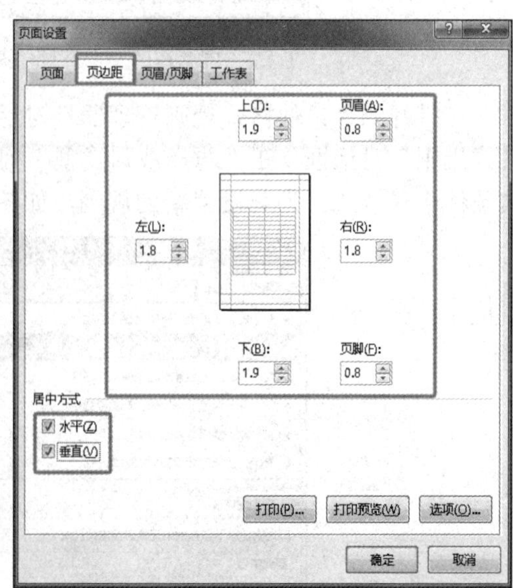

图 4.2.16　“页面设置”对话框“页边距”选项卡

（4）设置页眉/页脚

在 Excel 2016 电子表格中，页眉的作用在于显示每一页顶部的信息，通常包括表格名称等内容。页脚则用来显示每一页底部的信息，通常包括页数、打印日期和时间等。

1）添加系统自带的页眉/页脚。

首先打开工作簿，切换到“页面布局”选项卡，单击“页面设置”面板右下角的“对话框启动器”按钮，弹出“页面设置”对话框，切换到“页眉/页脚”选项卡，在“页眉”下拉列表中选择一种页眉样式，在“页脚”下拉列表中选择一种页脚样式，完成后单击“确定”按钮，如图 4.2.17 所示。

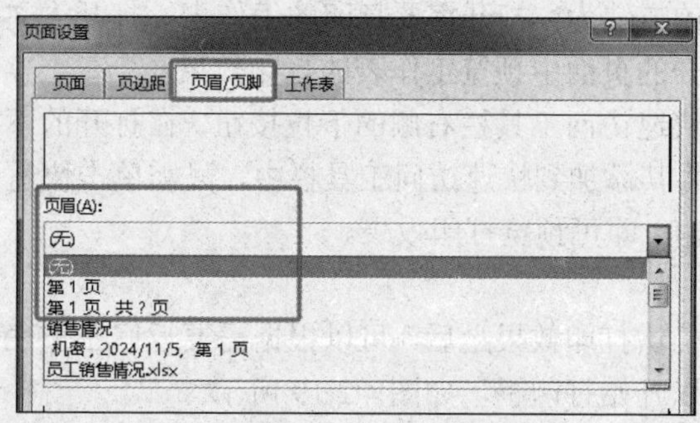

图 4.2.17　“页面设置”对话框“页眉/页脚”选项卡

在普通视图中不能查看和编辑页眉/页脚，切换到“视图”选项卡，单击“工作视图”面板中的“页面布局”按钮，切换到“页面布局”视图，才能查看和编辑页眉/页脚。

2）自定义页眉/页脚。

打开“页面设置”对话框，切换到“页眉/页脚”选项卡，然后单击“自定义页眉”按钮，此时弹出“页眉”对话框，可以根据需要设置页眉内容，完成后单击“确定”按钮，如图 4.2.18 所示。

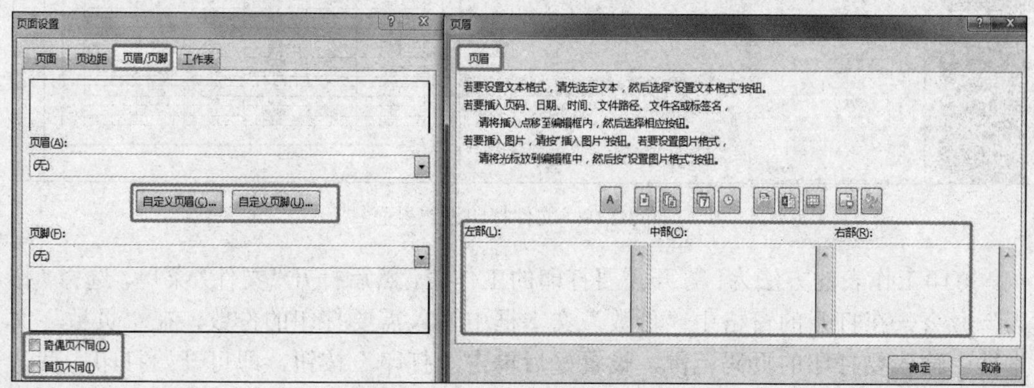

图 4.2.18　自定义页眉/页脚设置

返回“页面设置”对话框，单击“自定义页脚”按钮，然后弹出“页脚”对话框，按照设置页眉的方法设置页脚，完成后单击“确定”按钮，最后再次返回“页面设置”对话框，单击“确定”按钮保存设置即可。

默认情况下，设置的页眉/页脚在整个文档中都是一致的。若想要设置奇偶页不同的页眉/页脚效果，可以在“页面设置”对话框的“页眉/页脚”选项卡中，选中“奇偶页不同”复选框，然后单击“自定义页眉”或“自定义页脚”按钮，输入要设置的内容，单击“确定”按钮。

2. 预览与打印

（1）打印预览

通过 Excel 2016 的打印预览功能，用户可以在打印工作表之前先预览工作表的打印效果。预览打印效果的方法为：打开需要打印的工作表，打开“文件”菜单，选择“打印”命令，即可在打开的页面中预览工作表的打印效果。

也可以通过单击快速访问工具栏右侧的下拉按钮，在打开的下拉菜单中选择“打印预览和打印”命令，将其添加到快速访问工具栏中，只需单击快速访问工具栏中的“打印预览和打印”按钮，即可预览打印效果。

（2）打印工作表

通过预览工作表确认打印效果之后，可以根据需要返回工作表中进行修改，当工作表符合要求后，就可以开始打印了，如图 4.2.19 所示。

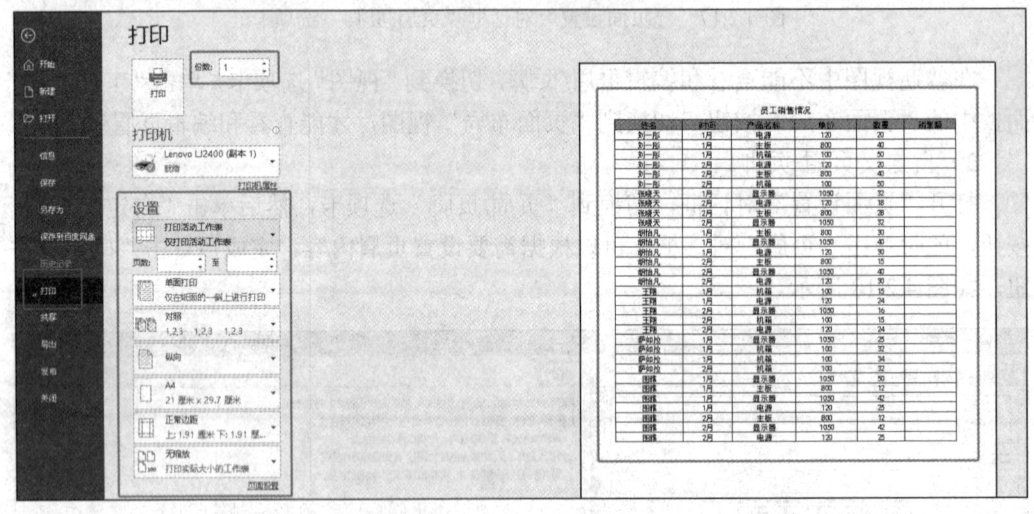

图 4.2.19　文件打印设置界面

打印工作表的方法为：打开需要打印的工作表，然后打开“文件”菜单，选择“打印”命令，在打开的窗格中“份数”文本框中输入需要打印的份数，在“页数”文本框中输入要打印的页码范围，设置好后单击“打印”按钮，即可开始打印。默认情况下，“份数”文本框中的打印份数为 1 份，“页数”文本框中的打印页码范围为全部打印。

（3）打印多个工作表

在实际工作中，有时需要打印多个不同的工作表，此时，只需同时选中需要打印的多个工作表，然后执行打印操作即可。

如果要打印一个工作簿中的所有工作表，首先打开需要打印的工作簿，在“文件”菜单中选择“打印”命令，然后在打开的窗格中单击“设置”栏下方的下拉按钮，在打开的下拉列表中选择“打印整个工作簿”选项即可。

任务三 数据运算

一、公式

公式由一系列单元格的引用、函数以及运算符等组成，是对数据进行计算和分析的等式。在Excel 2016中利用公式可以对表格中的各种数据进行快速计算。下面将具体介绍运算符，以及公式的输入、复制和删除方法。

1. 公式的组成

公式是以等号“=”开始的。例如，公式“=5+3*3”表示计算5加上3乘以3的积，结果等于14。

（1）公式的输入格式

公式有一定的输入格式，一般由函数、单元格引用、常量和运算符组成。

1）函数。函数以“=”开始，提示Excel系统输入的是公式而不是文本。

2）单元格引用。单击要引用的单元格或直接输入单元格名称。

3）常量。常量是直接输入公式中的数字或文本值。

4）运算符。运算符的作用是指出所执行的运算。在Excel公式中，可以使用以下运算符。

① 算术运算符包括加号（+）、减号（-）、乘号（*）、除号（/）、乘方（^）、百分号（%）。算术运算符连接数值型数据，用于完成数值运算，其结果是一个数值。

② 比较运算符包括大于（>）、小于（<）、大于等于（>=）、小于等于（<=）、不等于（<>）、等于（=）。比较运算符用于比较两个相同类型数据的大小，其结果是逻辑值True或False。

③ 文本运算符（&）是将两个文本连接为一个文本的符号。

④ 单元格引用运算符包括英文冒号（:）和英文逗号（,）。单元格引用运算符“:”用于连接两个单元格，表示从左上单元格至右下单元格的一个矩形单元格区域；“,”用于连接两个单元格区域，相当于“并”运算。

公式的所有内容都要在英文格式下输入，其中既可以输入单元格名称，也可以用鼠标从工作表中选中单元格。

公式的一般格式如表4.3.1所示。

表 4.3.1　公式的一般格式

序号	公式	说明
1	=45*5+88/2	包含常量运算的公式
2	=A4*7-B4*2	包含单元格引用的公式
3	=单价*数量	包含名称的公式
4	=SUM(A1*5,A4*8)	包含函数的公式

（2）运算符优先级

在公式的应用中，应注意每个运算符的优先级是不同的。在一个混合运算的公式中，对于不同优先级的运算，按照从高到低的顺序进行计算。对于相同优先级的运算，按照从左到右的顺序进行计算。各种运算符的优先级（从高到低）为冒号“:”、空格、逗号“,”、负数“-”、百分号“%”、乘方“^”、乘号“*”或除号“/”、加号“+”或减号“-”、连字符“&”，以及比较运算符“=”“<”“>”“<=”“>=”“< >”。

2. 公式的输入

（1）公式输入步骤

1）将光标定位于欲输入公式的单元格中。

2）输入一个等号“=”，表示输入的是公式。

3）输入一个运算量，输入一个运算符，输入下一个运算量。

4）根据需要重复步骤 3），完成公式的输入。

若需要改变公式中一些元素的运算顺序，可以增加一对小括号。

（2）手动输入公式

以在“学生成绩表”中计算“总成绩”为例，手动输入公式的方法为：打开“学生成绩”工作簿，在 F3 单元格内输入公式“=B3+C3+D3+E3”，如图 4.3.1 所示。按 Enter 键，即可在 F3 单元格中显示计算结果，如图 4.3.2 所示。

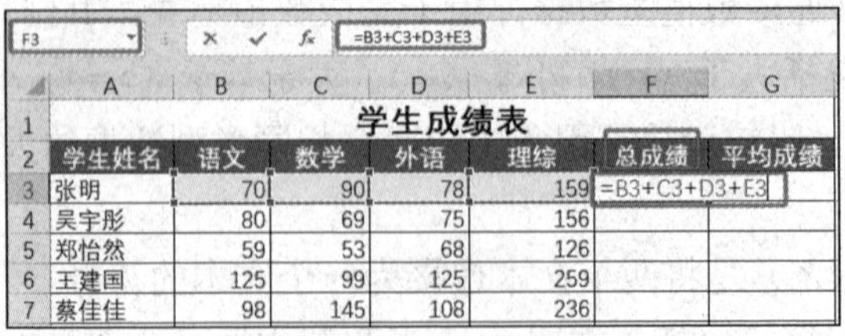

图 4.3.1　手动输入公式

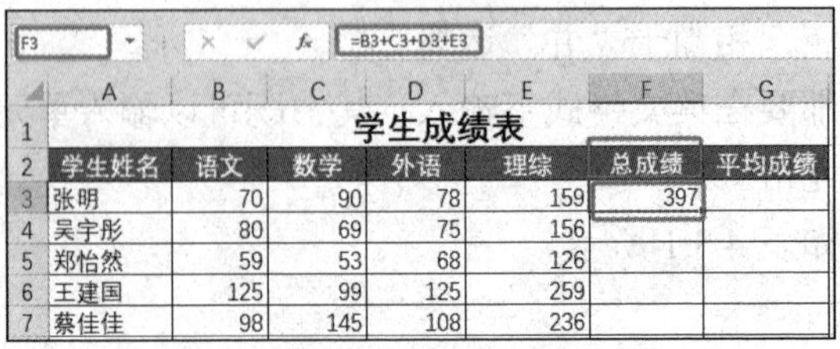

图 4.3.2　使用公式计算结果

（3）使用鼠标辅助输入公式

在引用单元格较多的情况下，比起手动输入公式，有些用户更习惯使用鼠标辅助输入公式，方法如下。

在F3单元格内输入“=”符号，然后单击B3单元格，此时该单元格周围出现闪动的虚线边框，可以看到B3单元格被引用到了公式中，如图4.3.3所示。

B3 | =B3

	A	B	C	D	E	F	G
1	学生成绩表						
2	学生姓名	语文	数学	外语	理综	总成绩	平均成绩
3	张明	70	90	78	159	=B3	
4	吴宇彤	80	69	75	156		
5	郑怡然	59	53	68	126		
6	王建国	125	99	125	259		
7	蔡佳佳	98	145	108	236		
8	章书	101	98	99	198		

图4.3.3　使用鼠标辅助输入公式

引用B3单元格后输入运算符“+”，单击C3单元格，此时C3单元格也被引用到了公式中。然后用同样的方法引用D3和E3单元格，如图4.3.4所示。

E3 | =B3+C3+D3+E3

	A	B	C	D	E	F	G
1	学生成绩表						
2	学生姓名	语文	数学	外语	理综	总成绩	平均成绩
3	张明	70	90	78	159	=B3+C3+D3+E3	
4	吴宇彤	80	69	75	156		
5	郑怡然	59	53	68	126		
6	王建国	125	99	125	259		
7	蔡佳佳	98	145	108	236		
8	章书	101	98	99	198		

图4.3.4　使用鼠标辅助完成输入公式

完成后按Enter键确认公式的输入即可得到计算结果，如图4.3.2所示。

（4）公式的编辑与删除

1）编辑公式。如果输入的公式需要修改，可以通过以下三种方法使单元格进入编辑状态。

- 选中公式所在的单元，并按F2键。
- 双击公式所在的单元格。
- 选中公式所在的单元格，单击列标上方的编辑栏。

2）删除公式。如果要删除公式，可以通过以下方法。

- 选中公式所在的单元格，按下Delete键即可清除单元格中的全部内容。
- 进入单元格编辑状态后，将光标放置在某个位置，使用Delete键删除光标后面公式的部分内容或使用Backspace键删除光标前面公式的部分内容。
- 如果需要删除多单元格数组公式，需要选中其所在的全部单元格，再按Delete键。

3. 公式的复制与填充

利用“复制”和“粘贴”功能，把含有公式的原始单元格的位置关系复制到新的单元格（目标单元格）中，从而快速建立有规律的公式，称为公式的相对引用。

例如：在 C1 单元格中使用了公式“=A1+B1”，复制 C1 到 F3，C 到 F 增加 3 列，从 1 到 3 增加 2 行，则 A 增加 3 列是 D，B 增加 3 列是 E，因此 F3 的公式是“=D3+E3”。

利用填充柄可分别从 4 个方向拖动表格，以实现公式的复制操作。向左拖动减少 1 列，向右拖动增加 1 列；向上拖动减少 1 行，向下拖动增加 1 行。

例如，将“学生成绩表”中的公式“=B3+C3+D3+E3”复制到 F4:F8 单元格中，具体操作方法如下。

1）拖曳填充柄：单击 F3 单元格，指向该单元格右下角，当鼠标指针变为黑色“十”字填充柄时，按下鼠标左键，向下拖曳至 F8 单元格即可，如图 4.3.5 所示。

F3 =B3+C3+D3+E3

	A	B	C	D	E	F	G
1	学生成绩表						
2	学生姓名	语文	数学	外语	理综	总成绩	平均成绩
3	张明	70	90	78	159	397	
4	吴宇彤	80	69	75	156		
5	郑怡然	59	53	68	126		
6	王建国	125	99	125	259		
7	蔡佳佳	98	145	108	236		
8	章书	101	98	99	198		

图 4.3.5 拖曳填充柄复制公式

2）双击填充柄：单击 F3 单元格，然后双击单元格右下角的填充柄，公式将向下填充至其相邻列的第一个空单元格的上一行，即 F8 单元格。

3）快捷键填充：选择 F3:F8 单元格区域，然后按 Ctrl+D 组合键，或单击“开始”选项卡“编辑”面板中的“填充”下拉按钮，在弹出的快捷菜单中选择“向下”命令，如图 4.3.6 所示。如果需要向右复制，可使用 Ctrl+R 组合键。

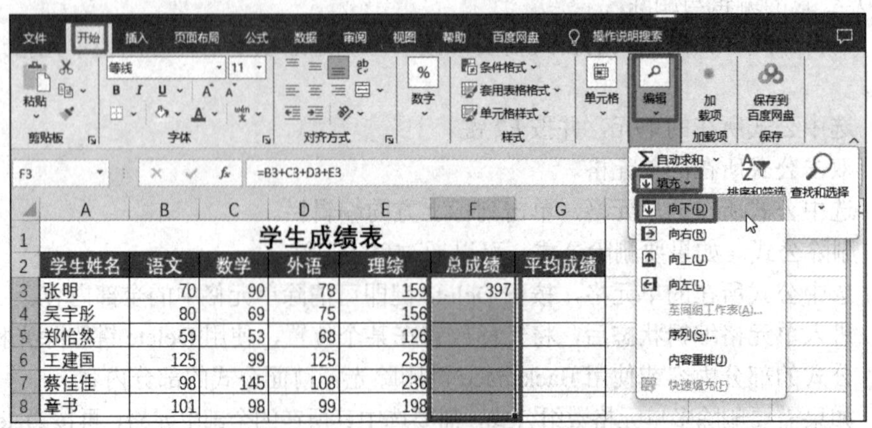

图 4.3.6 编辑组中的“填充”下拉选项

4）选择性粘贴：单击 F3 单元格，然后单击“开始”选项卡中的“复制”按钮，或按 Ctrl+C 组合键，再选择 F4:F8 单元格区域，然后单击“开始”选项卡中的“粘贴”下拉按钮，在弹出的快捷菜单中选择“公式”命令，如图 4.3.7 所示。

图 4.3.7　选择“公式”命令

5）多单元格同时输入：单击 F3 单元格，然后按 Shift 键，再单击 F8 单元格，选中该单元格区域，然后单击编辑栏中的公式，按 Ctrl+Enter 组合键，在 F3:F8 单元格中将输入相同的公式。

4. 公式中单元格的引用

单元格引用用于指明公式中所使用数据的位置。单元格引用包括相对引用、绝对引用和混合引用。

（1）相对引用

相对引用基于包含公式和引用单元格的相对位置。如果公式所在单元格的位置改变，则引用随之改变。如果多行或多列地复制公式，则引用会自动调整。在默认情况下，对新公式使用相对引用。相对引用的使用方式如表 4.3.2 所示。

表 4.3.2　相对引用的使用方式

引用区域	使用区域
A 列和 8 行交叉处的单元格	A8
A 列和 2 行到 10 行之间的单元格区域	A2:A10
10 行和 B 列到 E 列之间的单元格区域	B10:E10
8 行中的全部单元格	8:8
4 行到 8 行之间的全部单元格	4:8
F 列中的全部单元格	F:F
C 列到 H 列之间的全部单元格	C:H
A 列到 D 列和 5 行到 15 行之间的单元格区域	A5:D15

（2）绝对引用

单元格中的绝对引用（如$B$6）指总是用固定位置引用单元格。“$”符号的作用是固定行或固定列，“$”在行标题前时，该行固定不变，“$”在列标题前时，该列固定不变。如果公式所在单元格的位置改变，绝对引用将保持不变（如$B$6 固定指定 B6）。

（3）混合引用

混合引用具有绝对引用列和相对引用行，或绝对引用行和相对引用列。绝对引用列（列不变）采用如$A10、$B12 等形式。绝对引用行（行不变）采用如 A$3、B$3 等形式。

表 4.3.3 中描述了 C1 单元格中的公式（引用了单元格）向下复制到单元格 C2 或向右下复制到单元格 D3 时，单元格 C2 或单元格 D3 中的公式及运算结果。

表 4.3.3　单元格引用示例

表格的部分内容	单元格 C1 中的引用		单元格 C1 中的公式复制到单元格 C2（列不变，行增 1）		单元格 C1 中的公式复制到单元格 D3（列增 1，行增 2）	
	单元格 C1	运算结果	单元格 C2	运算结果	单元格 D3	运算结果
A B C D 1 4 7 2 5 8 3 6 9 4 5	=$A$1（绝对引用列和绝对引用行）	4	=$A$1，列、行都不变	4	=$A$1，列、行都不变	4
	=A$1（相对引用列和绝对引用行）	4	=A$1，列未变、行不变	4	=B$1，列增 1、行不变	7
	=$A1（绝对引用列和相对引用行）	4	=$A2，列不变、行增 1	5	=$A3，列不变、行增 2	6
	=A1（相对引用列和相对引用行）	4	=A2，列未变、行增 1	5	=B3，列增 1、行增 2	9

（4）单元格引用时的表示

1）同一工作表中单元格的引用表示。

在同一个工作表中引用单元格时，可以使用列标题和行标题引用单元区域，如单元格 A1 或 H4:I4 单元格区域，直接引用即可。

在同一个工作表中引用单元格区域时，可使用该单元格区域的名称。例如，公式“=SUM(一季度销售额)”要比公式“=SUM(C20:C30)”更容易理解，其中“一季度销售额”是 C20:C30 单元格区域的名称。

在一个工作表中，命名的单元格区域名称可以在同一工作簿中的所有工作表中被直接引用。公式中使用名称更有助于用户理解公式的含义。

2）同一工作簿中单元格的引用表示。

引用同一工作簿中其他工作表中的单元格区域时，需要在单元格区域前加前缀如“'工作表名称'!”。

例如，在同一工作簿的工作表“第 1 学期”中引用了工作表“第 2 学期”的 H4:I4 单元格区域，则表示为“'第 2 学期'!H4:I4”。

3）不同工作簿中单元格的引用表示。

引用其他工作簿的工作表中用列标题和行标题表示的单元格区域时，需要在该单元格区域标示前加前缀“'[文件名]工作表名!”。

例如，在工作簿 SC5-05.xlsx 中使用了公式“='[SC5-03.xlsx]一班'!$D$4”，这表示引用了工作簿 SC5-03.xlsx 中“一班”工作表的 D4 单元格。

二、函数

1. 函数的概念

Excel 2016 的工作表函数（worksheet functions）通常简称为 Excel 函数，它是 Excel 2016 内部预先定义并按照特定的顺序和结构来执行计算、分析等数据处理任务的功能模块。所以 Excel 2016 函数也常被人们称为“特殊公式”。与公式一样，Excel 2016 函数的最终返回结果为值。

2. 函数的一般结构

函数的一般结构为函数名(参数)。函数以系统规定的函数名称开始，后面是左圆括号、参数和右圆括号。当参数多于一个时，参数之间以英文逗号分隔。如果函数以公式的形式出现，则应在函数名称前面输入等号（=）。

函数的参数既可以是常量或公式，也可以为其他函数。常见的函数参数类型有以下几种。

- 常量参数：主要包括文本（如“手机”）、数值（如“3”）以及日期（如“2024-8-14”）等内容。
- 逻辑值参数：主要包括逻辑真（如“True”）、逻辑假（如“False”）以及逻辑判断表达式等。
- 单元格引用参数：主要包括引用单个单元格（如 A5）和引用单元格区域（如 A5:C8）等。
- 函数式：在 Excel 中可以使用一个函数式的返回结果作为另外一个函数式的参数，这种方式称为函数嵌套，如“=F(A1>9,"优",IF(A1>6,"合格","不合格"))”。
- 数组参数：函数参数既可以是一组常量，也可以为单元格区域的引用。

3. 函数的输入和编辑

函数的输入与编辑方法如下。

1）在“=”后直接输入拼写正确的函数，如图 4.3.8 所示。

	A	B	C	D	E	F	G
1	学生成绩表					选择单元格直接编辑函数	
2	学生姓名	语文	数学	外语	理综	总成绩	平均成绩
3	张明	70	90	78	159	=sum(B3:E3	
4	吴宇彤	80	69	75	156	SUM(**number1**, [number2], ...)	
5	郑怡然	59	53	68	126		
6	王建国	125	99	125	259		
7	蔡佳佳	98	145	108	236		
8	章书	101	98	99	198		

图 4.3.8 直接输入函数

2）单击编辑栏左侧的“插入函数”按钮 *fx*，打开“插入函数”对话框，选取函数，如图 4.3.9 所示。

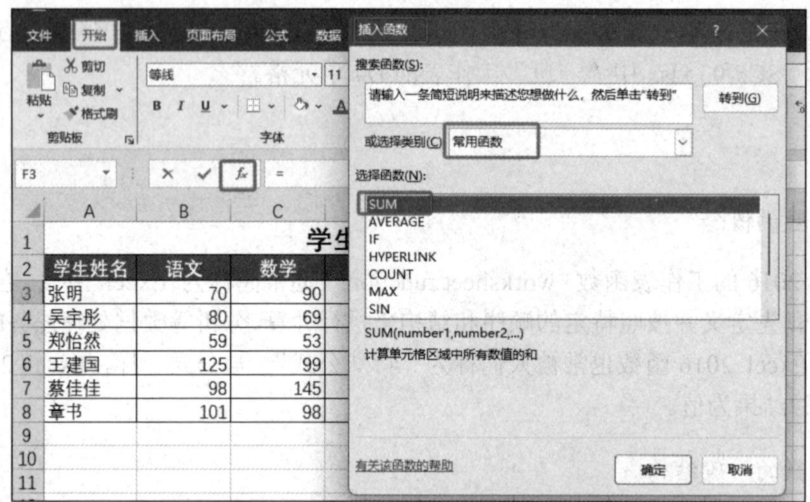

图 4.3.9　在“插入函数”对话框中选取函数

3）单击“开始”选项卡“编辑”面板中的“求和”按钮（默认“自动求和”），选择列表项，如图 4.3.10 所示。

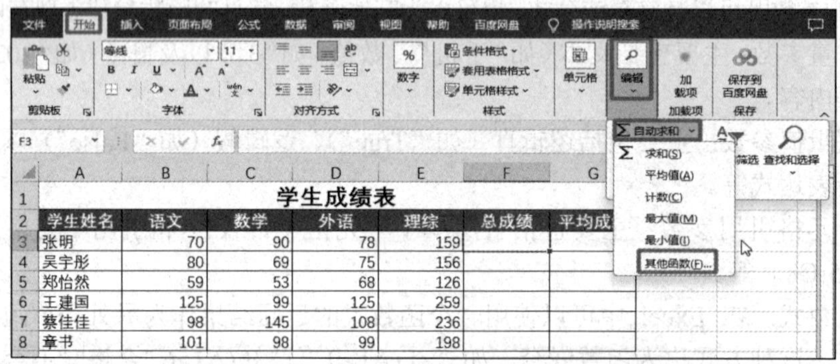

图 4.3.10　“编辑”面板中的“自动求和”下拉选项

4）单击“公式”选项卡“函数库”面板中的相应按钮选取函数，如图 4.3.11 所示。

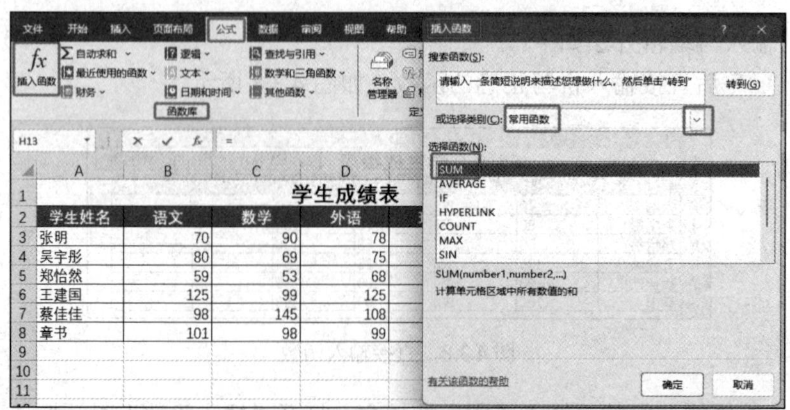

图 4.3.11　利用“函数库”面板中的“插入函数”按钮打开“插入函数”对话框

如果选择的函数不在“常用函数”中，可以在“插入函数”对话框中的“搜索函数”文本框中输入要查找的函数名称，再单击“转到”按钮，即可找到对应的函数，如图 4.3.12 所示。

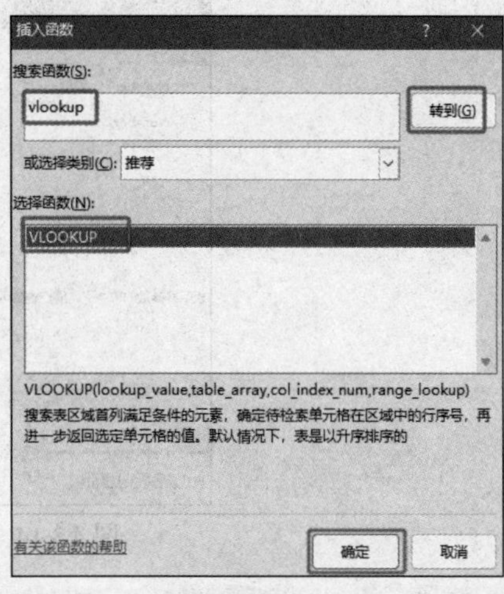

图 4.3.12　“插入函数”对话框中“搜索函数”选项

4. 常用函数的使用

Excel 2016 中提供的函数可以完成绝大多数实际工作所需要的各种数据处理，但因为提供的函数太多，在这里无法一一详细介绍，仅介绍一些常用函数。函数的所有标点符号都要在英文格式下输入，如需要输入文本汉字必须在双引号中，其中函数参数要用单元格名称代替。对于单元格名称，既可以手动输入，也可以用鼠标选中引用。

1）SUM 函数：对给定的所有参数进行求和运算。

调用格式：SUM(Number1[,Number2]…)。

如计算“学生成绩表”中每名学生的总成绩，如图 4.3.13 所示。

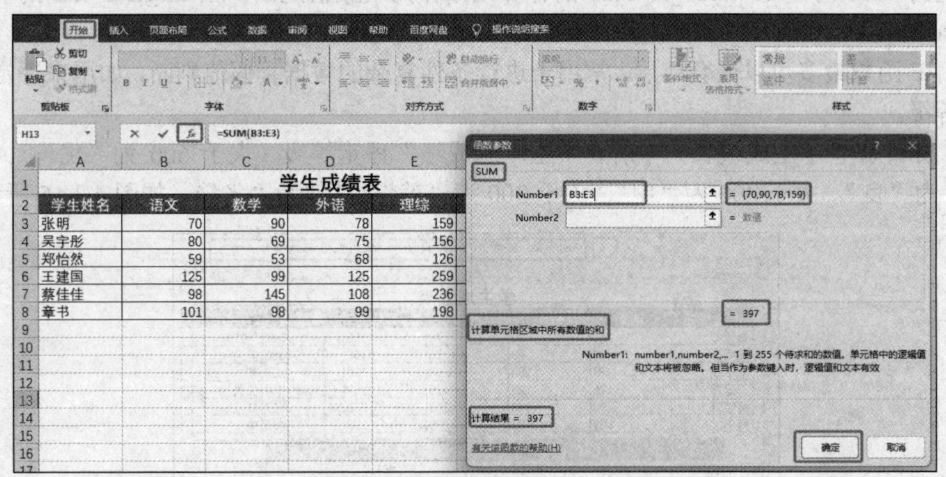

图 4.3.13　SUM 函数参数对话框

2）AVERAGE 函数：对给定的所有参数进行求平均值运算。

调用格式：AVERAGE(Number1[,Number2]…)。

如计算“学生成绩表”中每名学生各科课程（语文、数学、外语）的平均分，如图 4.3.14 所示。

3）MAX 函数：对给定的所有参数，求其最大值。

调用格式：MAX(Number1[,Number2]…)。

4）MIN 函数：对给定的所有参数，求其最小值。

调用格式：MIN(Number1[,Number2]…)。

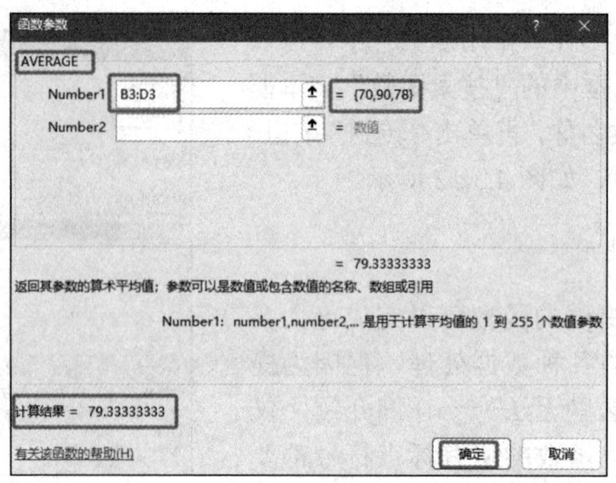

图 4.3.14　AVERAGE 函数参数对话框

以上函数说明：Number1 是必需的参数，是函数的第一个数值参数；Number2 是可选参数，是函数的第二个数值参数；最多可以到第 255 个数值参数。参数选择方法与以上相同。

5）IF 函数：从两个计算结果中必选其一。

调用格式：IF(Logical_test,Value_if_True,Value_if_False)。

说明：参数 Logical_test 是任何计算结果值为 True 或 False 的表达式。当 Logical_test 的值为 True 时，以 Value_if_True 的计算结果作为函数值返回；当 Logical_test 的值为 False 时，以 Value_if_False 的计算结果作为函数值返回。

IF 函数最多可以嵌套 7 层，常用于进行条件复杂的数据真假值判断，如用来评定成绩等级。

如计算“学生成绩表”中所有学生“总成绩”评定等级（大于 600 为“优”，大于 500 为“良”，大于 400 为“中”，大于 300 为“差”，其他为“劣”），如图 4.3.15 所示。

=IF(F3>600,"优秀",IF(F3>500,"良",IF(F3>400,"中",IF(F3>300,"差","劣"))))

学生成绩表

学生姓名	语文	数学	外语	理综	总成绩	备注
张明	70	90	78	159	397	"劣"))))
吴宇彤	80	69	75	156	380	差
郑怡然	59	53	68	126	306	差
王建国	125	99	125	259	608	优秀
蔡佳佳	98	145	108	236	587	良
章书	101	98	99	198	496	中

函数参数
IF
Logical_test F3>600 = FALSE
Value_if_true "优秀" = "优秀"
Value_if_false IF(F3>500,"良",IF(F3>400,"中" = "差"
= "差"
判断是否满足某个条件，如果满足返回一个值，如果不满足则返回另一个值。
Logical_test 是任何可能被计算为 TRUE 或 FALSE 的数值或表达式。
计算结果 = 差
有关该函数的帮助(H)
确定　取消

图 4.3.15　IF 函数参数对话框

6）COUNT 函数：计算包含数字的单元格及参数列表中数字的个数。

调用格式：COUNT(Value1 [,Value2]…)。

说明：参数 Value1 是必需的，是计算其中数字的个数的第一个项、单元格引用或区域。参数 Value2 等是可选的，是计算其中数字的个数的其他项、单元格引用或区域，最多可包含 255 个。这些参数可以包含或引用各种类型的数据，但只有数字类型的数据才被计算在内。

如计算“学生成绩表”中所有学生总人数，以“语文”成绩为参考项，如图 4.3.16 所示。

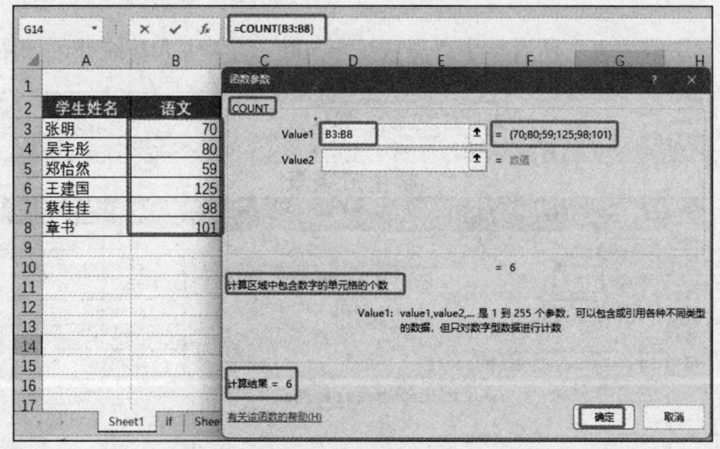

图 4.3.16　COUNT 函数参数对话框

7）COUNTA 函数：用于计算区域中非空单元格的个数。

调用格式：COUNTA (Value1,[Value2,...])。

说明：Value1 为必需参数，Value2,...为可选参数。这些参数可以是单元格区域、单元格引用或数组等。例如，COUNTA (A1:A10) 用于计算 A1 到 A10 这个单元格区域中非空单元格的数量。非空单元格的判定：只要单元格中有任何内容，包括文本、数字、日期、逻辑值（True 或 False）、公式（即使结果为空值）等，都会被 COUNTA 函数计数。例如，一个单元格中只有一个空格字符，它也会被当作非空单元格计数。

如“学生成绩表”中以所有学生“语文”成绩为参考项统计非空单元格数，如图 4.3.17 所示。

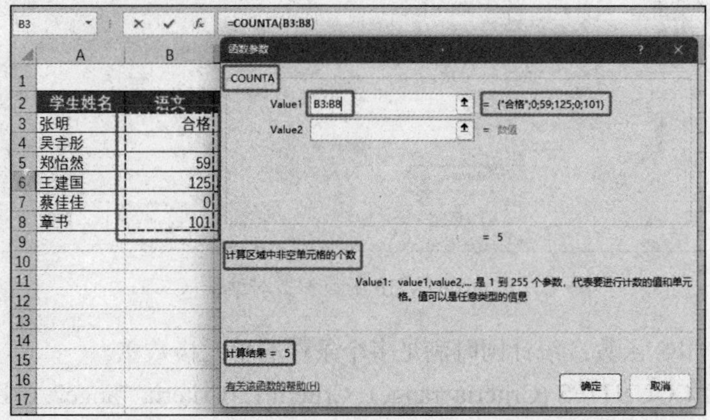

图 4.3.17　COUNTA 函数参数对话框

8）COUNTIF 函数：用于统计满足特定条件的单元格的数量。

调用格式：COUNTIF (Range, Criteria)。

说明：Range 是必需的参数，它代表要进行条件判断的单元格区域。这个区域可以是一行、一列或者一个矩形的单元格范围，如 A1:A10、B2:D5 等。Criteria 也是必需的参数，用于定义统计条件的内容，可以是数字、表达式、单元格引用或文本字符串。

如进行“学生成绩表”所有学生“总成绩>=500”的学生人数统计，如图 4.3.18 所示。

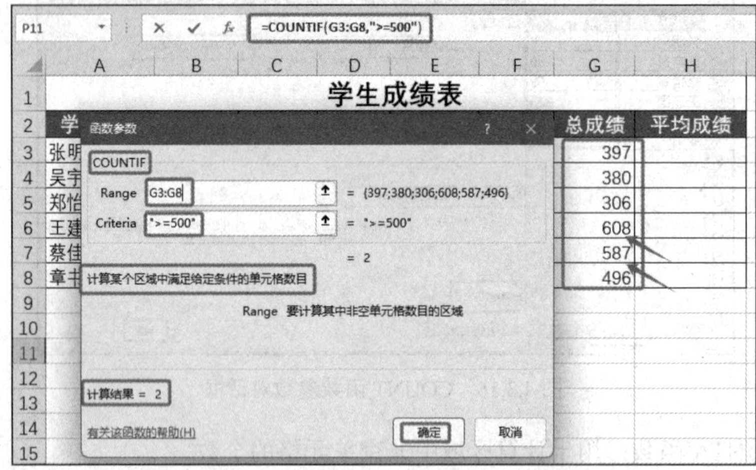

图 4.3.18　COUNTIF 函数参数对话框（一）

如进行“学生成绩表”中所有学生中“男”学生人数统计，如图 4.3.19 所示。

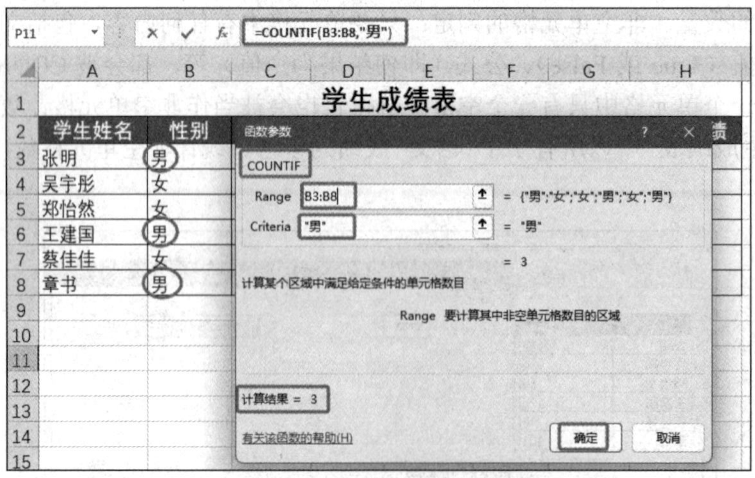

图 4.3.19　COUNTIF 函数参数对话框（二）

9）COUNTIFS 函数：统计同时满足多个条件的单元格数量。

调用格式：COUNTIFS (Criteria_range1, Criteria1, [Criteria_range2, Criteria2, …])。

说明：Criteria_range1 和 Criteria1 是必需的参数。Criteria_range1 代表第一个条件判

断的单元格区域，Criteria1 是第一个条件。[Criteria_range2, Criteria2, …]是可选参数，用于添加更多的条件判断区域和条件，最多可以设置 127 个条件对。

如进行“学生成绩表”中所有学生“总成绩>=500”且性别为“男”的学生人数统计，如图 4.3.20 所示。

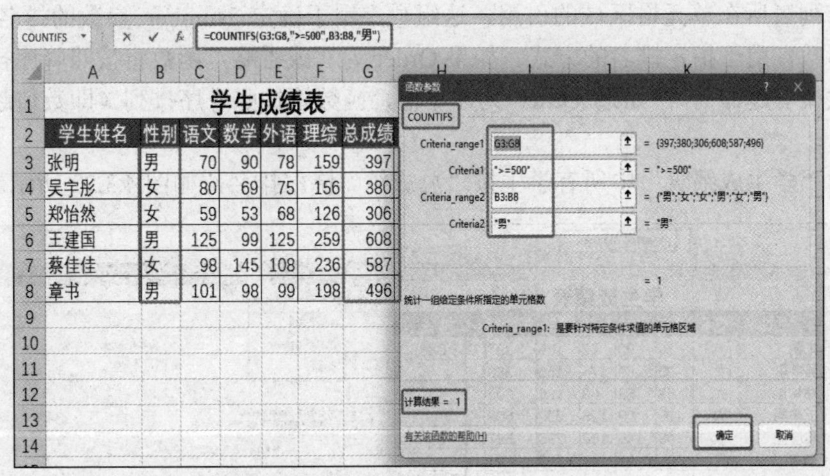

图 4.3.20　COUNTIFS 函数参数对话框

10）SUMIF 函数是一个条件求和函数，用于在满足特定条件的基础上对指定范围内的数据进行求和。

调用格式：SUMIF(Range, Criteria, [Sum_range])。

说明：Range 是必需参数，用于指定条件判断的单元格区域。Criteria 是必需参数，用于定义求和的条件，可以是数字、表达式、单元格引用或文本字符串。Sum_range 是可选参数，用于指定实际要求和的单元格区域。如果省略此参数，函数会对 Range 参数中满足条件的单元格进行求和。

如对“学生成绩表”所有“男”学生的“语文”成绩求和，如图 4.3.21 所示。

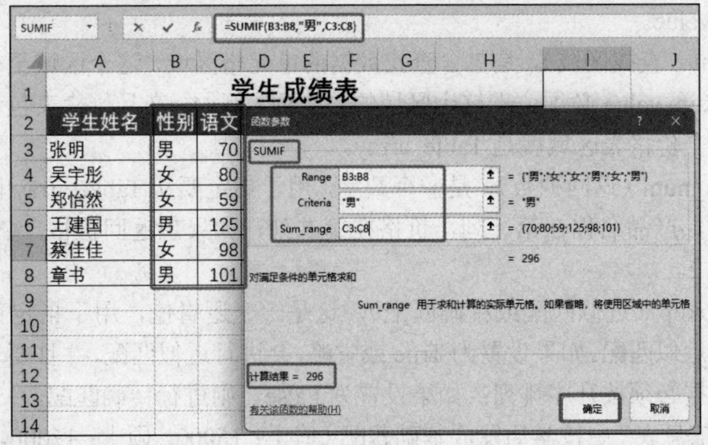

图 4.3.21　SUMIF 函数参数对话框

11）RANK 函数：用于返回一个数字在一组数字中的排名。排名的方式可以是升序（数值越小排名越靠前）或降序（数值越大排名越靠前）。

调用格式：RANK(Number,Ref,[Order])。

说明：Number 是必需参数，是要确定其排名的数字。Ref 是必需参数，是数字列表或对数字列表所在单元格区域的引用，这组数字用于确定 Number 参数的排名。Order 是可选参数，用于指定排名的方式。如果 Order 为 0 或省略，函数将按照降序排列（即数值越大排名越靠前）；如果 Order 为非零值，函数将按照升序排列（即数值越小排名越靠前）。

如对“学生成绩表”中所有学生按“总成绩”降序排名，如图 4.3.22 所示。

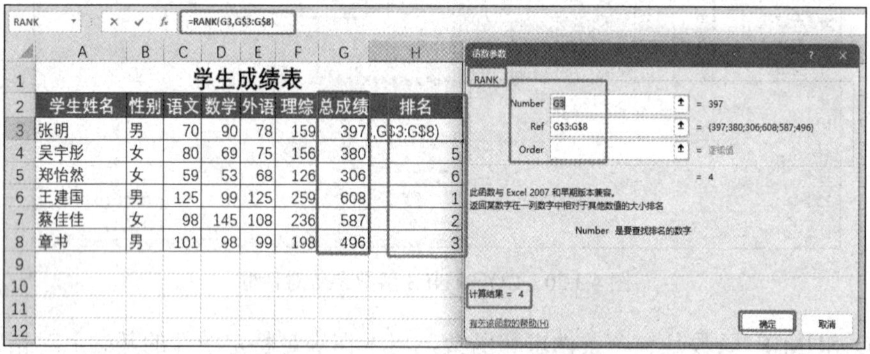

图 4.3.22　RANK 函数参数对话框

需要注意的是，不管对哪个学生的总成绩进行排名，数据区域（G3:G8）永远是不变的，所以使用了绝对行引用（G$3:G$8）。

12）VLOOKUP 函数：用于在表格或区域中按垂直方向查找数据。

调用格式：VLOOKUP(Lookup_value，Table_array，Col_index_num，Range_lookup)。

说明：Lookup_value（查找值），这是要在表格第一列中查找的数据，可以是数值、文本字符串、单元格引用或公式的结果。例如，如果想查找某个产品的价格，产品名称就是 Lookup_value。

Table_array（查找区域），是包含查找数据的单元格区域，这个区域至少应该包含两列，并且 Lookup_value 必须位于这个区域的第一列。例如，产品价格表包含产品名称列和价格列，整个价格表区域就是 Table_array。

Col_index_num（返回列数），是一个数字，用于指定要从 Table_array 区域返回的列的序号。例如，产品名称在第一列，价格在第二列，如果想返回价格，Col_index_num 就应该设置为 2。

Range_lookup（近似匹配或精确匹配），这是一个逻辑值，用于指定查找的方式是精确匹配还是近似匹配。如果设置为 True 或省略，会进行近似匹配，并且要求 Table_array 第一列中的数据必须按升序排列；如果设置为 False，则进行精确匹配。

如“员工信息表”中按学历发放基础薪酬（博士：15000，硕士：12000，学士：9000，大专：7000），如图 4.3.23 和图 4.3.24 所示。

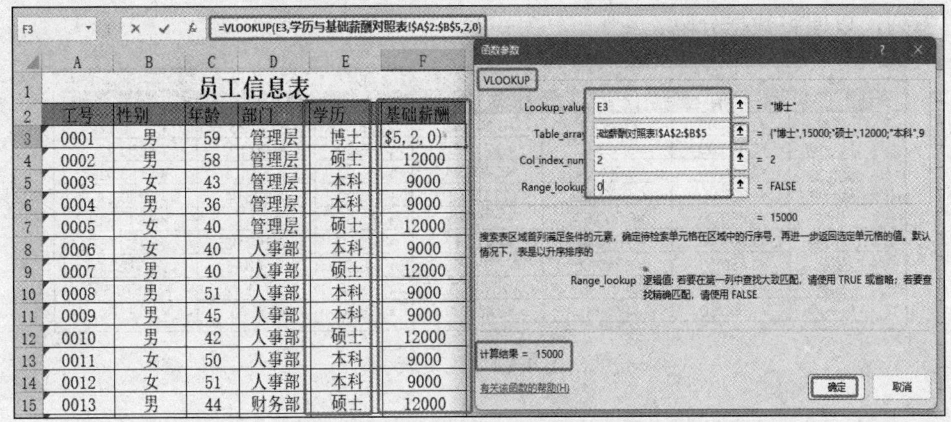

图 4.3.23　VLOOKUP 函数参数对话框

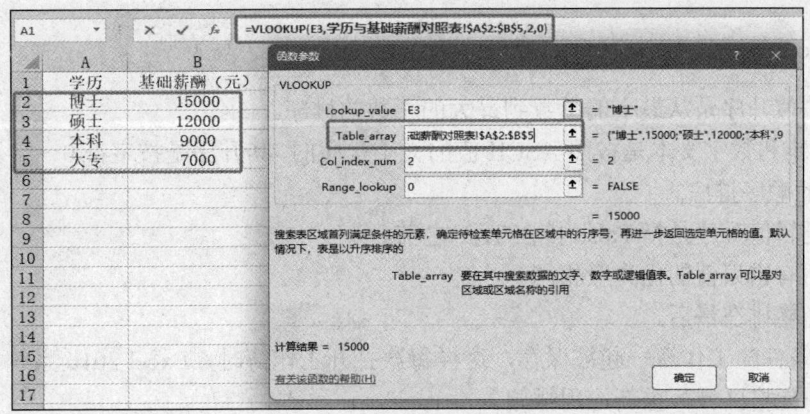

图 4.3.24　VLOOKUP 函数参数对话框中查找区域设置

任务四　数据处理

一、创建数据列表

创建如图 4.4.1 所示“工资表”。Excel 2016 数据列表的第一行是字段标题，下面包含若干行数据信息，由文字、数字等不同类型的数据构成。

为了保证数据列表能有效地工作，它必须具备以下特点。

- 每列必须包含同类的信息，即每列的数据类型都相同。
- 列表的第一行应该包含文字字段，每个标题用于描述下面所对应的列的内容。
- 列表中不能存在重复的标题。
- 数据列表的数量不能超过 16384 列，不能超过 1048576 行。

在制作工作表时，如果一个工作表中包含多个数据列表，那么列表间应至少空一行或空一列，以便将数据分隔。

	A	B	C	D	E	F	G
1	姓名	基本工资	奖金	应发工资	扣保险	扣所得税	实发工资
2	刘烨	¥1,550.00	¥598.43	¥2,148.43	¥155.00	¥197.26	¥1,796.17
3	周小刚	¥1,450.00	¥5,325.52	¥6,775.52	¥145.00	¥980.10	¥5,650.42
4	罗一波	¥1,800.00	¥3,900.64	¥5,700.64	¥180.00	¥765.13	¥4,755.51
5	陆一明	¥1,250.00	¥10,000.21	¥11,250.21	¥125.00	¥1,875.04	¥9,250.17
6	汪洋	¥1,650.00	¥6,000.67	¥7,650.67	¥165.00	¥1,155.13	¥6,330.54
7	高圆圆	¥1,800.00	¥5,610.47	¥7,410.47	¥180.00	¥1,107.09	¥6,123.38
8	楚配	¥1,450.00	¥6,240.55	¥7,690.55	¥145.00	¥1,163.11	¥6,382.44
9	郑爽	¥1,430.00	¥14,000.62	¥15,430.62	¥143.00	¥2,711.12	¥12,576.50
10	朱一鸣	¥1,550.00	¥866.00	¥2,416.00	¥155.00	¥237.40	¥2,023.60

图 4.4.1 工资表

二、数据排序

1. Excel 排序规则

1）数值升序是从最小的负数到最大的正数的排序。

2）文本和数字文本是按照 ASCII 值的大小排序的，其升序是按字符 0～字符 9、A～Z、a～z 的顺序排序。

3）逻辑值升序是指 False 排在 True 之前。

4）所有错误值的优先级相同。

5）空格排在最后。

排序条件随工作簿一起被保存，这样每次打开工作簿时，Excel 2016 系统都会对表（而不是单元格区域）重新应用排序。

2. 简单排序

将图 4.4.1“工资表”中数据按照“基本工资”排序，则单击“数据”选项卡“排序和筛选”面板中的“升序”按钮或“降序”按钮即可，如图 4.4.2 所示。

	A	B	C	D	E	F	G
1	姓名	基本工资	奖金	应发工资	扣保险	扣所得税	实发工资
2	刘烨	¥1,550.00	¥598.43	¥2,148.43	¥155.00	¥197.26	¥1,796.17
3	周小刚	¥1,450.00	¥5,325.52	¥6,775.52	¥145.00	¥980.10	¥5,650.42
4	罗一波	¥1,800.00	¥3,900.64	¥5,700.64	¥180.00	¥765.13	¥4,755.51
5	陆一明	¥1,250.00	¥10,000.21	¥11,250.21	¥125.00	¥1,875.04	¥9,250.17
6	汪洋	¥1,650.00	¥6,000.67	¥7,650.67	¥165.00	¥1,155.13	¥6,330.54
7	高圆圆	¥1,800.00	¥5,610.47	¥7,410.47	¥180.00	¥1,107.09	¥6,123.38
8	楚配	¥1,450.00	¥6,240.55	¥7,690.55	¥145.00	¥1,163.11	¥6,382.44
9	郑爽	¥1,430.00	¥14,000.62	¥15,430.62	¥143.00	¥2,711.12	¥12,576.50
10	朱一鸣	¥1,550.00	¥866.00	¥2,416.00	¥155.00	¥237.40	¥2,023.60

图 4.4.2 简单排序

3. 多条件排序

对一般的数据区域进行排序，其操作方法如下。

选中参加排序的单元格区域，单击“数据”选项卡“排序和筛选”面板中的“排序”按钮，打开“排序”对话框，分别选取相关选项，单击“确定”按钮，完成排序，如图 4.4.3 所示。

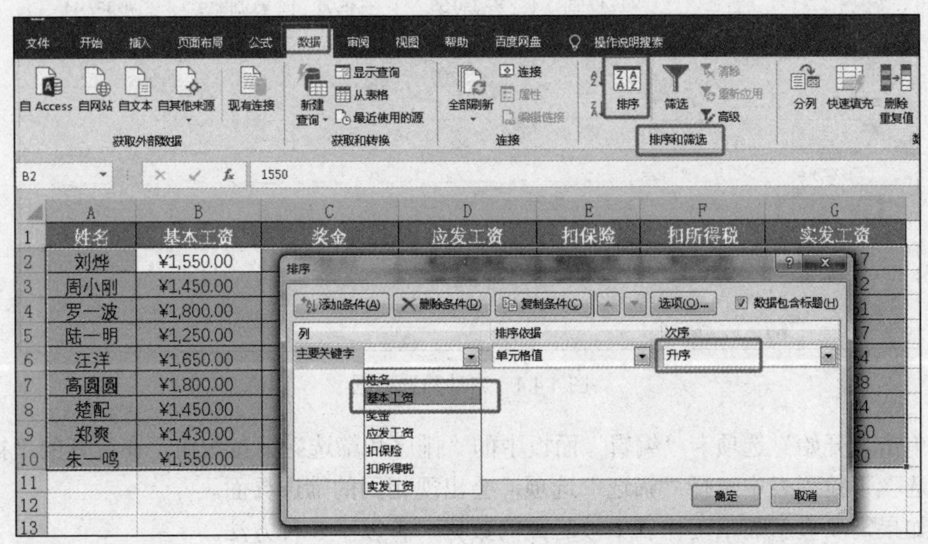

图 4.4.3　“排序”对话框

Excel 2016 中默认的是按“列”排序，即所选数据区域的行将按照某一列或多列中的数据进行升序或降序排序，也就是按文本（升序或降序）、数字（升序或降序）及日期和时间（升序或降序）排序；也可以按自定义序列（如大、中和小）或格式（包括单元格颜色、字体颜色或条件格式图标）进行排序。

在 Excel 2016 中也可以按“行”进行排序，即所选数据区域的列将按照某一行的数据升序或降序对数据列进行排序。

设置添加条件排序，单击“数据”选项卡“排序和筛选”面板中的“排序”按钮，打开“排序”对话框，单击“添加条件”按钮，选择主要关键字和次要关键字进行升序或降序排序。

三、数据筛选

1. 自动筛选

（1）简单条件筛选

筛选操作是通过单击“数据”选项卡“排序和筛选”面板中的“筛选”按钮来实现的。筛选操作完成后，列标题中的下拉按钮▾表示已启用但尚未应用筛选，而“筛选”按钮▾则表示已经应用了筛选，如图 4.4.4 所示。

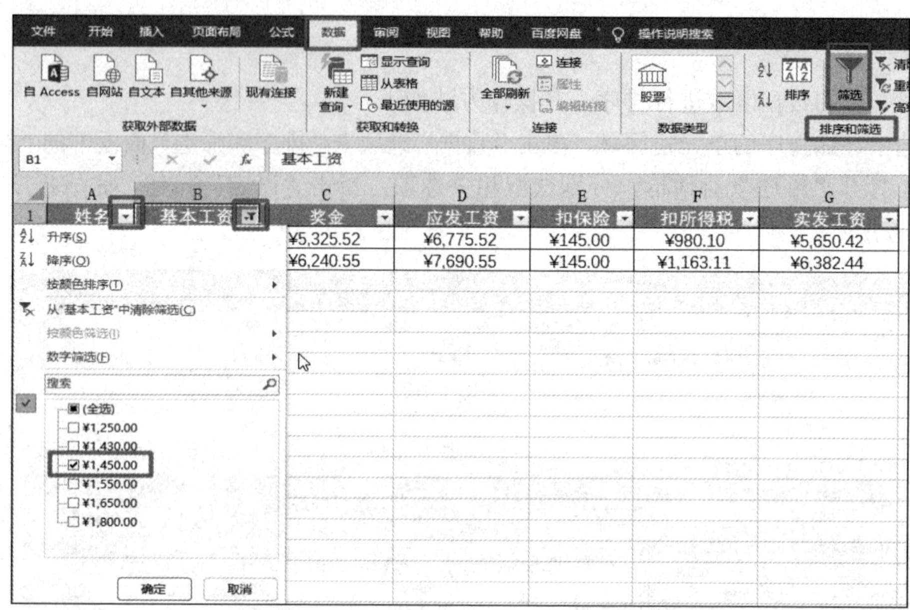

图 4.4.4　自动筛选数据

单击“开始”选项卡“编辑”面板中的“排序和筛选”下拉按钮，在打开的“排序和筛选”下拉列表中选择“筛选”选项，会出现相同的筛选界面。

如果需要重新显示工作表中被隐藏的数据，有以下 3 种方法。

1）单击“基本工资”字段右侧的按钮，在打开的下拉列表中选中“全选”复选框，然后单击“确定”按钮即可。

2）单击“开始”选项卡“编辑”面板中的“排序和筛选”下拉按钮，在打开的下拉菜单中再次选择“筛选”命令，即可重新显示工作表中被隐藏的数据，同时退出数据筛选状态。

3）单击“数据”选项卡“排序和筛选”面板中的“清除”按钮，如图 4.4.5 所示，可清除筛选结果，重新显示全部数据。

	A	B	C	D	E	F	G
1	姓名	基本工资	奖金	应发工资	扣保险	扣所得税	实发工资
2	刘烨	¥1,550.00	¥598.43	¥2,148.43	¥155.00	¥197.26	¥1,796.17
4	罗一波	¥1,800.00	¥3,900.64	¥5,700.64	¥180.00	¥765.13	¥4,755.51

图 4.4.5　“清除”按钮

（2）指定数据的筛选

单击“基本工资”字段右侧的下拉按钮，在打开的下拉列表中选择“数字筛选”下“前 10 项”命令，如图 4.4.6 所示。

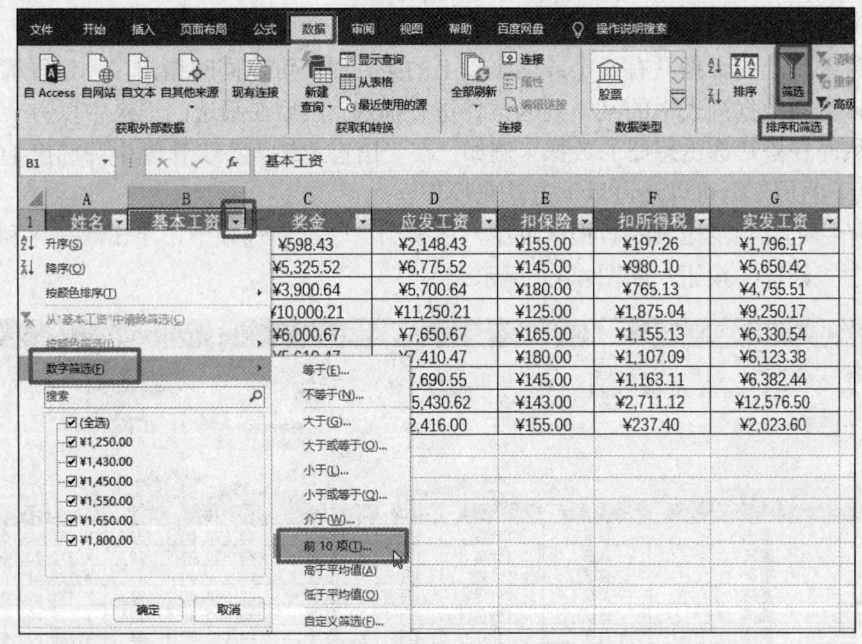

图 4.4.6　指定数据筛选

弹出“自动筛选前 10 个”对话框，在“显示”栏中根据需要进行选择，如选择显示“最大”的“3”项数据，单击“确定”按钮，如图 4.4.7 所示。

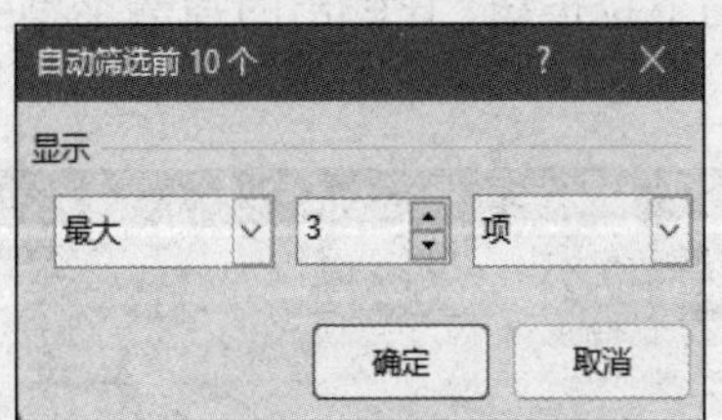

图 4.4.7　“自动筛选前 10 个”对话框

返回工作表，即可看到工作表中的数据已经按照“基本工资”字段的最大前 3 项进行了筛选，如图 4.4.8 所示。

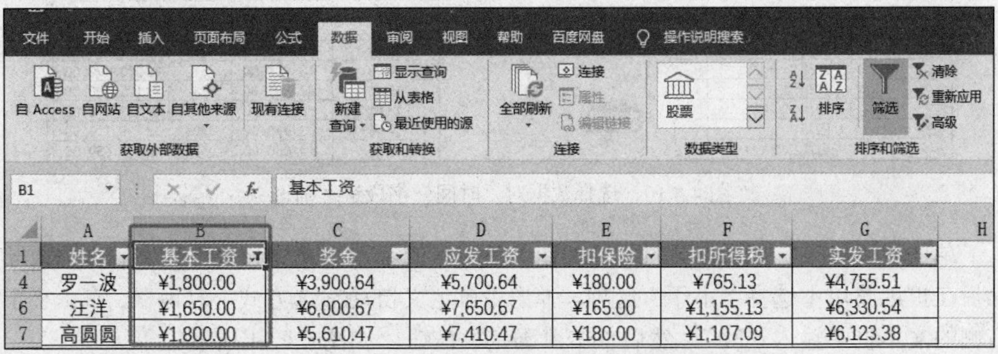

	姓名	基本工资	奖金	应发工资	扣保险	扣所得税	实发工资
4	罗一波	¥1,800.00	¥3,900.64	¥5,700.64	¥180.00	¥765.13	¥4,755.51
6	汪洋	¥1,650.00	¥6,000.67	¥7,650.67	¥165.00	¥1,155.13	¥6,330.54
7	高圆圆	¥1,800.00	¥5,610.47	¥7,410.47	¥180.00	¥1,107.09	¥6,123.38

图 4.4.8　数据自动筛选前 3 项效果

（3）多列数据筛选

如果要筛选的数据具有两个或两个以上的条件时，可以同时指定多列进行筛选。操作时可以先将数据列表中的某一列为条件进行筛选，然后在筛选的记录中以另一列进行筛选，从而轻松筛选出想要的数据。例如，在“销售业绩表”工作簿中筛选出 1 月数量在 30 以下的员工，可以通过以下方法来操作。

将光标定位到工作表的数据区域中，切换到“数据”选项卡，单击“排序和筛选”面板中的“筛选”按钮，如图 4.4.9 所示。

	A	B	C	D	E	F	G	H
1	所在省（自治区/直辖市）	所在城市	所在卖场	时间	产品名称	单价	数量	销售额
2	重庆	重庆	1分店	1月	冰箱	¥3, 990. 00	38	¥ 151, 620. 00
3	重庆	重庆	1分店	1月	空调	¥3, 800. 00	29	¥ 110, 200. 00
4	重庆	重庆	1分店	1月	电视	¥4, 130. 00	31	¥ 128, 030. 00
5	重庆	重庆	1分店	2月	冰箱	¥3, 990. 00	31	¥ 123, 690. 00
6	重庆	重庆	1分店	2月	空调	¥3, 800. 00	29	¥ 110, 200. 00
7	重庆	重庆	1分店	2月	电视	¥4, 130. 00	31	¥ 128, 030. 00
8	四川	成都	1号店	1月	电视	¥3, 800. 00	30	¥ 114, 000. 00
9	四川	成都	1号店	1月	冰箱	¥3, 990. 00	23	¥ 91, 770. 00
10	四川	成都	1号店	1月	空调	¥3, 990. 00	51	¥ 203, 490. 00

图 4.4.9　数据自动筛选

单击“时间”字段右侧的下拉按钮，在弹出的筛选菜单中选择“1 月”，然后单击“确定”按钮，如图 4.4.10 所示。

	A	E	F	G	H
1	所在省（自治区/直辖市）	产品名称	单价	数量	销售额
2	重庆	冰箱	¥3, 990. 00	38	¥151, 620. 00
3	重庆	空调	¥3, 800. 00	29	¥110, 200. 00
4	重庆	电视	¥4, 130. 00	31	¥128, 030. 00
5	重庆	冰箱	¥3, 990. 00	31	¥123, 690. 00
6	重庆	空调	¥3, 800. 00	29	¥110, 200. 00
7	重庆	电视	¥4, 130. 00	31	¥128, 030. 00
8	四川	电视	¥3, 800. 00	30	¥114, 000. 00
9	四川	冰箱	¥3, 990. 00	23	¥ 91, 770. 00
10	四川	空调	¥3, 990. 00	51	¥203, 490. 00
11	四川	电视	¥3, 800. 00	33	¥125, 400. 00
12	四川	冰箱	¥3, 990. 00	43	¥171, 570. 00
13	四川	空调	¥3, 990. 00	29	¥115, 710. 00
14	重庆	电视	¥4, 050. 00	33	¥133, 650. 00

图 4.4.10　选择数据对“时间”字段进行筛选

单击“销售额”字段右侧的下拉按钮，在弹出的筛选菜单中选择“数字筛选”选项，然后在扩展菜单中选择“小于”选项。弹出“自定义自动筛选方式”对话框，在“小于”右侧的文本框中输入“30”，然后单击“确定”按钮，如图 4.4.11 所示。

返回工作表即可查看筛选后的结果，如图 4.4.12 所示。

图 4.4.11 “自定义自动筛选方式”对话框

	A	B	C	D	E	F	G	H
1	所在省（自治区/直辖市）	所在城市	所在卖场	时间	产品名称	单价	数量	销售额
3	重庆	重庆	1分店	1月	空调	¥3, 800. 00	29	¥110, 200. 00
9	四川	成都	1号店	1月	冰箱	¥3, 990. 00	23	¥ 91, 770. 00
27	四川	成都	3号店	1月	电视	¥3, 990. 00	29	¥115, 710. 00
39	云南	玉溪	门店	1月	冰箱	¥2, 690. 00	29	¥ 78, 010. 00
45	四川	攀枝花	七街门店	1月	冰箱	¥3, 990. 00	25	¥ 99, 750. 00
51	四川	攀枝花	三路门店	1月	电视	¥4, 200. 00	22	¥ 92, 400. 00
58	云南	昆明	学府路店	1月	电视	¥3, 800. 00	29	¥110, 200. 00

图 4.4.12 数据筛选结果

2. 高级筛选

如果筛选数据需要复杂的条件，则可以使用“高级筛选”对话框。使用高级筛选需要在筛选前构建高级筛选条件。构建高级筛选条件，是在工作表的空白位置输入所要筛选的条件。输入筛选条件时应注意以下几点。

- 筛选条件的表头标题需要和数据表中对应的表头标题完全一致。
- 标题及下方的单元格构成一个自上而下的筛选条件。
- 输入在同一行的条件，表示这些条件是“与”的关系（即必须同时满足所有条件）。
- 输入在不同行的条件，表示这些条件是“或”的关系（即只需满足一个条件）。
- 在进行高级筛选时，设置条件要根据具体的要求来完成。若条件之间是“与”的关系，则条件要写在同一行。若条件之间是“或”的关系，则条件要写在不同的行。条件区域的字段名称要处在同一行，且要与列标题同名。

高级筛选可通过单击“数据”选项卡“排序和筛选”面板中的“高级”按钮来实现。

打开“销售业绩表”，在 J1:K2 单元格区域中建立一个筛选条件区域，分别输入列标题和筛选的条件，然后将光标定位到工作表的数据区域中，切换到“数据”选项卡，单击“排序和筛选”面板中的“高级”按钮，如图 4.4.13 所示。

	A	B	C	D	E	F	G	H	I	J	K
1	所在省（自治区/直辖市）	所在城市	所在卖场	时间	产品名称	单价	数量	销售额		产品名称	数量
2	重庆	重庆	1分店	1月	冰箱	¥3, 990. 00	38	¥151, 620. 00		电视	>40
3	重庆	重庆	1分店	1月	空调	¥3, 800. 00	29	¥110, 200. 00			
4	重庆	重庆	1分店	1月	电视	¥4, 130. 00	31	¥128, 030. 00		产品名称	数量
5	重庆	重庆	1分店	2月	冰箱	¥3, 990. 00	31	¥123, 690. 00		电视	
6	重庆	重庆	1分店	2月	空调	¥3, 800. 00	29	¥110, 200. 00			>40

图 4.4.13 数据高级筛选

弹出“高级筛选”对话框，设置“列表区域”为整个数据区域，“条件区域”为设置的条件区域，选中“在原有区域显示筛选结果”单选按钮，完成后单击“确定”按钮，如图 4.4.14 所示。

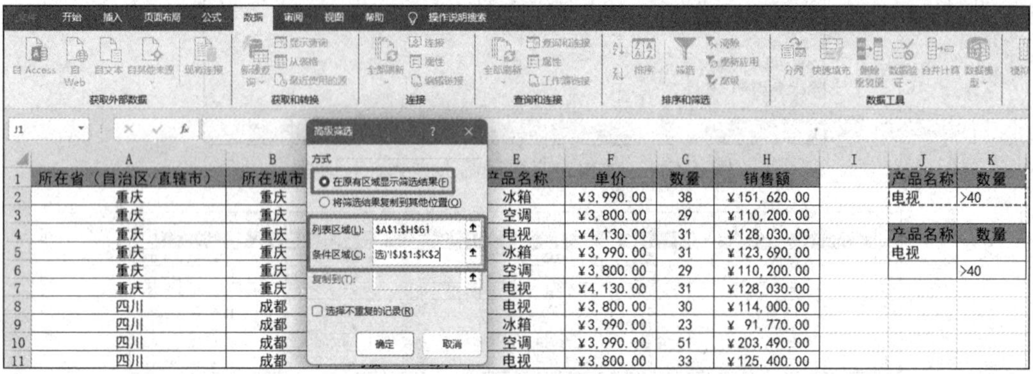

图 4.4.14 “高级筛选”对话框

返回工作表即可看到符合条件的筛选结果，如图 4.4.15 所示。

	A	B	C	D	E	F	G	H
1	所在省（自治区/直辖市）	所在城市	所在卖场	时间	产品名称	单价	数量	销售额
21	四川	成都	2号店	1月	电视	¥3, 990. 00	51	¥203, 490. 00
24	四川	成都	2号店	2月	电视	¥3, 990. 00	51	¥203, 490. 00
41	云南	玉溪	门店	2月	电视	¥4, 290. 00	43	¥184, 470. 00
44	四川	攀枝花	七街门店	1月	电视	¥4, 050. 00	42	¥170, 100. 00

图 4.4.15 数据高级筛选结果

如果要将筛选结果显示在 A63 位置，可选中“将筛选结果复制到其他位置”单选按钮，如图 4.4.16 所示。

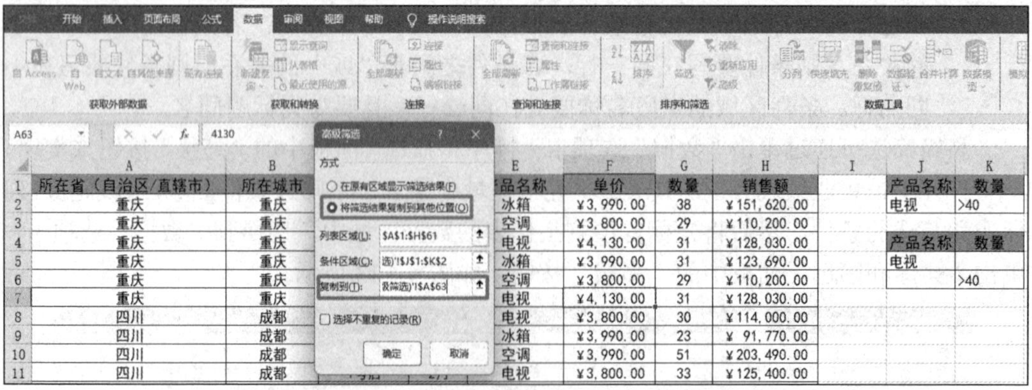

图 4.4.16 设置筛选结果复制到其他位置

筛选结果如图 4.4.17 所示。

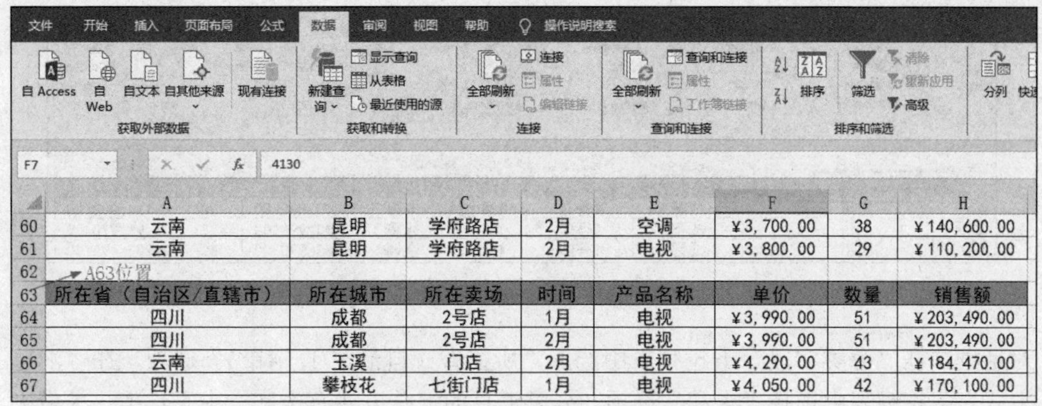

图 4.4.17 筛选结果复制到其他位置效果

四、分类汇总

因为分类汇总对数据的结构及内容本身有较高的要求，所以在分类汇总之前应该先整理数据，操作基本原则包括以下几个方面。

- 分类原则。需要分类处理的项目必须单开一列，并设置字段列的名称。
- 数据原则。凡是需要汇总的列，其表格数据区域内都不允许存在空白单元格，否则将在分类过程中出现遗漏。
- 格式原则。表格数据区域中每列数据的格式应该统一，否则将影响统计结果。
- 操作原则。先分类（按照关键字排序），再汇总。

分类汇总操作是通过单击“数据”选项卡“分级显示”面板中的“分类汇总”按钮来实现的，如图 4.4.18 所示。

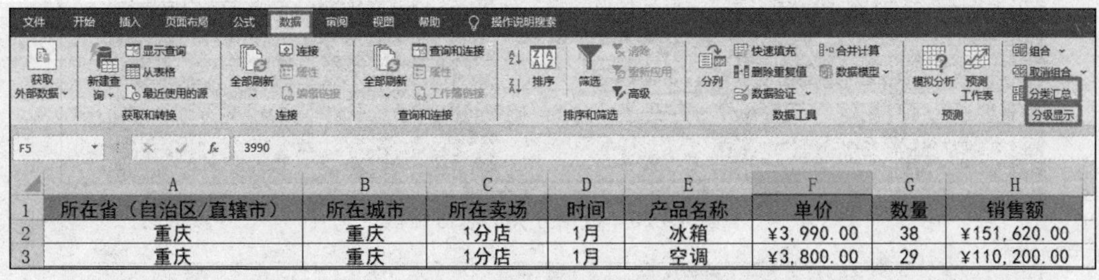

图 4.4.18 数据分类汇总

1. 简单分类汇总

简单分类汇总用于对数据清单中的某一列排序，然后进行分类汇总。以“销售业绩表”工作表为例，进行简单分类汇总的方法如下。

打开“销售业绩表.xlsx”工作簿，将光标定位到“所在省（自治区/直辖市）”列中，切换到“数据”选项卡，单击“排序和筛选”面板中的“升序”按钮，将该列按升序排序，如图 4.4.19 所示。

单击“数据”选项卡“分级显示”面板中的“分类汇总”按钮，弹出“分类汇总”

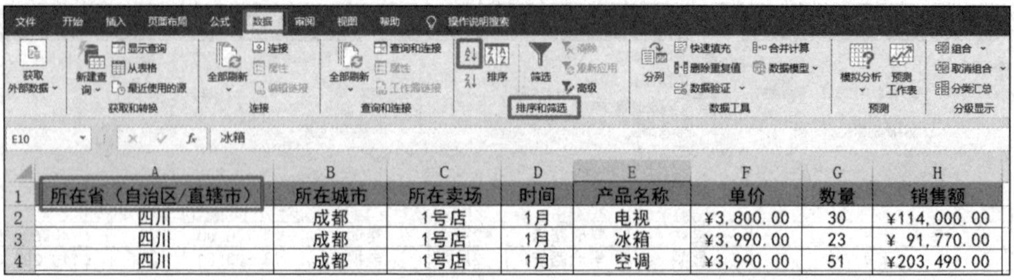

图 4.4.19　数据排序

对话框，在“分类字段”下拉列表中选择“所在省（自治区/直辖市）”选项，在“汇总方式”下拉列表中选择“求和”选项（分类汇总的汇总方式有求和、求平均值、求最大值、求最小值、计数等），在“选定汇总项”列表框中选中“数量”复选框，完成后单击“确定”按钮即可（“替换当前分类汇总”和“汇总结果显示在数据下放”复选框默认为选中状态），如图 4.4.20 所示。

返回工作表，即可看到表中数据按照前面的设置进行了分类汇总，并分组显示分类汇总的数据信息，如图 4.4.21 所示。

图 4.4.20　数据分类汇总对话框

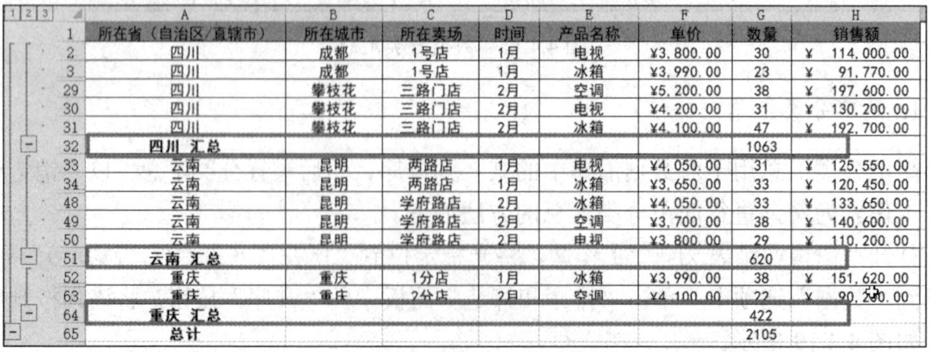

图 4.4.21　数据分类汇总结果

2. 高级分类汇总

高级分类汇总主要用于对数据清单中的某一列进行两种方式的汇总。相对于简单分类汇总而言，其汇总的结果更加清晰，更便于用户分析数据信息。

在“销售业绩表.xlsx”工作簿中，在“分类汇总”对话框“分类字段”下拉列表中选择“所在省（自治区/直辖市）”选项，在“汇总方式”下拉列表中选择“求和”选项，在“选定汇总项”列表框中选中“数量”复选框，完成数据汇总后返回工作表。

将光标定位到数据区域中，再次执行“分类汇总”命令，弹出“分类汇总”对话框，在“分类字段”下拉列表中选择“所在省（自治区/直辖市）”字段，在“汇总方式”下拉列表中选择“最大值”选项，在“选定汇总项”列表框中选中“数量”复选框，然后取消选中“替换当前分类汇总”复选框，设置完成后单击“确定”按钮即可，如图 4.4.22 所示。

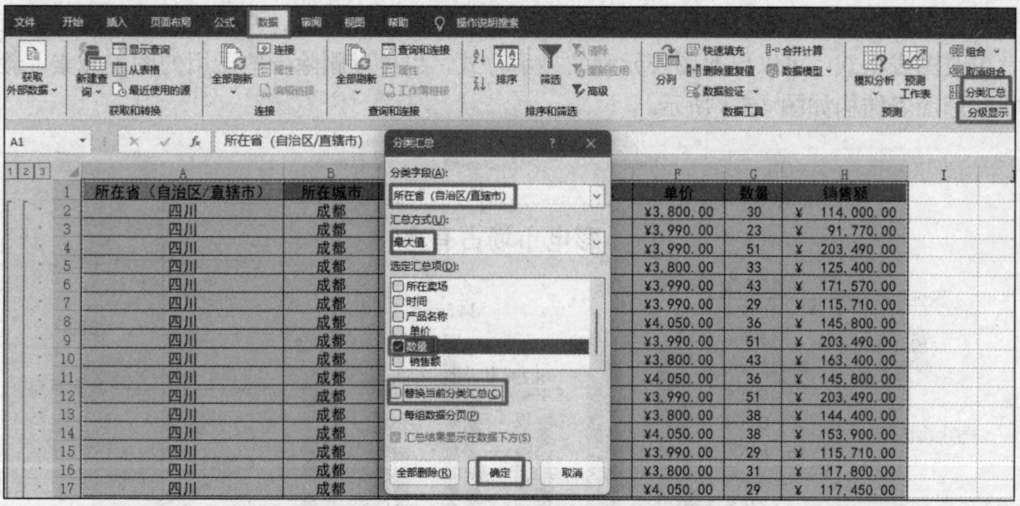

图 4.4.22　数据高级分类汇总设置

返回工作表，即可看到表中数据按照前面的设置进行了分类汇总，并分组显示分类汇总的数据信息，如图 4.4.23 所示。

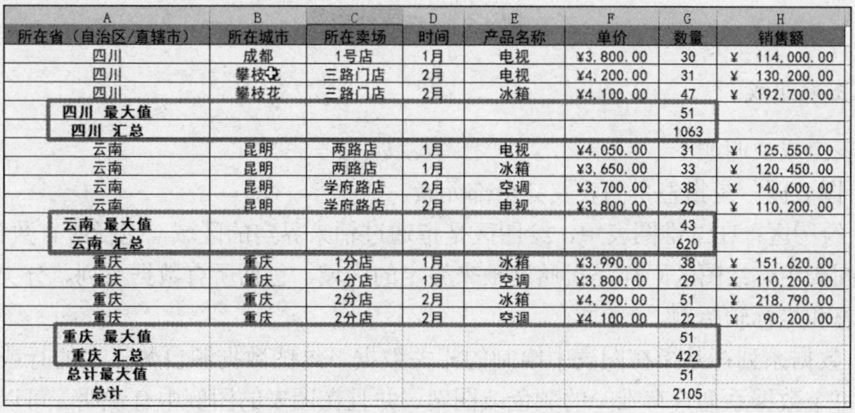

所在省（自治区/直辖市）	所在城市	所在卖场	时间	产品名称	单价	数量	销售额
四川	成都	1号店	1月	电视	¥3,800.00	30	¥ 114,000.00
四川	攀枝花	三路门店	2月	电视	¥4,200.00	31	¥ 130,200.00
四川	攀枝花	三路门店	2月	冰箱	¥4,100.00	47	¥ 192,700.00
四川 最大值						51	
四川 汇总						1063	
云南	昆明	两路店	1月	电视	¥4,050.00	31	¥ 125,550.00
云南	昆明	两路店	1月	冰箱	¥3,650.00	33	¥ 120,450.00
云南	昆明	学府路店	2月	空调	¥3,700.00	38	¥ 140,600.00
云南	昆明	学府路店	2月	电视	¥3,800.00	29	¥ 110,200.00
云南 最大值						43	
云南 汇总						620	
重庆	重庆	1分店	1月	冰箱	¥3,990.00	38	¥ 151,620.00
重庆	重庆	1分店	1月	空调	¥3,800.00	29	¥ 110,200.00
重庆	重庆	2分店	2月	冰箱	¥4,290.00	51	¥ 218,790.00
重庆	重庆	2分店	2月	空调	¥4,100.00	22	¥ 90,200.00
重庆 最大值						51	
重庆 汇总						422	
总计最大值						51	
总计						2105	

图 4.4.23　数据高级分类汇总结果

任务五 创建图表与数据透视表

一、图表

Excel 2016 中共有 15 种类型的图表。创建图表或更改现有图表时，可以从各种图表类型（如柱形图或饼图）及其子类型（如三维图表中的堆积柱形图或饼图）中进行选择，也可以使用多种图表类型来创建组合图。

图表包含许多元素。在默认情况下，图表会显示其中一部分元素，而对于其他元素，可以根据需要添加。通过将图表元素移动到图表中的其他位置、调整图表元素的大小或者更改图表格式，可以更改图表元素的显示方式，也可以删除一些无用的图表元素。簇状柱形图表结构如图 4.5.1 所示。

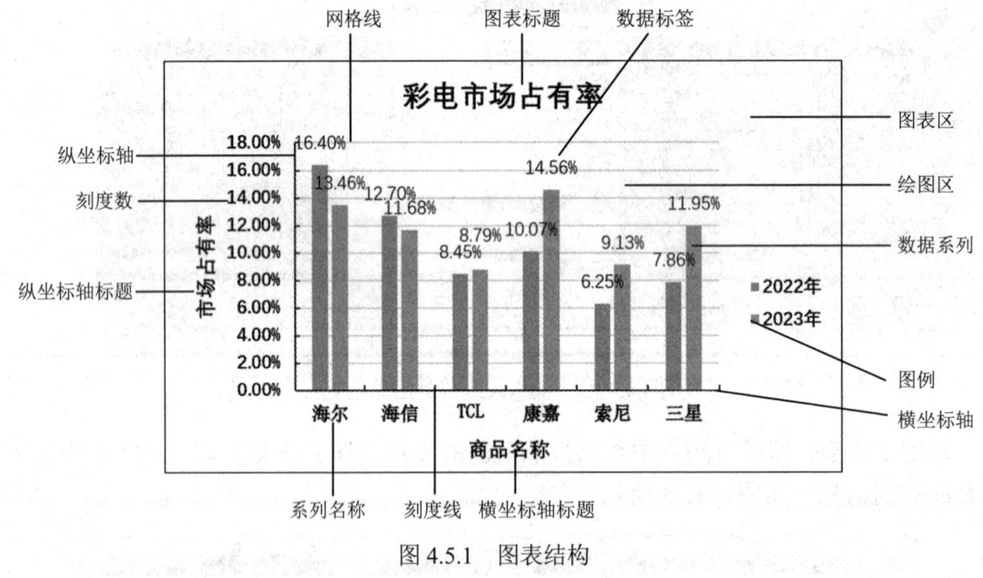

图 4.5.1 图表结构

1. 图表组成

图表组成说明如下。

1）图表区：是指整个图表及其全部元素。

2）绘图区：在二维图表中，绘图区是指通过轴来界定的区域，包括所有数据系列；在三维图表中，绘图区同样是指通过轴来界定的区域，包括所有数据系列、分类名、刻度线标志和坐标轴标题。

3）数据系列：是指在图表中绘制的相关数据，这些数据源自数据表的行或列。图表中的每个数据系列具有唯一的颜色或图案，并且在图表的图例中有说明。可以在图表中绘制一个或多个数据系列。

4）图例：用于标识图表中的数据系列或分类指定的图案或颜色。

5）坐标轴：横（分类）坐标轴和纵（值）坐标轴，是界定图表绘图区的线条，是用于度量的参照框架。y 轴通常为垂直坐标轴并包含数据。x 轴通常为水平坐标轴并包含分类。数据沿着横坐标轴和纵坐标轴分布在图表中。

6）坐标轴标题：横坐标轴标题和纵坐标轴标题，用于指明图表横纵坐标轴名称。

7）刻度线：能够更准确地判断数据点在图表中的位置。

8）系列名称：是说明性文本，显示相关数据系列名称。

9）刻度数：是对应刻度线所表示的数字。

10）网格线：分为主要（水平、垂直）和次要（水平、垂直）网格线，提供主要刻度数参考。

11）图表标题：是说明性的文本，可以自动与坐标轴对齐或在图表顶部居中。

12）数据标签：可以用来标识数据系列中数据的详细信息或单个数据点或值。

2. 图表创建

单击“插入”选项卡“图表”面板中的“柱形图”下拉按钮，在弹出的下拉列表中选择“簇状柱形图”，如图 4.5.2 所示，此时工作表中显示图表。

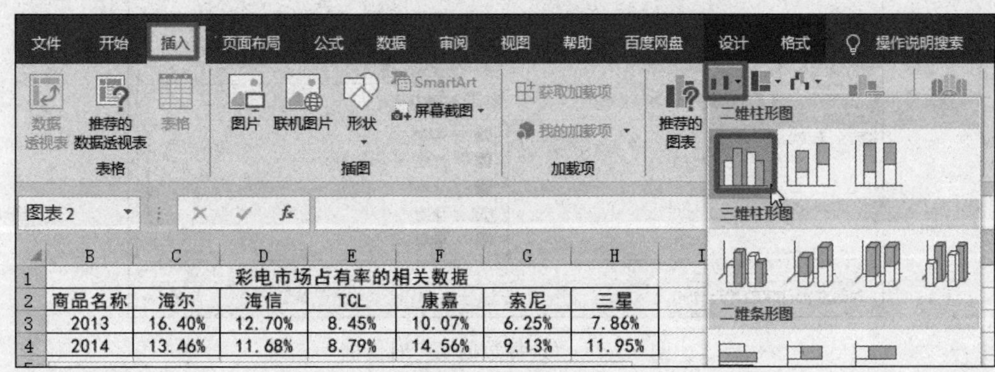

图 4.5.2　图表创建

3. 图表编辑与设置

（1）添加数据系列

打开“彩电市场占有率.xlsx”工作簿。选中图表后切换到“图表工具/设计”选项卡，然后单击“数据”面板中的“选择数据”按钮，如图 4.5.3 所示。

在弹出的“选择数据源”对话框中单击“添加”按钮，如图 4.5.4 所示。

在弹出的“编辑数据系列”对话框中，将光标定位到“系列名称”文本框，用鼠标选择 B4 单元格，然后将光标定位到“系列值”文本框，删除默认的文本“={1}”，用鼠标选择一行或一列数据，此处选择 C4:H4，完成后单击“确定”按钮，如图 4.5.5 所示。

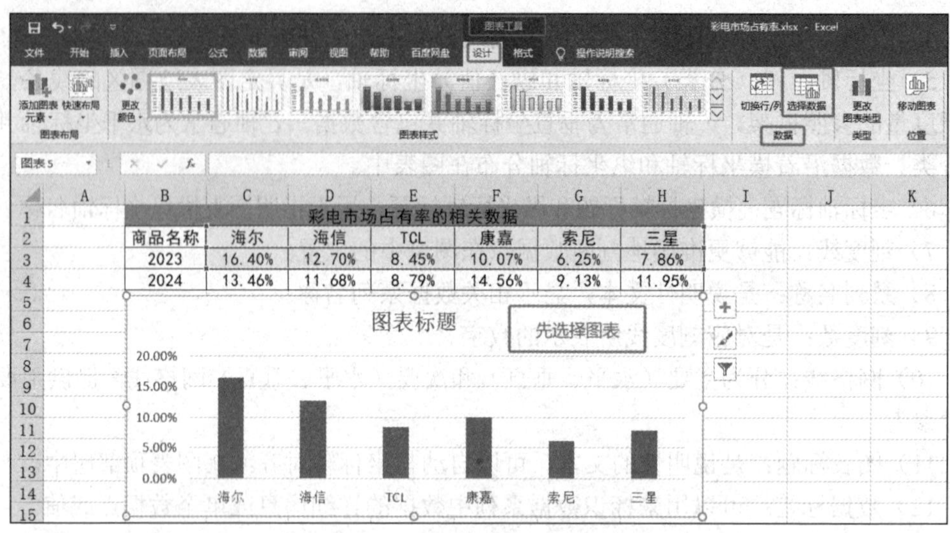

图 4.5.3　图表添加数据系列

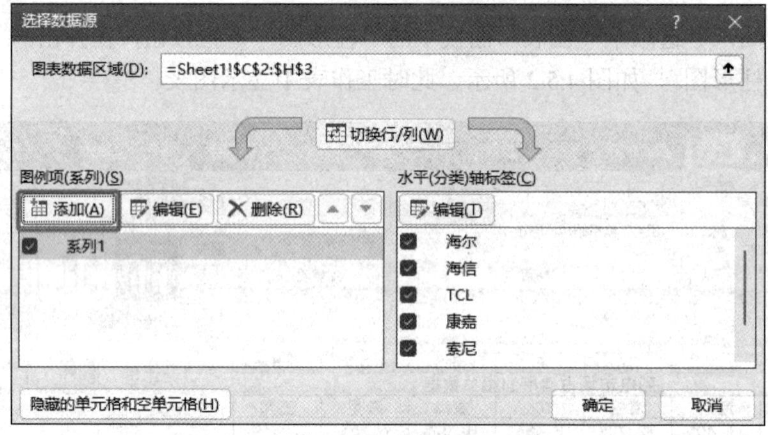

图 4.5.4　“选择数据源”对话框

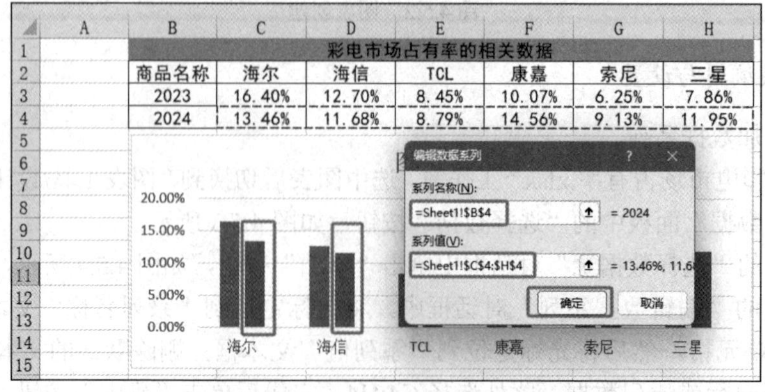

图 4.5.5　“编辑数据系列”对话框

返回“选择数据源”对话框，可以看到系列名为“2024”的系列已经添加，单击“确定”按钮，如图 4.5.6 所示。

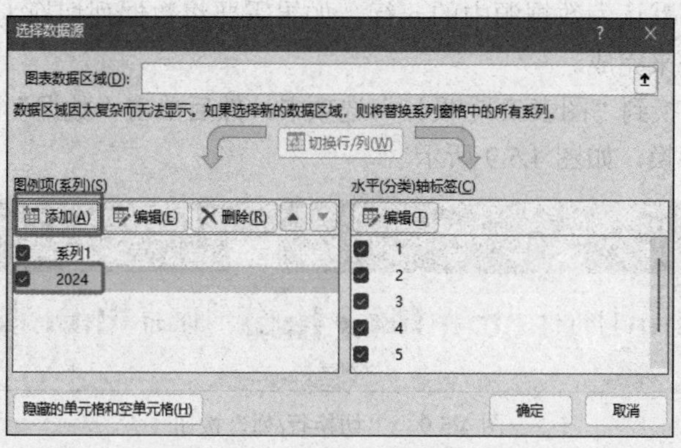

图 4.5.6　数据源添加数据系列效果

添加数据系列之后的图表效果如图 4.5.7 所示。

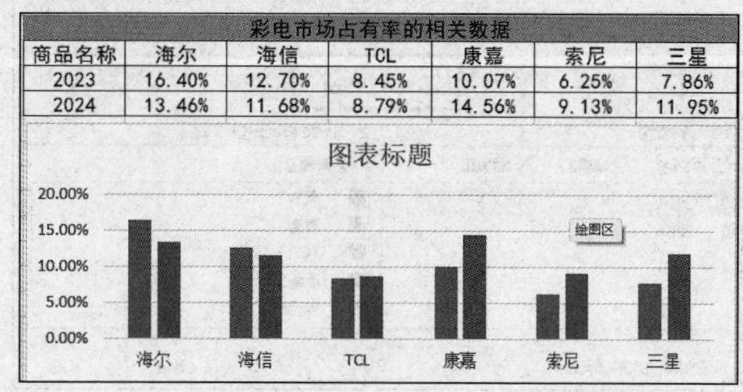

彩电市场占有率的相关数据						
商品名称	海尔	海信	TCL	康嘉	索尼	三星
2023	16.40%	12.70%	8.45%	10.07%	6.25%	7.86%
2024	13.46%	11.68%	8.79%	14.56%	9.13%	11.95%

图 4.5.7　图表添加数据系列效果

（2）删除数据系列

如果不再需要已经添加的数据系列，可以通过以下方法删除。在图表中选择需要删除的数据系列，然后按 Delete 键，即可直接删除数据系列。或在“选择数据源”对话框中，在“图例项(系列)”列表中选择一个系列，然后单击“删除”按钮，即可删除数据系列，如图 4.5.8 所示。

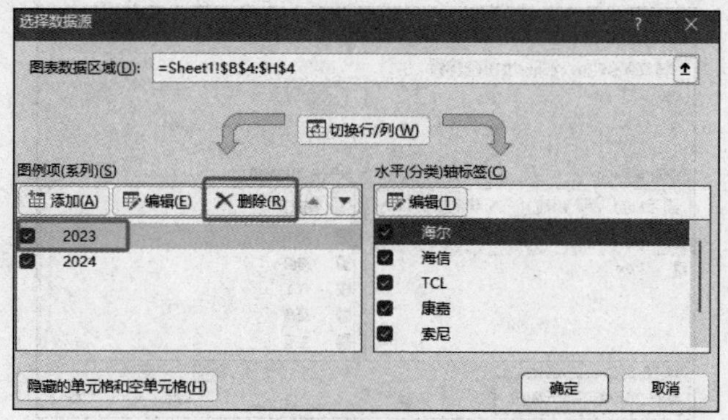

图 4.5.8　删除数据系列

（3）切换行和列

图表的数据列默认为数据源中的一行，如果需要将数据列切换为数据源中的一列，可以通过以下方法来完成。

选中图表，切换到“图表工具/设计”选项卡，然后单击“数据”面板中的“切换行/列”按钮，即可切换，如图 4.5.9 所示。

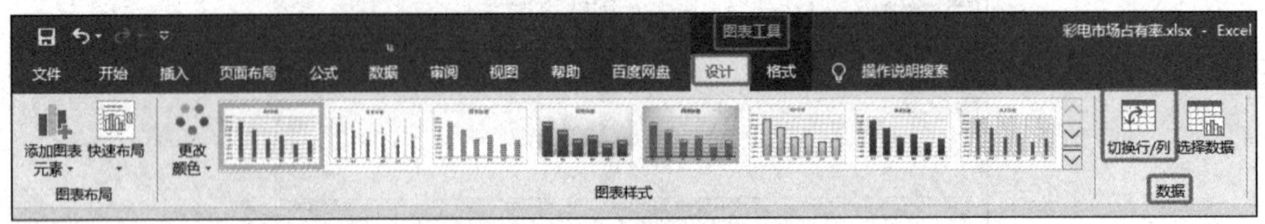

图 4.5.9 “切换行/列”按钮

打开“选择数据源”对话框，单击“切换行/列”按钮，即可切换，如图 4.5.10 所示。

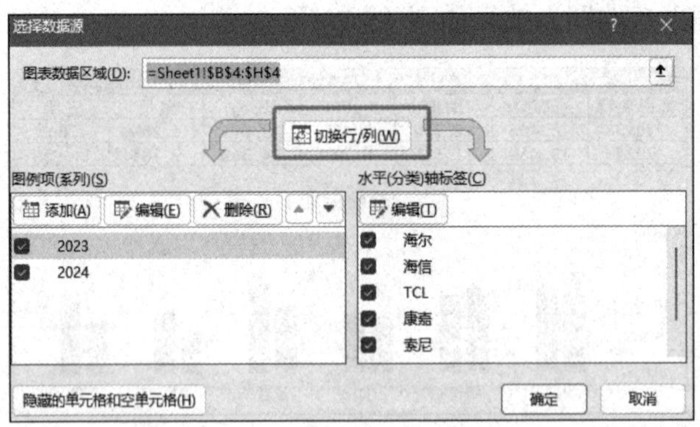

图 4.5.10 在“选择数据源”对话框中切换行和列

（4）显示和隐藏行列中的图表

如果图表中的某行或列的数据被隐藏，那么图表中也会同时隐藏行与列的数据系列。如果要显示处于隐藏状态的行列数据，可以通过以下方法实现。

选中图表后单击“图表工具/设计”选项卡“数据”面板中的“选择数据”按钮，打开“选择数据源”对话框，单击“隐藏的单元格和空单元格”按钮，如图 4.5.11 所示。

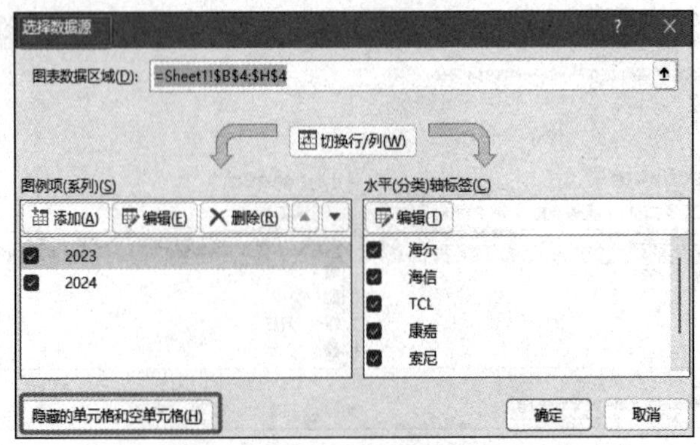

图 4.5.11 图表显示/隐藏行列设置

打开“隐藏和空单元格设置”对话框，选中“显示隐藏行列中的数据”复选框，然后单击“确定”按钮，如图 4.5.12 所示。

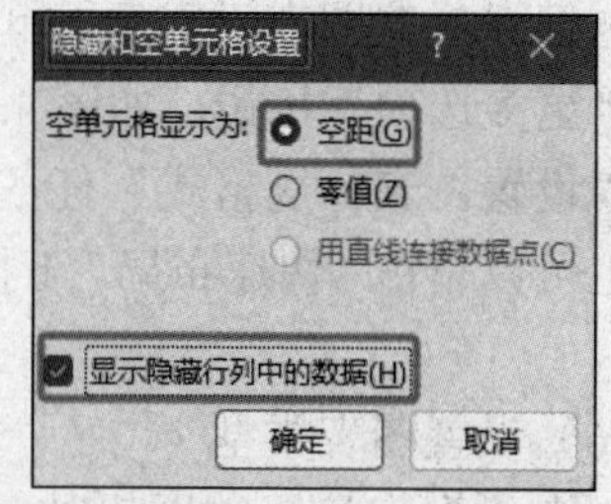

图 4.5.12 “隐藏和空单元格设置”对话框

（5）更改图表布局

新建图表的显示效果不一定满足用户要求，这时，可以根据需要对图表进行修改，主要包括图表布局、图表类型、位置、大小、图表的数据源和外观效果等。

图表布局用来确定是否显示图表的组成部分及显示位置。选中图表，功能区出现“图表工具/设计”选项卡，利用“图表布局”面板中的命令按钮进行修改。单击“添加图表元素”下拉按钮，在弹出的下拉列表中选择要添加的内容，如坐标轴、坐标轴标题、图表标题、数据标签、数据表、误差线、网格线、图例、线条、趋势线等，如图 4.5.13 所示。

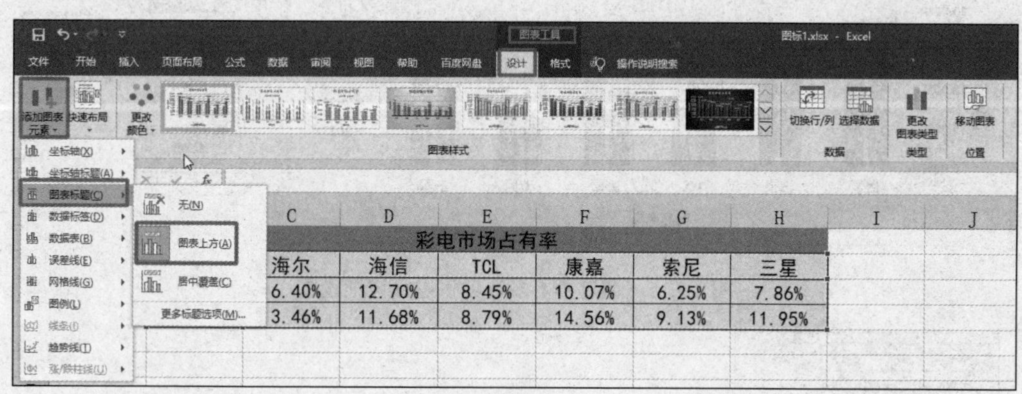

图 4.5.13 通过“图表布局”面板添加图表元素

添加图表元素也可以直接选择图表，然后单击“图表元素”按钮，选择对应的内容，如图 4.5.14 所示。

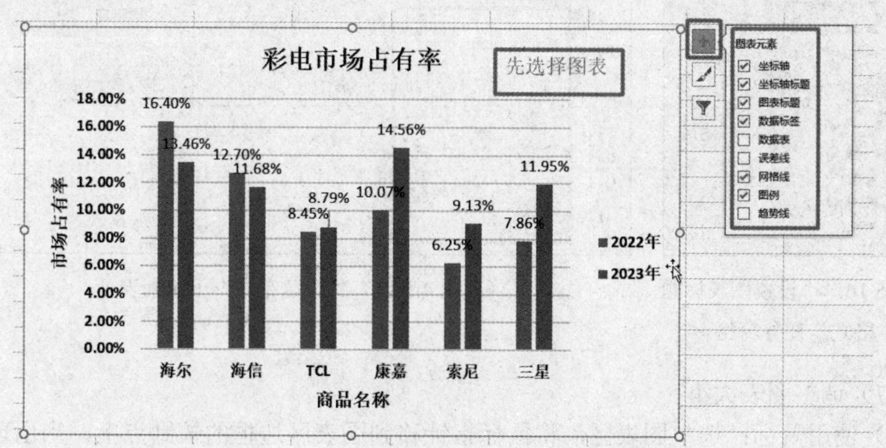

图 4.5.14 利用“图表元素”按钮添加图表元素

选择对应的图表元素后，单击右侧显示三角展开按钮，弹出相关设置选项，最下面有个“更多选项”按钮，如图 4.5.15 所示，单击“更多选项”按钮，工作表右侧弹出相应的“设置图表标题格式”任务窗格，用户根据情况进行详细设置，如图 4.5.16 所示。

也可以单击“快速布局”下拉按钮，在弹出的下拉列表中选择一种样式，如图 4.5.17 所示。

（6）设置图表类型

图表类型直接影响图表的美观和内容的表达，用户可以根据需要随时调整图表类型。选中图表区，选择“图表工具/设计”选项卡，单击“类型”面板中的“更改图表类型”按钮，打开“更改图表类型”对话框，在该对话框中选择所需类型，单击“确定”按钮即可。

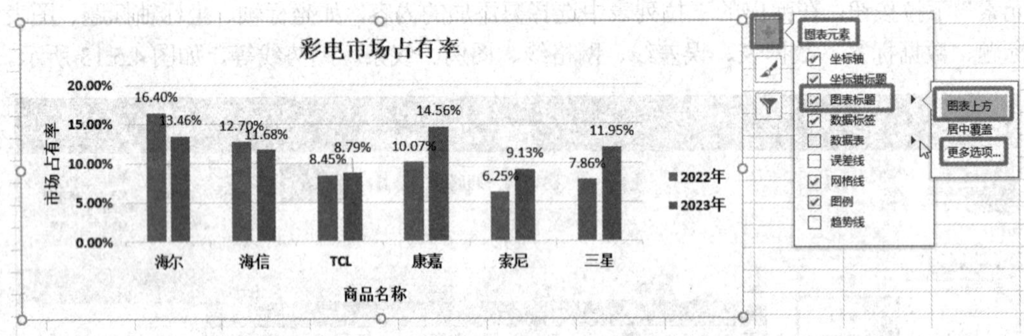

图 4.5.15　通过“更多选项”进行详细设置

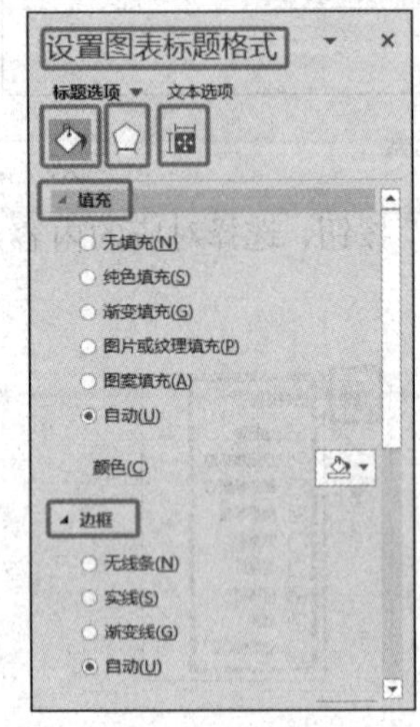

图 4.5.16　“设置图表标题格式”任务窗格

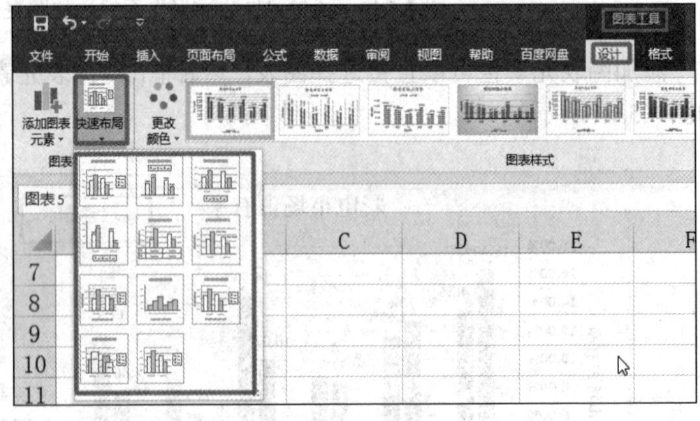

图 4.5.17　“快速布局”下拉列表

（7）调整图表大小

1）使用鼠标：选中图表区，将鼠标指针移到图表区边框的控制点上，当出现双向箭头形状时，拖动鼠标实现动态调整，如图 4.5.18 所示。

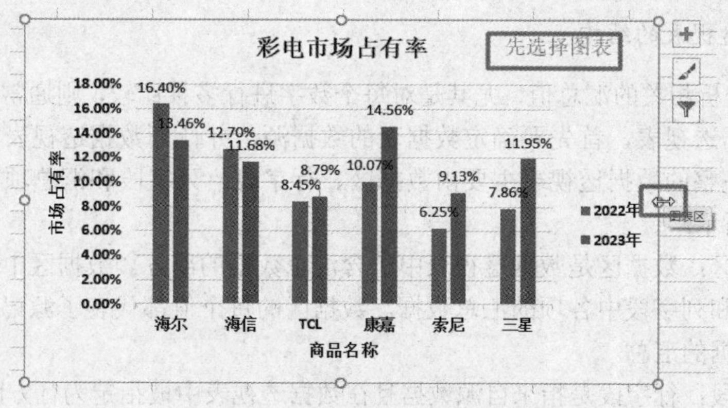

图 4.5.18 手动调整图表大小

2）使用对话框精确设置：选中图表区，选择“图表工具/格式”选项卡，直接在“大小”面板中的“高度”和“宽度”微调框中输入具体尺寸，如图 4.5.19 所示。

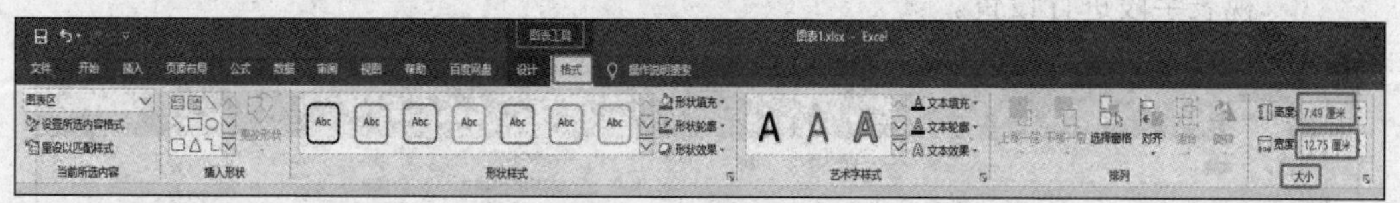

图 4.5.19 通过“高度”“宽度”微调框调整图表大小

单击“大小”面板右下角的“对话框启动器”按钮，在弹出的“设置图表区格式”任务窗格中进行精确的尺寸设置，使用任务窗格进行尺寸调整时，选中“锁定纵横比”复选框，只需修改“高度”或“宽度”其中一项值即可，如图 4.5.20 所示。

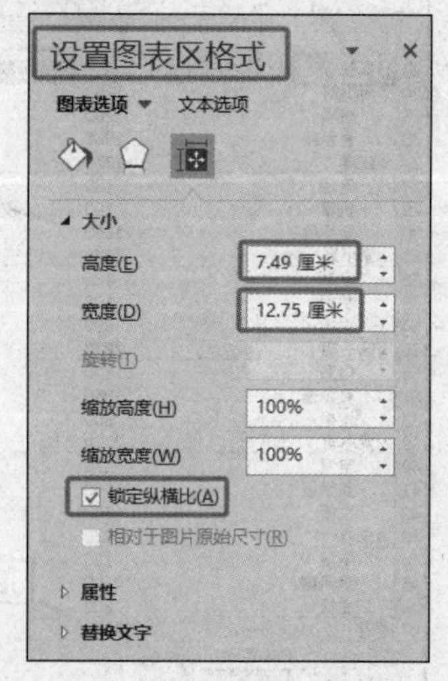

图 4.5.20 “设置图表区格式”任务窗格

二、数据透视表

1. 数据透视表的用途

数据透视表是一种可以快速汇总大量数据的交互式表格。使用数据透视表可以深入分析数值数据，并且可以回答一些预计不到的数据问题。数据透视表主要有以下用途。

- 以多种友好方式供用户查询大量数据。
- 对数值数据进行分类汇总和聚合，按分类和子分类对数据进行汇总，创建计算公式。
- 展开或折叠要关注结果的数据级别，查看感兴趣区域摘要数据的明细。
- 对关注的数据子集进行筛选、排序、分组和有条件地设置格式，关注所需的信息。
- 提供简明、有吸引力且带有批注的联机报表或打印报表。

2. 数据透视表的结构

如果要分析相关的汇总值，尤其是对每个数字进行多种比较，则通常使用数据透视表。创建数据透视表，首先要确定数据表的数据源，并计划数据透视表的结构与组成部分。一个完整的数据透视表主要由数据区、行字段、列字段和汇总项等部分组成，如图 4.5.21 所示。

- 数据区：数据区是数据透视表中包含汇总数据的部分。数据区中的单元格显示了行和列字段中各项的汇总数据。数据区的每个值都代表了源记录或行中的一项数据的汇总。
- 行字段：行字段是指来自源数据且在数据透视表中被指定为行方向的字段。
- 列字段：列字段是指数据透视表中被指定为列方向的字段。
- 汇总项：数据透视表中对一行或一列单元格的分类汇总。
- “数据透视表字段”任务窗格：在“数据透视表字段”任务窗格中可以对数据透视表字段进行设置。

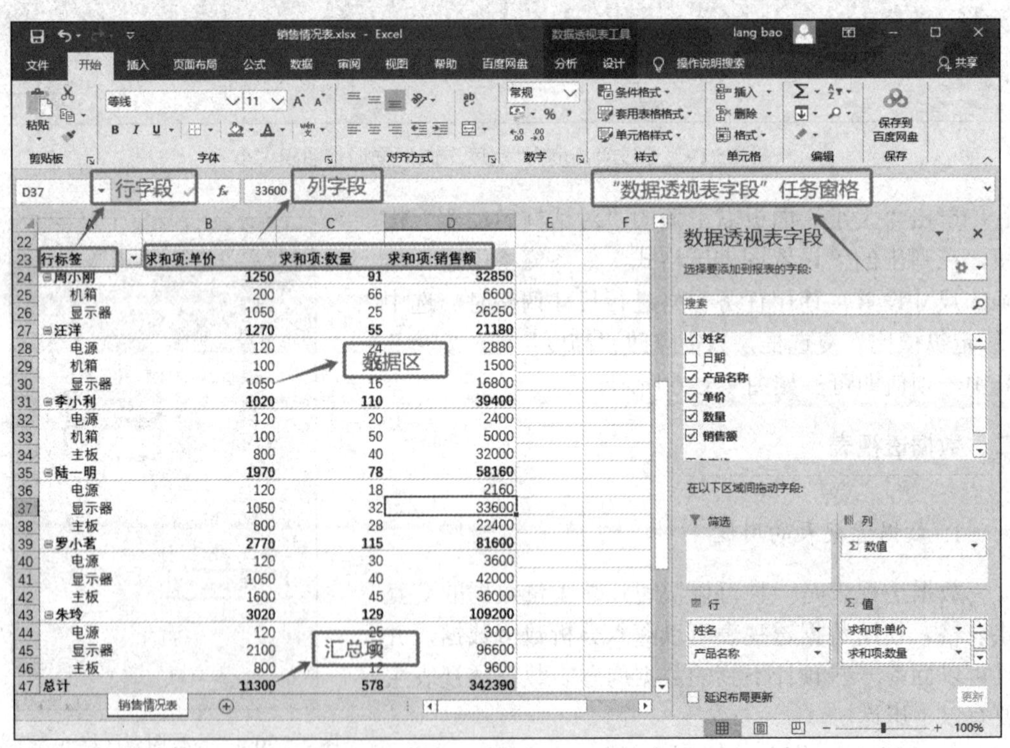

图 4.5.21　数据透视表的组成

3. 数据透视表对数据的要求

在创建数据透视表时，可以使用以下 5 种类型的数据源。

1）Excel 2016 数据列表：如果是以 Excel 2016 数据列表作为数据源，则标题行不能有空白单元格或者合并的单元格，否则不能生成数据透视表，出现错误提示。可以使用多个独立的 Excel 2016 数据列表创建数据透视表，在创建数据透视表的过程中，可以将各个独立表格中的数据信息汇总到一起。

2）外部数据源：可以使用文本文件、Microsoft SQL Server 数据库、Microsoft Office Access 数据库、dBASE 数据库及 Microsoft OLAP 多维数据集等创建数据透视表。

3）其他的数据透视表：其他已创建的数据透视表也可以作为数据源来创建另一个数据透视表。

4. 数据透视表的创建

创建数据透视表的方法如下。

选中要作为数据透视表数据源的单元格区域，单击“插入”选项卡“表格”面板中的“数据透视表”按钮，如图 4.5.22 所示。

	A	B	C	D	E	F
1	姓名	日期	产品名称	单价	数量	销售额
2	朱玲	2015/12/1	显示器	¥1,050.00	50	¥52,500.00
3	周小刚	2015/12/1	显示器	¥1,050.00	25	¥26,250.00
4	罗小茗	2015/12/1	主板	¥800.00	30	¥24,000.00
5	罗小茗	2015/12/1	显示器	¥1,050.00	40	¥42,000.00
6	朱玲	2015/12/1	主板	¥800.00	12	¥9,600.00
7	周小刚	2015/12/1	机箱	¥100.00	32	¥3,200.00

图 4.5.22 创建数据透视表

弹出“创建数据透视表”对话框，此时在“请选择要分析的数据”栏中系统将自动选中“选择一个表或区域”单选按钮，且在“表/区域”参数框中自动选中相应的单元格区域，在“选择放置数据透视表的位置”栏选中“现有工作表”单选按钮，在“位置”文本框中用户可以根据数据源的情况任选一个空位置单击即可，其他保持默认设置，完成后单击“确定”按钮，如图 4.5.23 所示。

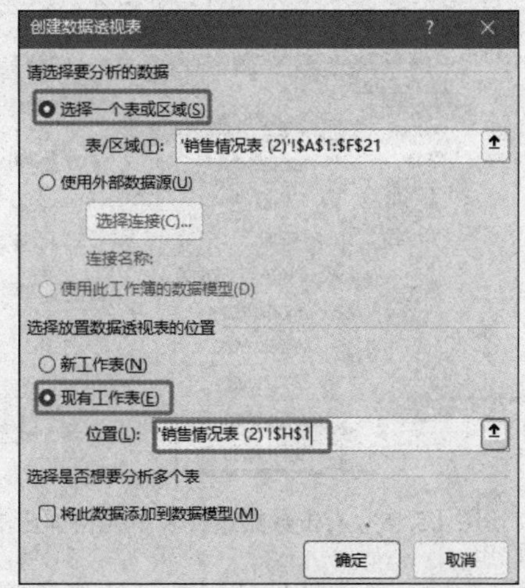

图 4.5.23 “创建数据透视表”对话框

此时系统将自动在当前工作表中创建一个空白数据透视表，并打开“数据透视表字段”任务窗格，在“数据透视表字段”任务窗格的“选择要添加到报表的字段”列表框中选中相应字段对应的复选框，按要求用鼠标把相应字段拖到对应的“在以下区域间拖动字段”各选项中，即可创建带有数据的数据透视表，如图 4.5.24 所示。

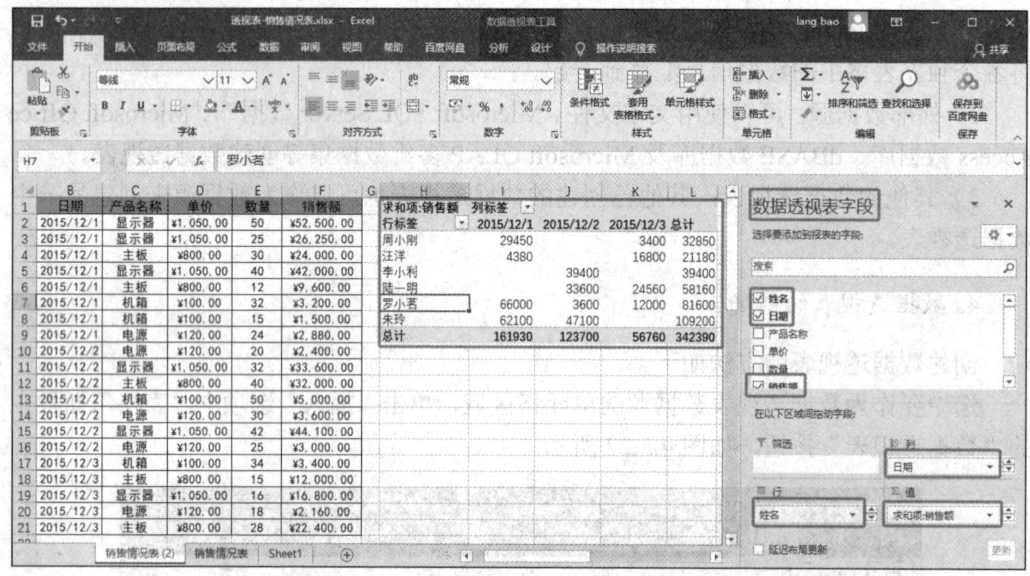

图 4.5.24　创建数据透视表效果

5. 编辑数据透视表

（1）打开和关闭“数据透视表字段”任务窗格

打开“数据透视表字段”任务窗格的操作方法有以下几种方式。

1）在数据透视表的任意单元格中右击，在弹出的快捷菜单中选择“显示字段列表”命令，如图 4.5.25 所示，即可打开“数据透视表字段”任务窗格，如图 4.5.26 所示。

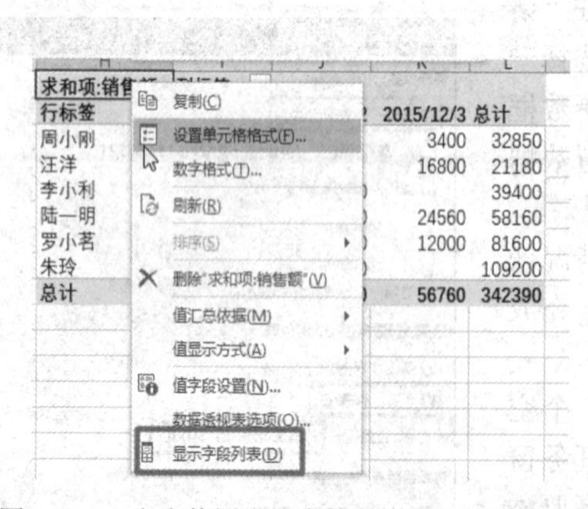

图 4.5.25　右击数据透视表单元格弹出的快捷菜单

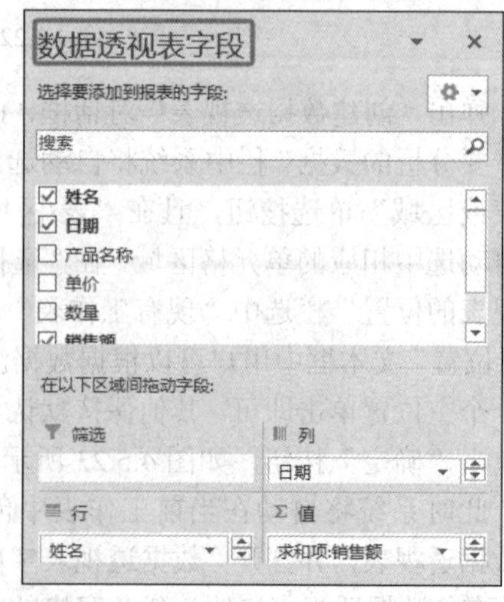

图 4.5.26　“数据透视表字段”任务窗格

2）单击数据透视表中的任意单元格，然后单击“数据透视表工具/分析”选项卡“显示”面板中的“字段列表”按钮，如图 4.5.27 所示，即可打开“数据透视表字段”任务窗格。

图 4.5.27　“显示”面板中的“字段列表”按钮

“数据透视表字段”任务窗格一旦被调出，只要单击数据透视表中的任意单元格，即可显示。

如果要关闭“数据透视表字段”任务窗格，只需单击“数据透视表字段”任务窗格中的“关闭”按钮即可。

（2）在“数据透视表字段”任务窗格中显示更多字段

当用户使用超大表格作为数据源创建数据透视表时，创建完成数据透视表后，很多字段在“选择要添加到报表的字段”列表框内将无法显示，只能靠拖动滚动条来选择需要添加的字段，从而影响创建报表的速度。

此时，用户可以通过更改“选择要添加到报表的字段”列表框的排列方式，增加显示的字段数量。操作方法是：单击“选择要添加到报表的字段”列表框右侧的“工具”下拉按钮，在打开的下拉菜单中选择“字段节和区域节并排”命令，如图 4.5.28 所示，即可展开“选择要添加到报表的字段”列表框中的所有字段，如图 4.5.29 所示。

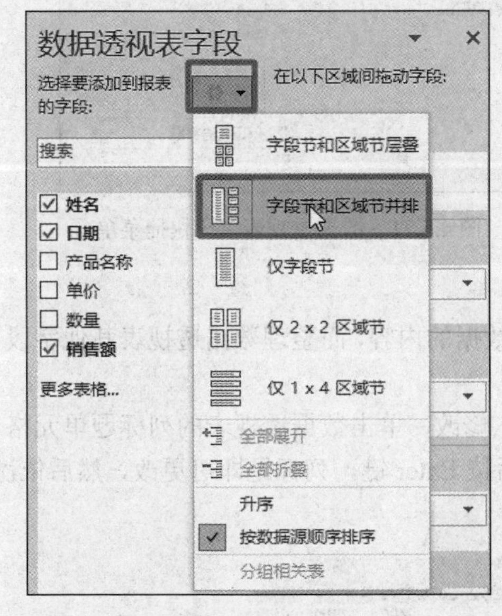

图 4.5.28　“选择要添加到报表的字段”下拉菜单

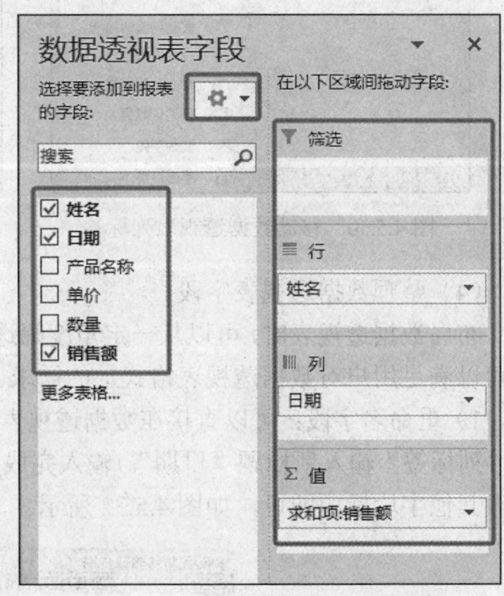

图 4.5.29　字段节和区域节并排效果

（3）更改数据透视表布局

布局数据透视表的方法很简单，只需要在“数据透视表字段”任务窗格字段列表框中选中需要的字段名称对应的复选框，将这些字段放置在数据透视表的默认区域中。如果要调整数据透视表的区域，可以通过以下方法来进行。

1）通过拖动鼠标来调整：在“数据透视表字段”任务窗格中，直接通过鼠标将需要调整的字段名称拖动到相应的列表框中，即可更改数据透视表的布局。

2）通过菜单进行调整：在“数据透视表字段”任务窗格下方的四个列表框中，选择需要调整的字段名称按钮，在弹出的下拉菜单中选择需要移动到其他区域的选项，如“移动到行标签”“移动到列标签”等，即可在不同的区域之间移动字段，如图 4.5.30 所示。

3）通过快捷菜单进行调整：在“数据透视表字段”任务窗格的字段列表框中，右击需要调整的字段名称，在弹出的快捷菜单中选择“添加到行标签”“添加到列标签”等命令即可将该字段的数据在数据透视表的某个特定区域中显示，如图 4.5.31 所示。

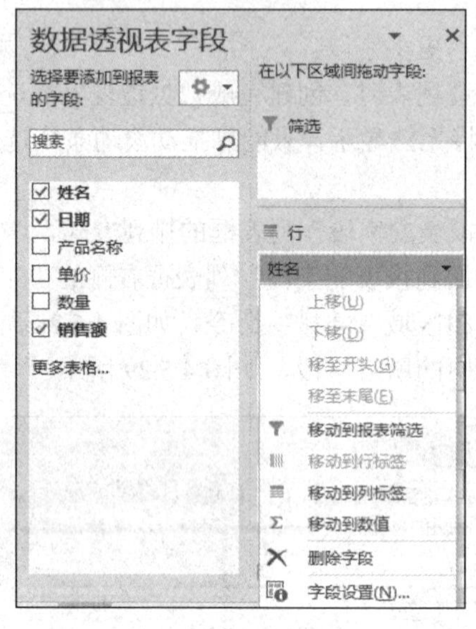

图 4.5.30　移动数据透视表列标签

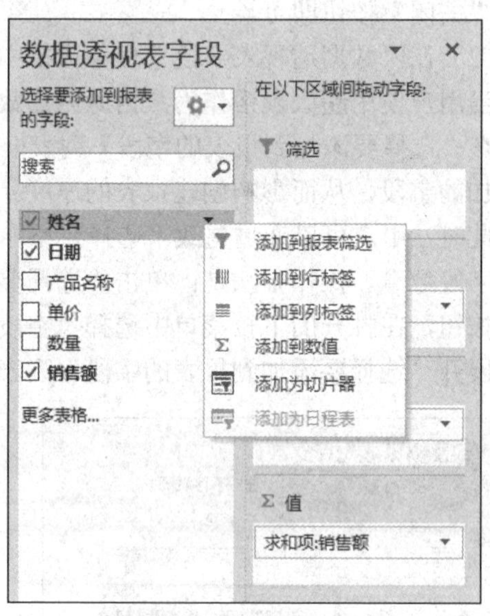

图 4.5.31　数据透视表字段快捷菜单

（4）整理数据透视表字段

布局数据透视表时，可以从一定角度筛选数据的内容，而整理数据透视表其他字段，则可以满足用户对数据透视表格式上的需求。

1）重命名字段：可以直接在数据透视表上修改，单击数据透视表的列标题单元格，如“列标签”输入新标题“日期”。输入完成后按 Enter 键，列标题即可更改，然后依次更改其他字段标题即可，如图 4.5.32 所示。

求和项:销售额	日期			
姓名	2015/12/1	2015/12/2	2015/12/3	总计
周小刚	29450		3400	32850
汪洋	4380		16800	21180
李小利		39400		39400
陆一明		33600	24560	58160
罗小茗	66000	3600	12000	81600
朱玲	62100	47100		109200
总计	161930	123700	56760	342390

图 4.5.32　重命名数据透视表字段名称

2）删除字段：在“数据透视表字段”任务窗格中单击“行”标签区域中需要删除

的字段，在弹出的快捷菜单中选择“删除字段”命令，如图 4.5.33 所示。

在数据透视表中希望删除的字段上右击，在弹出的快捷菜单中选择“删除字段名”命令，如要删除“姓名”字段，则选择“删除‘姓名’”命令，如图 4.5.34 所示。

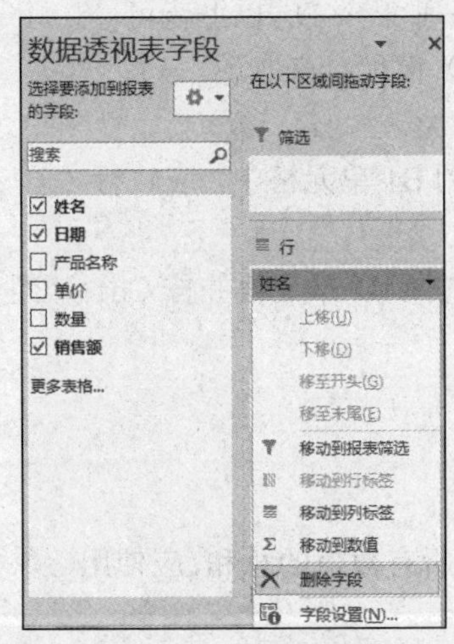

图 4.5.33　利用“数据透视表字段”任务窗格删除数据透视表字段

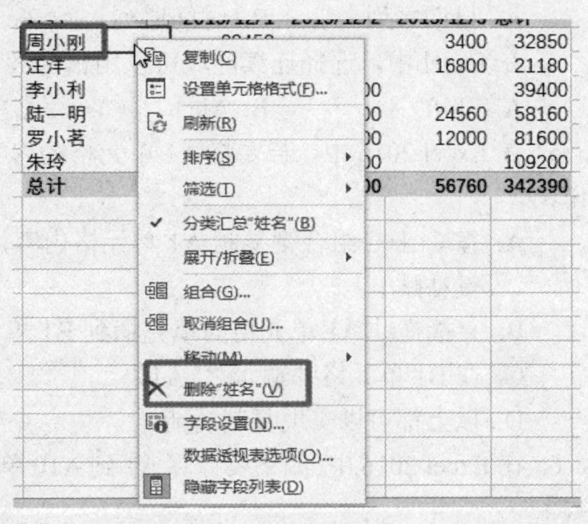

图 4.5.34　利用右击相应字段弹出的快捷菜单删除数据透视表字段

（5）删除数据透视表

如果需要删除整个数据透视表，可以先选择整个数据透视表，然后按 Delete 键即可删除。如果只是想删除数据透视表中的数据，可以单击“数据透视表工具/分析”选项卡“操作”面板中的“清除”按钮，在弹出的下拉菜单中选择“全部清除”命令，如图 4.5.35 所示，即可将数据透视表中的数据全部清除。

图 4.5.35　删除数据透视表中的数据

项目测试题

选择题

1. 在 Excel 中输入数组公式后，Excel 自动在公式的两边加上（　　）。

   A. 中括号[ ]　　　　B. 大括号{ }

   C. 全角状态下小括号（）　　　　D. 半角状态下小括号()

2. Excel 2016 工作簿的标准文件格式是（ ）。

A. *.xls　　B. *.mdb　　C. *.docx　　D. *.xlsx

3. 自动填充功能可以协助用户产生（ ）类型的数据序列。

A. 日期序列　　B. 时间序列　　C. 等差序列　　D. 以上皆可

4. 在 Excel 中，选择连续区域可以用鼠标和（ ）键配合来实现。

A. Shift　　B. Alt　　C. Ctrl　　D. F8

5. 在 Excel 2016 中，若要将 A1 单元格的内容复制到 B1 单元格中，应执行（ ）操作。

A. 按 Ctrl+C 组合键复制 A1 单元格内容，然后选择 B1 单元格并按 Ctrl+V 组合键粘贴

B. 直接拖动 A1 单元格的填充柄到 B1 单元格

C. 在 B1 单元格中输入“=A1”

D. 以上都可以实现复制功能

6. 在 Excel 2016 中，如果要计算 A1 到 A10 单元格中所有数值的总和，应使用（ ）函数。

A. AVERAGE(A1:A10)　　B. MAX(A1:A10)

C. MIN(A1:A10)　　D. SUM(A1:A10)

7. 在 Excel 2016 中，如何快速格式化整个工作表为表格样式？（ ）

A. 使用“开始”选项卡中的“套用表格格式”命令

B. 手动设置每个单元格的边框和填充颜色

C. 使用“视图”选项卡中的“页面布局”命令

D. 无法快速格式化整个工作表为表格样式

8. 在 Excel 2016 中，（ ）快捷键用于打开“查找和替换”对话框。

A. Ctrl+F　　B. Ctrl+H　　C. Ctrl+R　　D. Ctrl+Shift+F

9. 在 Excel 2016 中，如果要为单元格区域设置条件格式，应使用（ ）选项卡。

A.“开始”　　B.“插入”　　C.“页面布局”　　D.“数据”

10. 在 Excel 2016 中，（ ）功能可以帮助用户快速创建图表。

A. 图表向导　　B. 插入选项卡中的图表组

C. 数据分析工具包　　D. 宏录制器

11. 在 Excel 2016 中，（ ）选项不是“排序”对话框中的排序依据。

A. 数值　　B. 单元格颜色　　C. 字体颜色　　D. 行高

12. 在 Excel 2016 中，如果要筛选出符合特定条件的数据行，应使用（ ）功能。

A. 排序　　B. 筛选　　C. 条件格式　　D. 数据验证

13. 在 Excel 2016 中，（ ）快捷键用于保存工作簿。

A. Ctrl+O　　B. Ctrl+S　　C. Ctrl+N　　D. Ctrl+P

14. 在 Excel 2016 中，（ ）功能可以帮助用户创建数据透视表。

A. 插入选项卡中的“图表”　　B. 插入选项卡中的“数据透视表”

C.“开始”选项卡中的“格式”　　D.“数据”选项卡中的“排序”

15. 当用户想要在 Excel 2016 中保护工作簿不被他人编辑时，应使用（　　）功能。

A. 设置单元格格式　　B. 保护工作表

C. 保护工作簿　　D. 隐藏行或列

16. 在 Excel 2016 中，（　　）快捷键用于快速选择整个工作表。

A. Ctrl+A　　B. Ctrl+C　　C. Ctrl+V　　D. Ctrl+X

17. 若要在 Excel 2016 中查找特定值并替换为另一个值，应使用（　　）快捷键或功能。

A. Ctrl+F（然后切换到“替换”选项卡）

B. Ctrl+H

C. Ctrl+R

D. Ctrl+G

18. 在 Excel 2016 中，（　　）功能可以帮助用户快速分析数据的趋势和模式。

A. 条件格式　　B. 数据透视表　　C. 图表　　D. 排序和筛选

19. 若要在 Excel 2016 中合并多个单元格的内容到一个单元格中，应使用（　　）。

A. &符号　　B. @符号　　C. #符号　　D. ^符号

20. 在 Excel 2016 中，当用户想要将一列数据中的重复值删除，只保留唯一值时，应使用（　　）功能。

A. 删除重复项　　B. 数据验证　　C. 条件格式　　D. 高级筛选

演示文稿制作

PowerPoint 即 PPT，主要应用于演示文稿的创建，即幻灯片的制作，是信息化办公的重要组成部分。大家应熟练应用演示文稿，通过图片、音频、视频和动画等多媒体形式，将需要表达的内容直观、形象地展示出来；还可以把演讲的内容以提纲的形式展示，从而可以提高工作效率。本项目主要通过演示文稿的智能设计、动态设计、播放设置、母版的使用以及创意设计等内容对演示文稿进行系统学习。

学习目标

知识目标

- 熟悉 PowerPoint 2016 窗口界面、相关工具的功能以及制作流程。
- 熟练掌握幻灯片的创建、复制、删除、移动等基本操作。
- 熟练掌握在幻灯片中插入各类对象的方法。
- 掌握幻灯片母版、备注母版的编辑及应用方法。
- 掌握幻灯片切换动画、对象动画的设置方法及超链接的应用方法。

技能目标

- 会制作完整的演示文稿。
- 能应用母版对演示文稿进行批量操作。

思政与职业素养目标

- 理解演示文稿为演示而生的宗旨，理清设计思路，使设计的幻灯片结构清晰。
- 拓展创新精神，激发创新思维和批判性思维，增强文化自信。

任务一 演示文稿的智能设计

一、演示文稿的工作界面

启动 PowerPoint 2016 与启动 Word 2016 类似，单击“开始”按钮，打开“开始”菜单，选择“所有程序”→“Microsoft Office”→“Microsoft Office PowerPoint 2016”选项，打开如图 5.1.1 所示的 PowerPoint 2016 普通视图窗口。

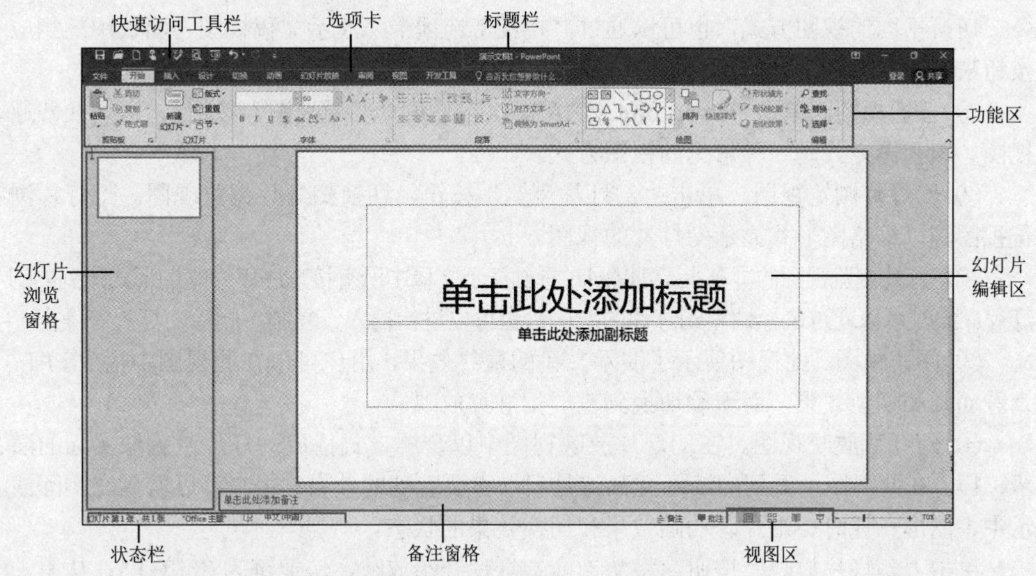

图 5.1.1　PowerPoint 2016 工作界面

PowerPoint 2016 窗口主要由幻灯片浏览窗格和幻灯片编辑区组成，其中幻灯片编辑区一般包含若干个占位符，可放置文字、图片、图表、多媒体元素等。此外 PowerPoint 2016 窗口还包括备注栏、状态栏、视图区。

1）功能区：功能区位于标题栏下方，由“文件”菜单、“开始”选项卡等组成，其功能和使用方法与 Word 和 Excel 界面中的功能区基本相同。

2）幻灯片浏览窗格：PowerPoint 2016 窗口左侧的幻灯片浏览窗格默认显示的是幻灯片窗格中每个完整幻灯片的缩略图。用户可以方便地遍历演示文稿，还可观看任何设计更改的效果。在这里可以对幻灯片进行添加、复制、移动或删除操作。

3）幻灯片编辑区：是编辑幻灯片内容的区域。可以为当前幻灯片添加文本，插入图片、表格、SmartArt 图形、图表、图形对象、视频、音频、超链接和动画效果等。

幻灯片编辑区中的虚线框称为占位符，绝大部分幻灯片中都有占位符。在占位符内可以放置标题、正文、图表、表格和图片等。对占位符可以进行移动、删除或调整大小等操作。

单击占位符边框，将选中该占位符。按 Delete 键将删除已选中的占位符。

4）备注窗格：在备注窗格中可以为当前幻灯片添加注释，并在放映幻灯片时进行参考。注释在放映幻灯片时不会出现，既可以作为打印形式的参考资料，也可以在网页上或者在演示者视图中被用户查阅。

5）状态栏：位于窗口左下方，显示当前演示文稿的幻灯片张数，其右侧有备注与批注选项，可打开或关闭备注窗格与批注窗格。批注窗格可让用户对演示文稿中的某些内容做出暂时的标记，以表达自己的观点。

6）视图区：窗口底部共显示 4 种视图，包括“普通视图”“幻灯片浏览”“阅读视图”“幻灯片放映”。单击这些视图按钮，可以切换视图方式。

切换不同的视图方式，也可以通过“视图”选项卡“演示文稿视图”面板中的相应按钮来实现。

① 普通视图。单击 PowerPoint 2016 窗口右下角“普通视图”按钮 ，可切换普通视图。该视图方式是一种常见的视图方式。

② 幻灯片浏览视图。单击“幻灯片浏览”按钮，切换幻灯片浏览视图。幻灯片浏览视图是以缩略图形式显示幻灯片的视图。

在幻灯片浏览视图的屏幕上，可以同时看到演示文稿中所有按顺序以缩略图形式排列的幻灯片。此时可以通过鼠标调整幻灯片的次序，也可以进行插入、复制、删除幻灯片等操作。

③ 阅读视图。此视图展示了演示文稿的最终效果，用户可以在此视图中播放 PPT，查看动画和切换效果，而无须切换到全屏幻灯片放映。

④ 幻灯片放映视图。在幻灯片放映视图中以全屏方式播放幻灯片，就像实际的演示一样。在此视图中看到的演示文稿就是观众将要看到的效果。用户可以看到在实际演示中，图形、计时、影片、动画效果和切换效果的状态。

单击“幻灯片放映”按钮，将从当前幻灯片开始放映，快捷键为 Shift+F5；从第一页开始播放快捷键为 F5。若要退出幻灯片放映视图，则按 Esc 键。

二、演示文稿的创建

在桌面上右击，在打开的快捷菜单中选择“新建”选项中的“Microsoft PowerPoint 演示文稿”命令，新建一个空白演示文稿，默认文件名为“新建 Microsoft PowerPoint 演示文稿.pptx”。

三、编辑幻灯片

1. 新幻灯片的添加

PowerPoint 2016 中提供多种添加幻灯片的方式，具体方法如下。

1）在插入位置右击，选择“新建幻灯片”命令，在插入位置添加一张新幻灯片，且新幻灯片与其上一张幻灯片版式相同。

2）单击“开始”选项卡“幻灯片”面板中的“新建幻灯片”下拉按钮，打开幻灯片版式库，如图 5.1.2 所示，选中一个版式，添加一张选中版式的新幻灯片。

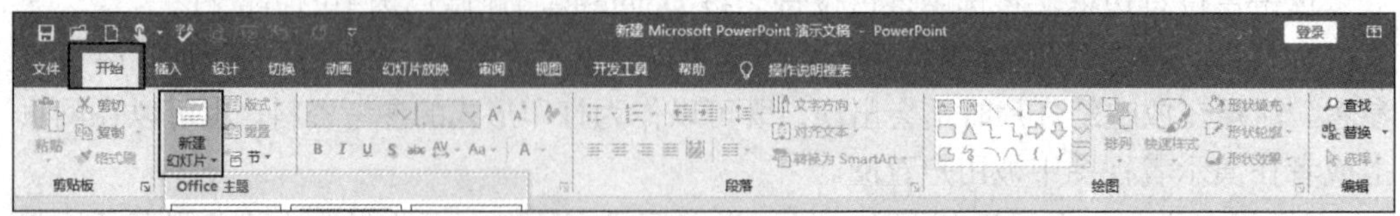

图 5.1.2 添加幻灯片

2. 幻灯片的复制和粘贴

将一张或多张幻灯片从一个演示文稿复制到同一演示文稿中的某一个位置，或将其复制到其他演示文稿中。复制和粘贴幻灯片的方法如下。

右击已选中的幻灯片，在打开的快捷菜单中选择“复制”命令。在目标演示文稿的幻灯片缩略图中，右击插入点前面的幻灯片，在打开的快捷菜单中选择“粘贴”命令。

选择幻灯片后右击，在打开的快捷菜单中选择“复制幻灯片”命令，新幻灯片与选中幻灯片的版式相同，如图 5.1.3 所示。

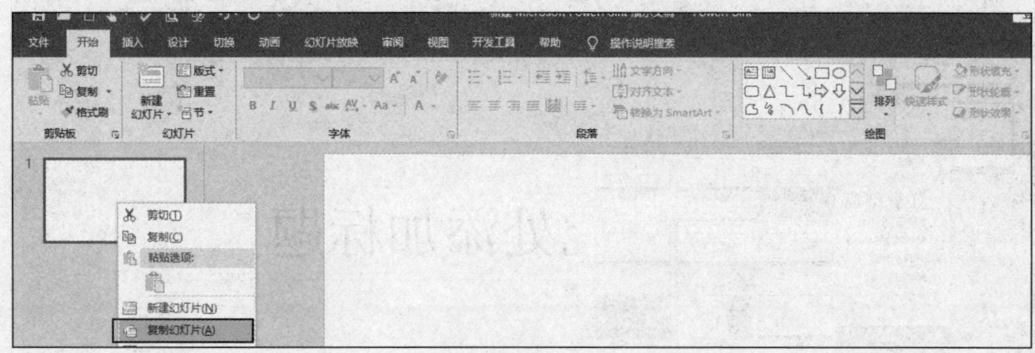

图 5.1.3　复制幻灯片

3. 幻灯片顺序的更改

幻灯片顺序的更改是将选中的幻灯片从一个位置移动到同一演示文稿中的另一个位置。方法是：选中要移动的幻灯片，将它们拖动到新位置。

4. 幻灯片的删除

选择要删除的幻灯片并右击，在打开的快捷菜单中选择“删除幻灯片”命令。

5. 应用主题

选择“设计”选项卡，在“主题”面板中选择相应主题即可，如图 5.1.4 所示。

图 5.1.4　设置主题

6. 更改版式

选择幻灯片并右击，在打开的快捷菜单中选择“版式”命令，选择相应版式即可，如图 5.1.5 所示。

7. 设置背景

选择幻灯片，在编辑区右击，在打开的快捷菜单中选择“设置背景格式”命令，打开“设置背景格式”窗格。选择填充方式，单击“全部应用”按钮，将幻灯片的背景设置应用于所有幻灯片，如图 5.1.6 所示为纯色背景格式。单击“设计”选项卡“自定义”面板中的

“设置背景格式”按钮，也可以打开“设置背景格式”窗格。

图 5.1.5　更改版式

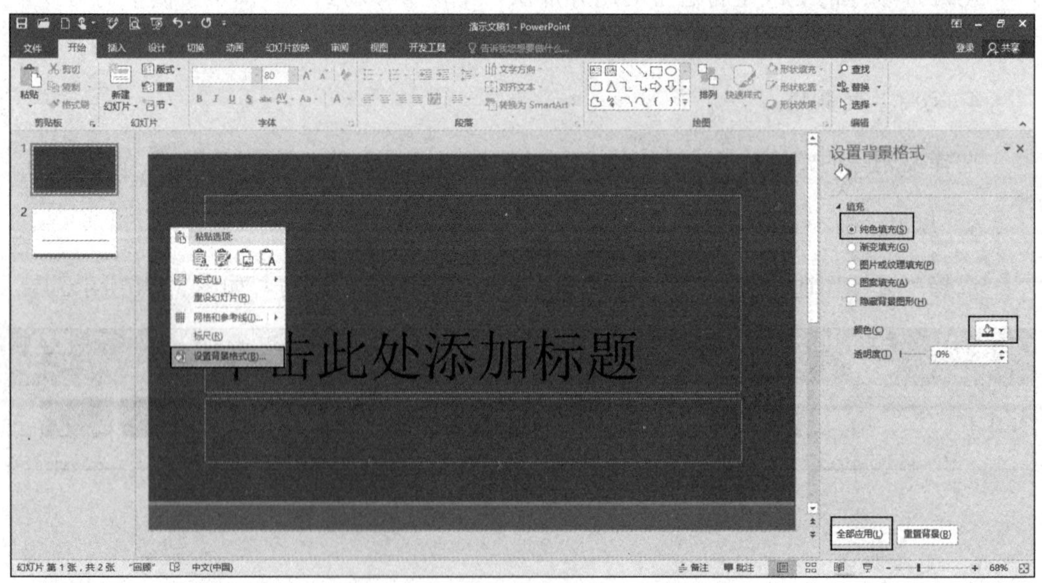

图 5.1.6　设置纯色背景格式

8. 保存演示文稿

选择“文件”菜单“另存为”命令，在打开的窗口中选择存放路径：E 盘/PPT 演示文稿，输入文件名“我的 PPT”，单击“保存”按钮，如图 5.1.7 所示。

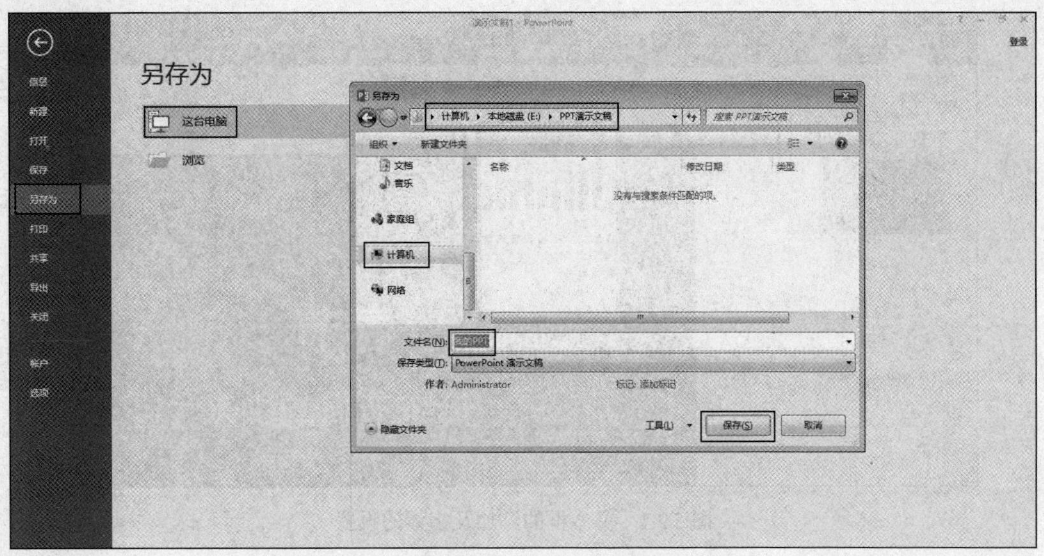

图 5.1.7　保存演示文稿

PPT 文件还可以通过多种方式导出，以满足不同的需求。

1）导出为视频：如果 PPT 中包含了动画效果，将其导出为视频可以在多个平台上进行放映，这样不仅可以保持 PPT 的原始设计，还能在视频平台上分享。

2）导出为图片：将 PPT 页面导出为图片格式，适合需要单独编辑或与其他文档合并的情况。

3）另存为全图 PPT：这种格式可以对 PPT 内容进行保护，避免被编辑或篡改，适合需要安全传输重要文件的情况。

4）加密 PPT：通过文档加密和内容锁定功能，保护 PPT 内容未经授权不得访问。

任务二　演示文稿的动态设计

1. 文本框的插入

文本框的插入步骤如下。

1）单击“插入”选项卡“文本”面板中的“文本框”下拉按钮，在打开的下拉列表中选择“横排文本框”或“竖排文本框”选项。

2）在幻灯片中拖动鼠标指针以绘制文本框。

3）单击文本框内容，待文本框中出现插入点，此时可以在文本框中直接输入或粘贴文本，也可以编辑文本，如图 5.2.1 所示。在演示文稿中，设置字体、字号、字形等基本属性与在 Word 中相似。

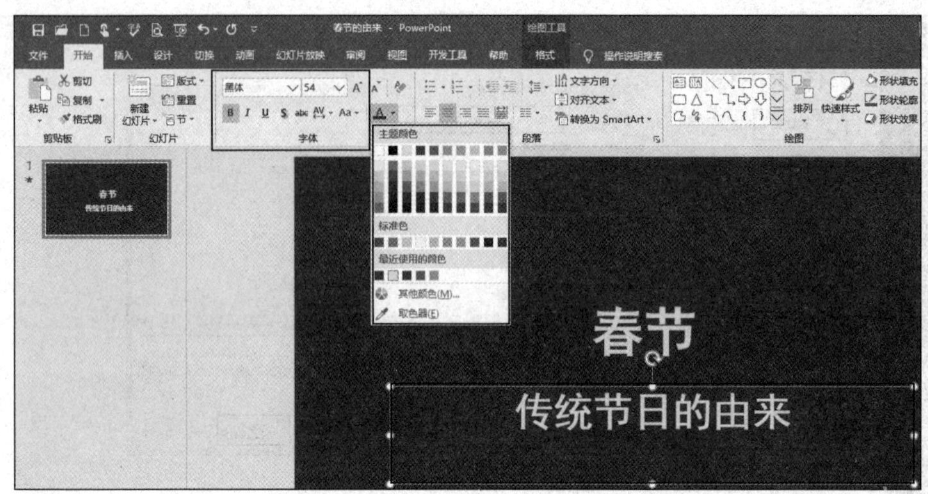

图 5.2.1 文本框的添加及字体的设置

2. 删除图片背景

1）单击“插入”选项卡“图像”面板中的“图片”下拉按钮，在打开的下拉列表中选择“此设备”选项，添加素材图片，放置在合适的位置。

2）选择图片后，单击“图片工具/格式”选项卡“调整”面板中的“删除背景”按钮，单击“保留更改”按钮即可删除图片背景，如图 5.2.2 所示。

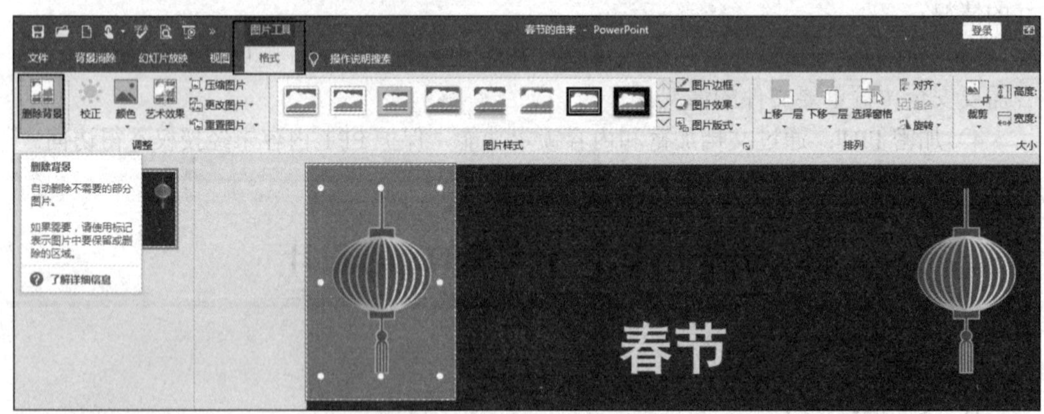

图 5.2.2 删除图片背景

3. 艺术字、形状的设置

（1）插入艺术字

单击“插入”选项卡“文本”面板中的“艺术字”下拉按钮，在打开的下拉列表中选择艺术字样式，如图 5.2.3 所示。

（2）设置文本效果

选中要编辑的文本，单击“绘图工具/格式”选项卡“艺术字样式”面板中的“文本效果”下拉按钮，打开“文本效果”下拉列表，根据要求设置文本效果即可，如图 5.2.4 所示。

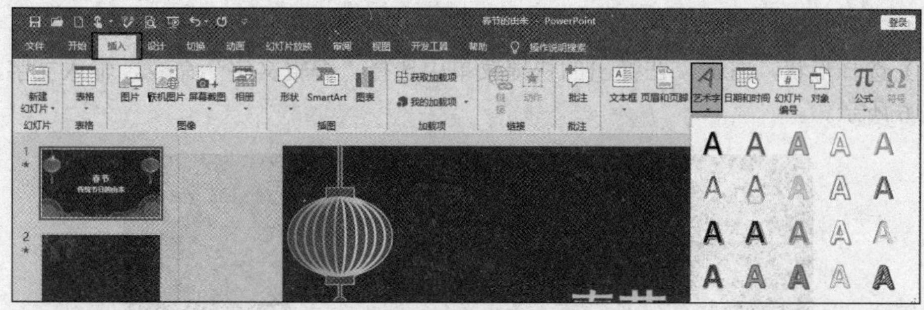

图 5.2.3　插入艺术字

图 5.2.4　设置文本效果

（3）插入形状

单击“插入”选项卡“插图”面板中的“形状”下拉按钮，在打开的下拉列表中选择“基本形状”中的“矩形：圆角”选项，按住鼠标左键，绘制一个圆角矩形。选中矩形，单击“绘图工具/形状格式”选项卡“形状样式”面板中的“形状填充”下拉按钮，打开“形状填充”下拉列表，选择颜色；单击“形状轮廓”下拉按钮，在打开的下拉列表中选择“无轮廓”选项，如图 5.2.5 所示。

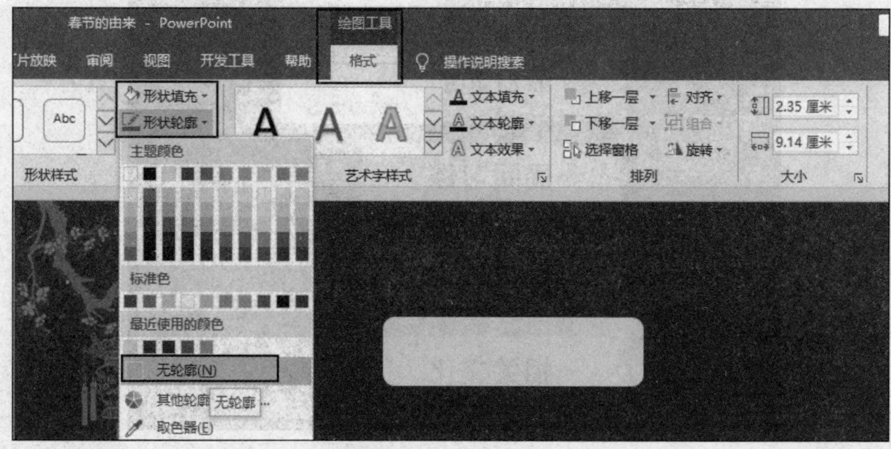

图 5.2.5　设置形状效果

（4）形状编辑文字

1）选择形状，右击，在弹出的快捷菜单中选择“编辑文字”命令，输入文字，如图 5.2.6 所示。

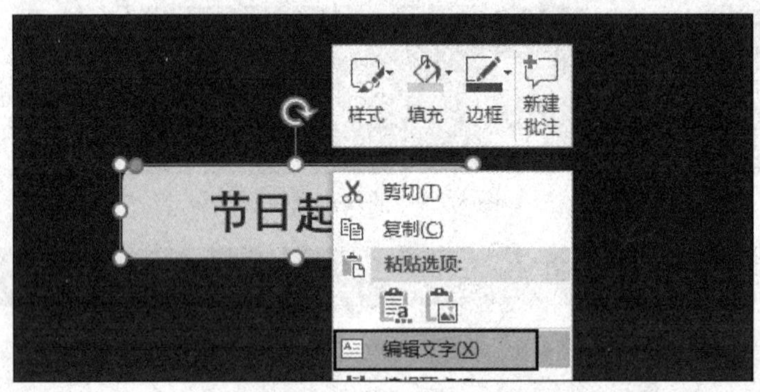

图 5.2.6 形状编辑文字

2）复制形状：再次选择形状，右击，在弹出的快捷菜单中选择“复制”命令；在空白处右击，在弹出的快捷菜单中选择“粘贴”→“使用目标主题”命令。使用相同的方法继续粘贴两次并对文字进行更改。

3）排列形状：按住鼠标左键框选所有圆角矩形。单击“绘图工具/格式”选项卡“排列”面板中的“对齐”下拉按钮，在打开的下拉列表中选择“水平居中”“纵向分布”选项，使所有矩形垂直方向均匀分布，如图 5.2.7 所示。

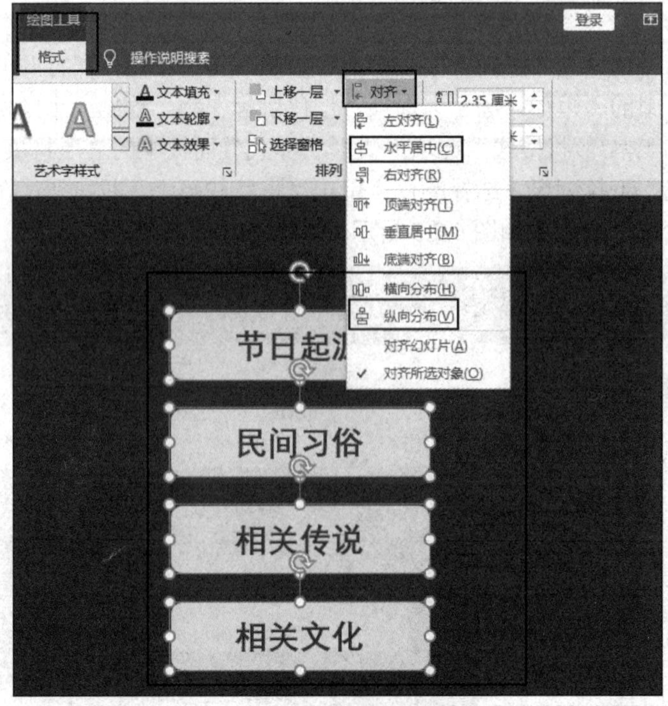

图 5.2.7 排列形状

利用上面所学知识完成标号形状制作，添加形状效果，更改合适的颜色，目录最终效果如图 5.2.8 所示。

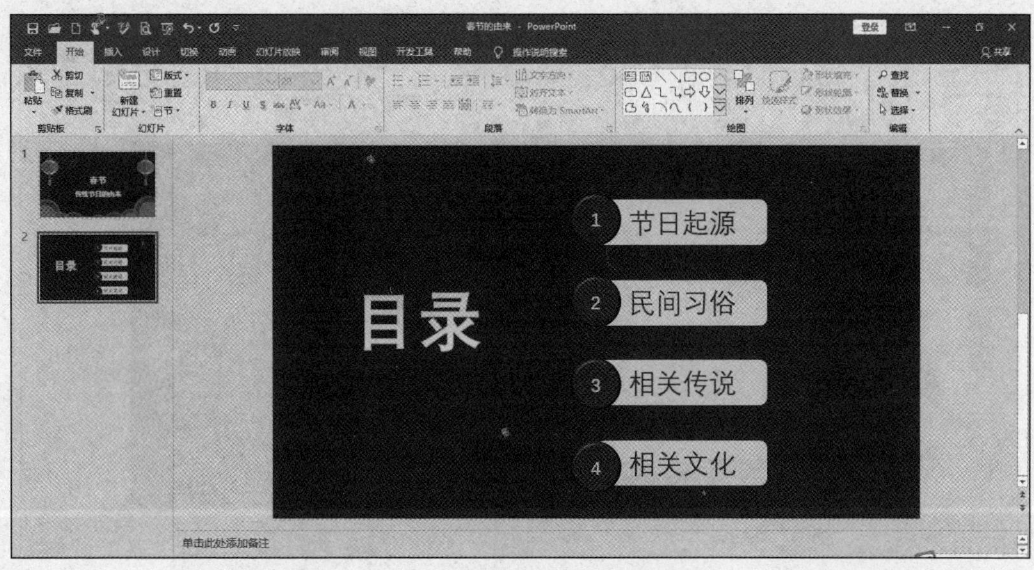

图 5.2.8　目录最终效果图

4. SmartArt 图形的创建

SmartArt 图形是信息的视觉表示形式。在多种不同布局中，通过创建 SmartArt 图形来快速、轻松、有效地传达信息。SmartArt 图形分类如图 5.2.9 所示。

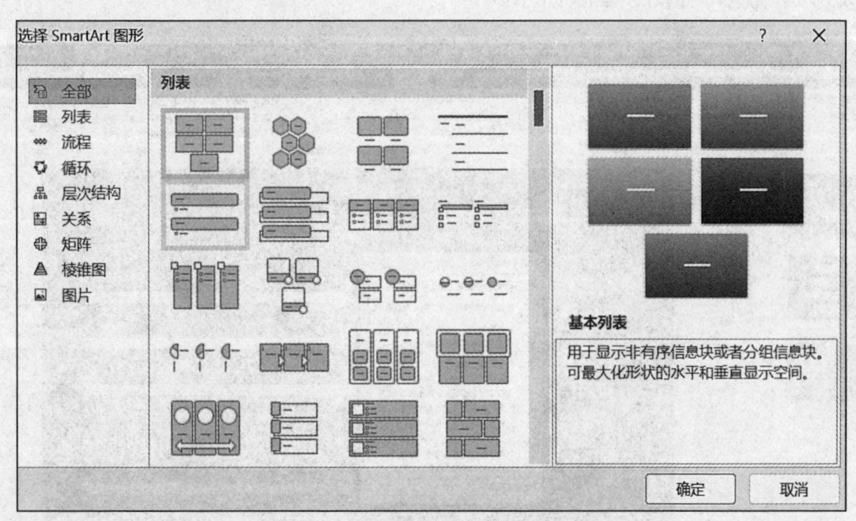

图 5.2.9　SmartArt 图形分类

通过使用 SmartArt 图形，可以将素材中的逻辑关系提取出来，进行分级，更直观地表达各种信息。

1）插入 SmartArt 图形：单击幻灯片占位符中的“插入 SmartArt 图形”图标，打开

“选择 SmartArt 图形”对话框，根据需求选取相应的 SmartArt 图形，单击“确定”按钮。图 5.2.10 所示为选择“列表”选项中的“垂直框列表”。

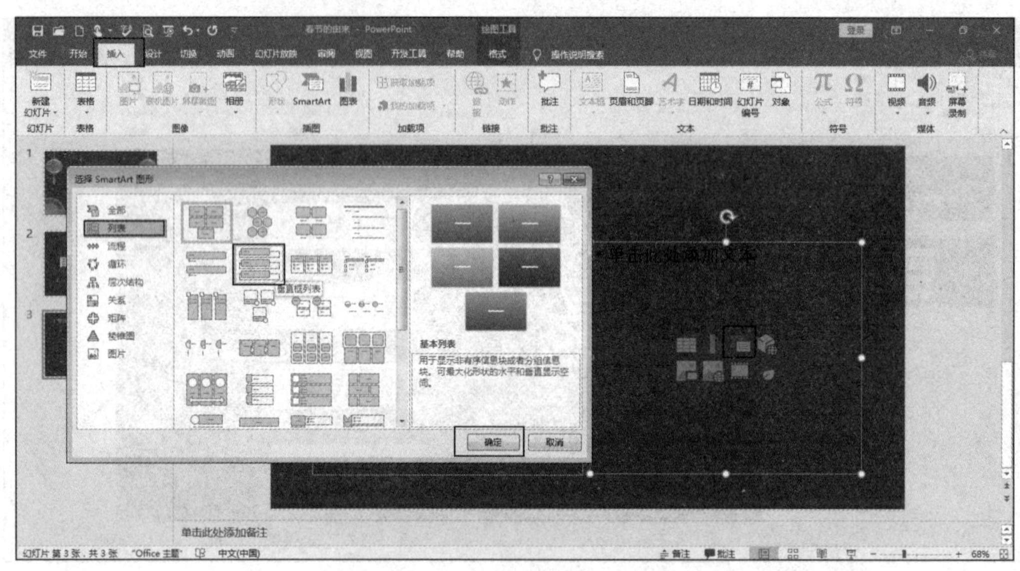

图 5.2.10　插入 SmartArt 图形

SmartArt 图形编辑窗口由文本窗格和 SmartArt 图形组成。

2）输入文本：选中 SmartArt 图形，可以直接在 SmartArt 图形的文本框中输入文本，也可以在图形左侧的文本框中输入文本。设置字体字号，将 SmartArt 图形拖曳至合适大小，更改形状颜色，如图 5.2.11 所示。

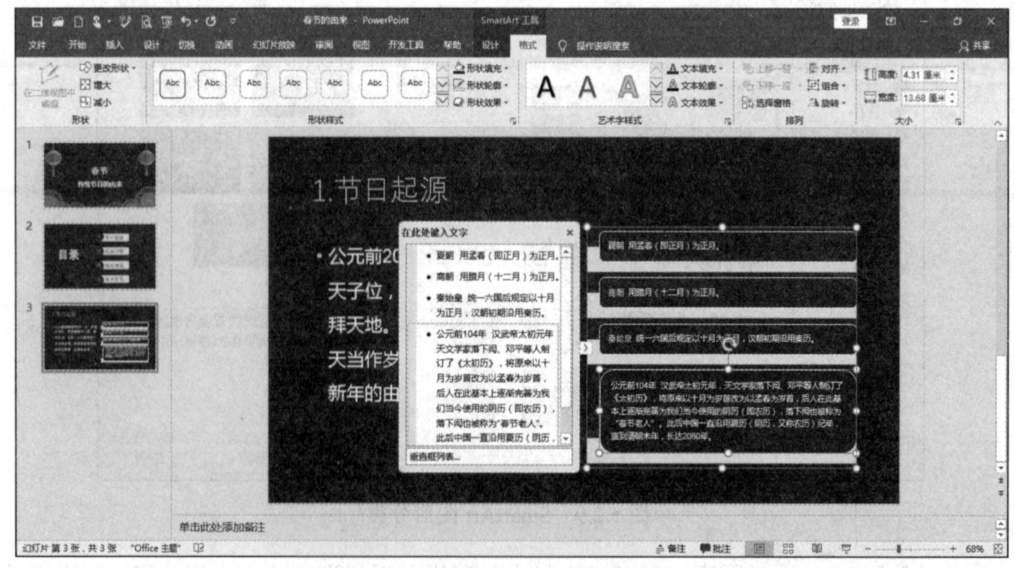

图 5.2.11　输入文本后效果

3）设置 SmartArt 样式：选中 SmartArt 图形，单击“SmartArt 工具/设计”选项卡

“SmartArt 样式”面板中的“更改样式”下拉按钮，可以设置相应的样式。若想要将文字转换成 SmartArt 图形，右击所选文字，在打开的快捷菜单中选择“转换为 SmartArt”命令即可，如图 5.2.12 所示。

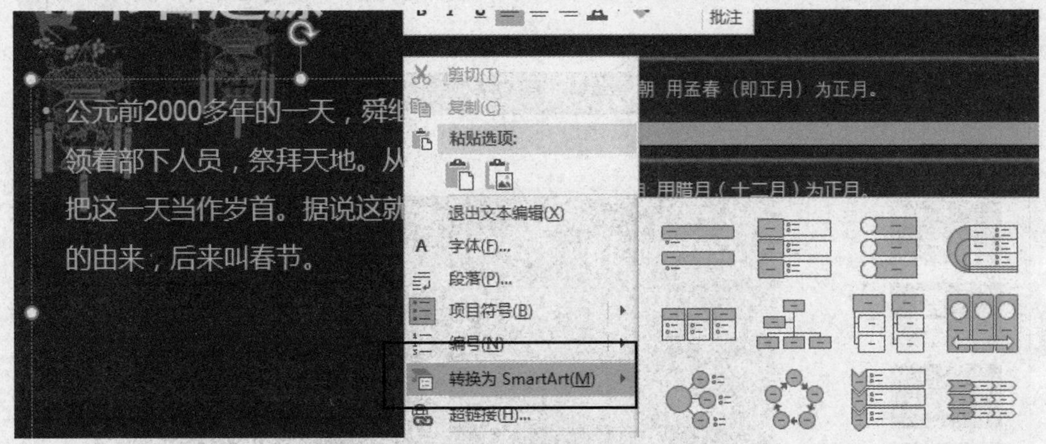

图 5.2.12　将文字转换为 SmartArt 图形

4）添加 SmartArt 图形：选中文本所在的图形，单击“SmartArt 工具/设计”选项卡“创建图形”面板中的“添加形状”下拉按钮，打开“添加形状”下拉列表，选择相应选项即可添加形状，如图 5.2.13 所示。

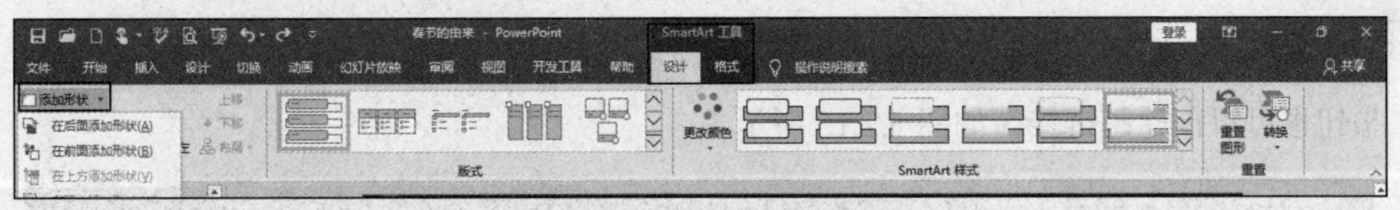

图 5.2.13　添加 SmartArt 图形

5. 表格和图表的添加

在 PowerPoint 2016 中，可以插入多种数据图表和图形，如柱形图、折线图、饼图、条形图、面积图、散点图、股价图、曲面图、圆环图、气泡图和雷达图等。

单击“插入”选项卡“插图”面板中的“图表”下拉按钮，在其下拉列表中选择相应选项，可以在幻灯片中添加一个图表。

单击“插入”选项卡“表格”面板中的“表格”下拉按钮，在其下拉列表中选择相应选项，可以在幻灯片中插入一张表格。插入表格后的效果如图 5.2.14 所示。

6. 媒体的添加

为增加幻灯片的生动性与趣味性，可以在幻灯片中添加视频、音频等。PowerPoint 2016 支持几乎所有的媒体格式。

添加媒体是通过在“插入”选项卡的“媒体”面板中单击相应的按钮来实现的。

7. 超链接的添加

超链接是从一张幻灯片到网页、电子邮件地址或文件等的链接。超链接本身可能是文本或对象，如图片、图形、形状或艺术字等。链接的对象可以是幻灯片、文件、动作、网址等。

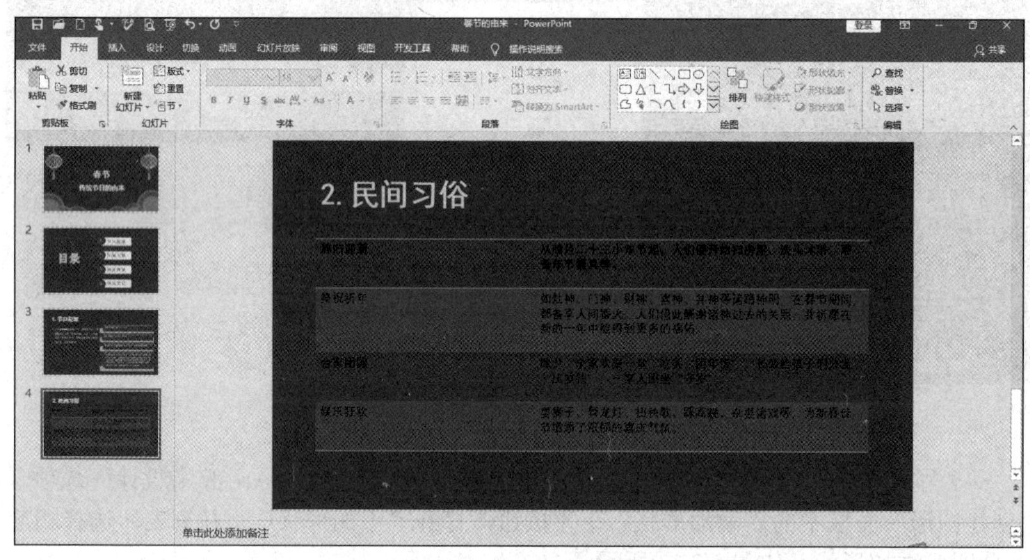

图 5.2.14　插入表格

单击“插入”选项卡“链接”面板中的“链接”按钮，可以创建超链接，利用动作按钮也可以创建超链接，如图 5.2.15 所示。

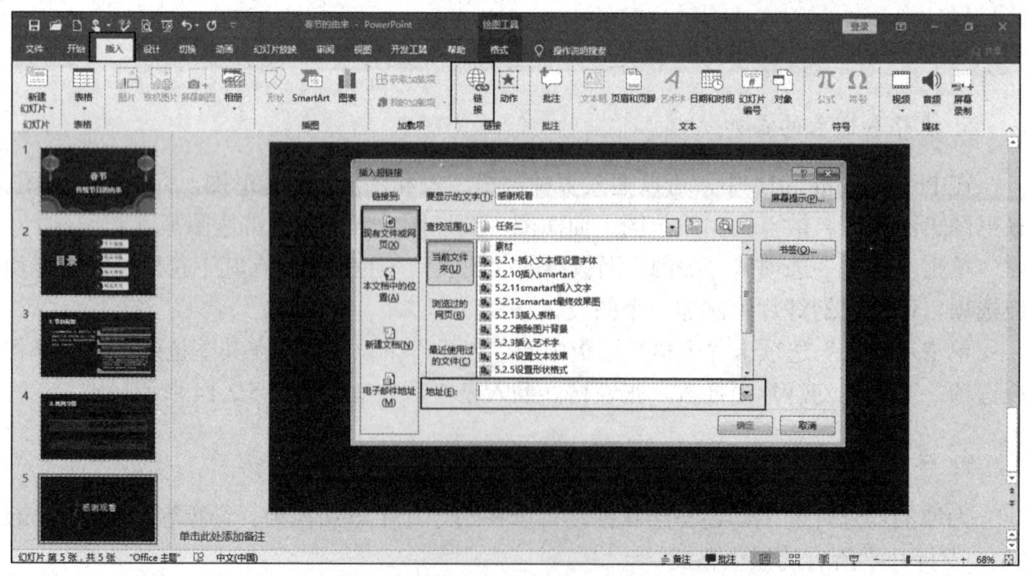

图 5.2.15　插入超链接

右击超链接，在打开的快捷菜单中选择“取消超链接”命令，可以删除超链接。在放映幻灯片时，单击超链接，可以打开其链接对象。

8. 日期和编号的添加

在演示文稿中可以添加幻灯片编号、备注页编号及日期和时间等。

选中幻灯片的占位符或文本框，单击“插入”选项卡“文本”面板中的“幻灯片编号”或“日期和时间”按钮，则可以在幻灯片的占位符或文本框处添加幻灯片编号及日期和时间。也可以直接向页脚添加幻灯片编号或日期和时间。

9. 设置动画效果

（1）PowerPoint 2016 提供的 4 种动画效果

PowerPoint 2016 中分为 4 种动画效果，如图 5.2.16 所示。

1）进入效果：可以使对象逐渐淡入焦点、从边缘飞入幻灯片或者跳入视图中等。

2）退出效果：包括使对象飞出幻灯片、从视图中消失或者从幻灯片中旋出。

3）强调效果：包括使对象缩小或放大、更改对象颜色或沿着其中心旋转。

4）动作路径：可使指定对象沿所选择的路径移动。

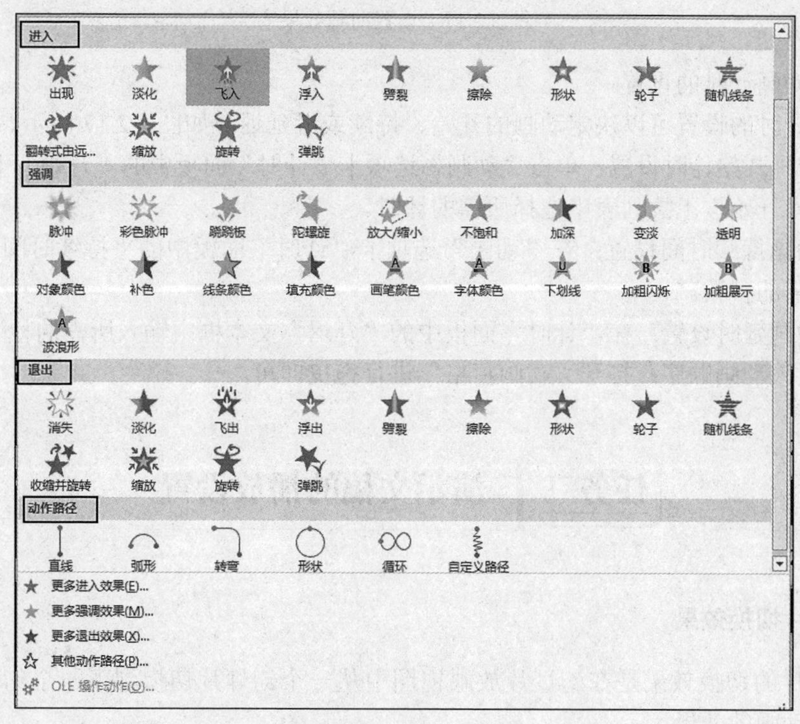

图 5.2.16　4 种动画效果

动画效果可以单独使用也可以多种使用，若多种使用则单击“动画”选项卡“高级动画”面板中的“添加动画”下拉按钮，在其下拉列表中选择相应的动画效果进行添加即可。

（2）动画效果选项的设置

单击“动画”选项卡“动画”面板中的“效果选项”下拉按钮，在打开的“效果选项”下拉列表中选择所需的效果，如图 5.2.17 所示。

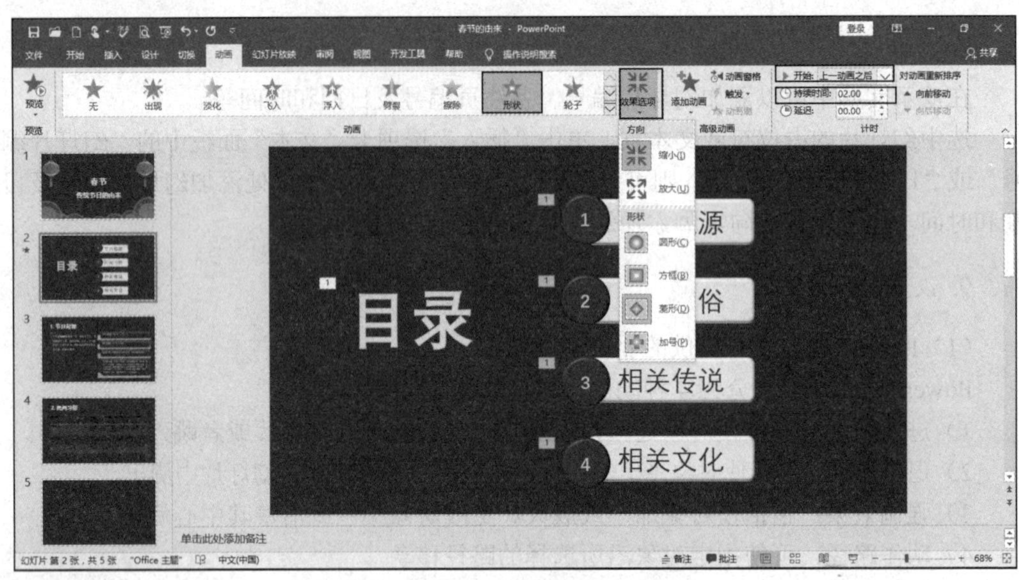

图 5.2.17　设置动画效果

（3）动画计时的设置

动画计时的设置可以决定动画的开始、持续或者延迟，如图 5.2.17 所示。

1）动画开始计时设置：单击“动画”选项卡“计时”面板中的“开始”下拉按钮，在打开的“开始”下拉列表中选择所需的计时。

2）动画持续时间设置：在“动画”选项卡“计时”面板中的“持续时间”文本框中输入所需的秒数。

3）动画延时设置：在“计时”面板中的“延迟”文本框中输入所需的秒数。

4）更改动画顺序：打开“动画窗格”进行拖曳即可。

任务三　演示文稿的播放设置

一、幻灯片切换效果

幻灯片的切换效果是在幻灯片放映视图中从一个幻灯片切换到下一个幻灯片时出现的类似动画的效果。

1. 设置切换方式

在“切换”选项卡“切换到此幻灯片”面板中选择需要切换的类型。单击“效果选项”下拉按钮，选择切换效果，单击“应用到全部”按钮，即可使所有幻灯片拥有相同的切换效果。

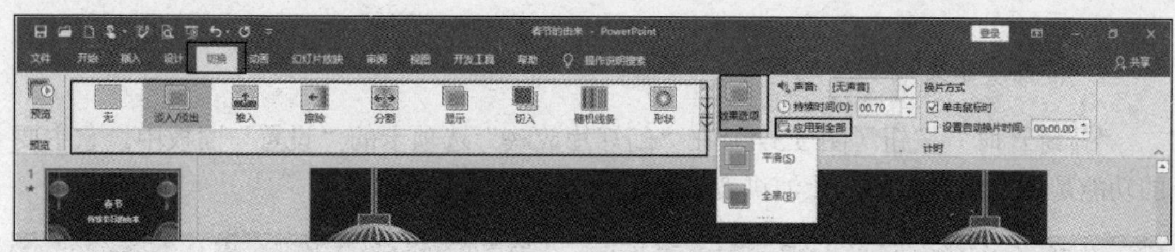

图 5.3.1　设置幻灯片切换效果

2. 设置计时效果

在“计时”面板“持续时间”文本框中输入秒数，选中“设置自动换片时间”复选框，输入相应的时间，单击“应用到全部”按钮，如图 5.3.2 所示。

图 5.3.2　设置计时效果

二、幻灯片放映方式及排练演示文稿

1. 幻灯片放映方式

PowerPoint 2016 提供的放映方式分别为：“演讲者放映”“观众自行浏览”“在展台浏览”。单击“幻灯片放映”选项卡“设置”面板中的“设置幻灯片放映”按钮，可以选择相应的放映方式，如图 5.3.3 所示。

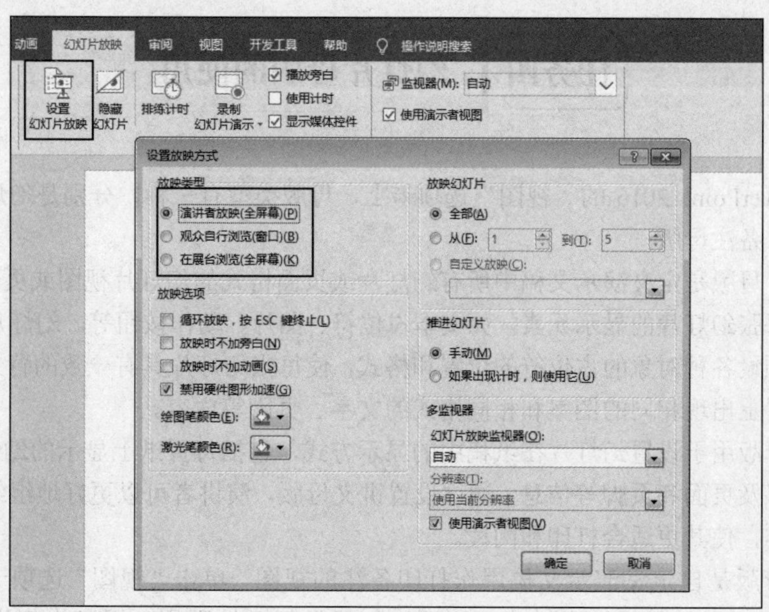

图 5.3.3　设置幻灯片放映方式

2. 排练演示文稿

“排练计时”按钮（图 5.3.4）在“幻灯片放映”选项卡的“设置”面板中。它主要的功能是排练演讲时间，让演讲者清楚了解自己的演讲用时。

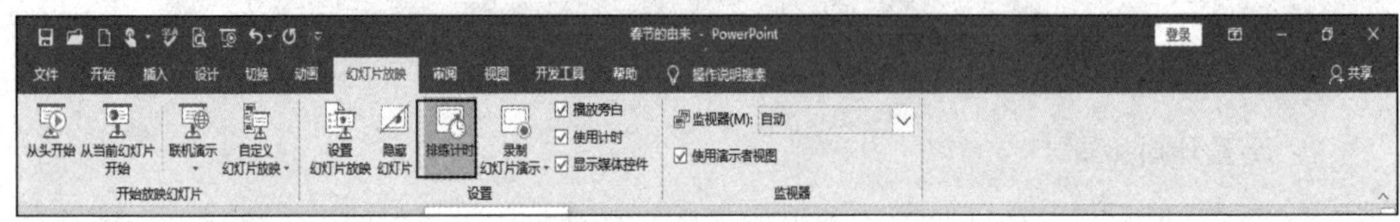

图 5.3.4 “排练计时”按钮

如图 5.3.5 所示，第一个时间是当前幻灯片录制时间，第二个时间是整个幻灯片演示时间。单击右上角“关闭”按钮，在弹出的对话框中单击“是”按钮可以保存幻灯片计时。

在“幻灯片放映”选项卡“设置”面板中取消选中“使用计时”复选框，放映时则不会使用已录制好的幻灯片，如图 5.3.6 所示。

图 5.3.5 设置排练计时

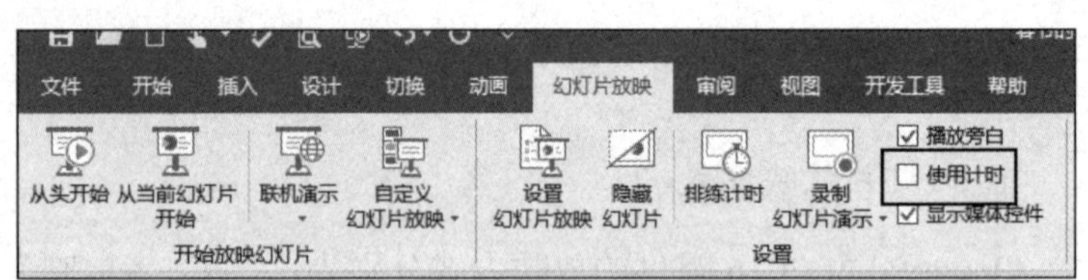

图 5.3.6 取消排练计时

任务四 幻灯片母版的使用

在 PowerPoint 2016 的“视图”选项卡上，母版类型有三种，分别是幻灯片母版、讲义母版、备注母版。

幻灯片母版是定义演示文稿中所有幻灯片或页面格式的幻灯片视图或页面。它包含可出现在每张幻灯片的显示元素，如文本占位符、图片、动作按钮等。幻灯片母版的作用是通过预设各种对象的占位符的位置和格式，使每张幻灯片具有一致的背景效果，并在同一位置上出现相同的图案和相同格式的文字、页脚等内容。

讲义母版用于设置幻灯片在纸稿中的显示方式，包括每页纸上显示的幻灯片数量、排列方式以及页面和页脚等信息。通过设置讲义母版，演讲者可以更好地组织和展示幻灯片的内容，使其更适合打印和阅读。

备注母版是自定义演示文稿用作打印备注的视图。单击“视图”选项卡“备注母版”按钮即可进入母版编辑模式。下面以利用母版添加页眉、页脚为例讲解母版的使用方法。

1）单击“视图”选项卡“母版视图”面板中“幻灯片母版”按钮，进入“幻灯片母版”编辑状态，如图 5.4.1 所示。

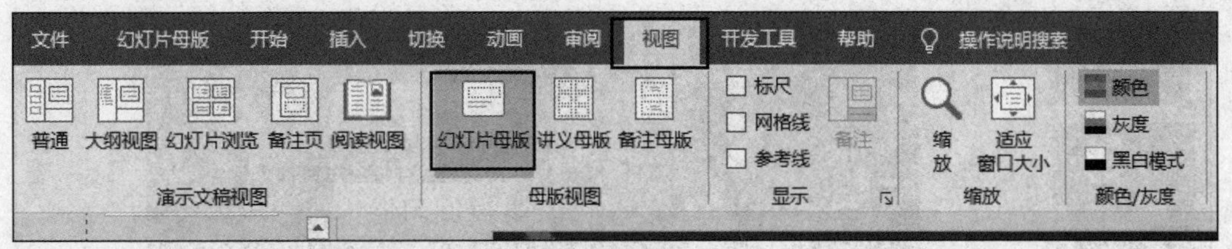

图 5.4.1　编辑幻灯片母版

2）选择第一张幻灯片母版，单击“插入”选项卡“文本”面板中的“页眉和页脚”按钮，打开“页眉和页脚”对话框。选中“日期和时间”复选框；选中“页脚”复选框，在页脚文本框中输入“锡林郭勒职业学院”；选中“标题幻灯片中不显示”复选框，单击“全部应用”按钮，如图 5.4.2 所示。

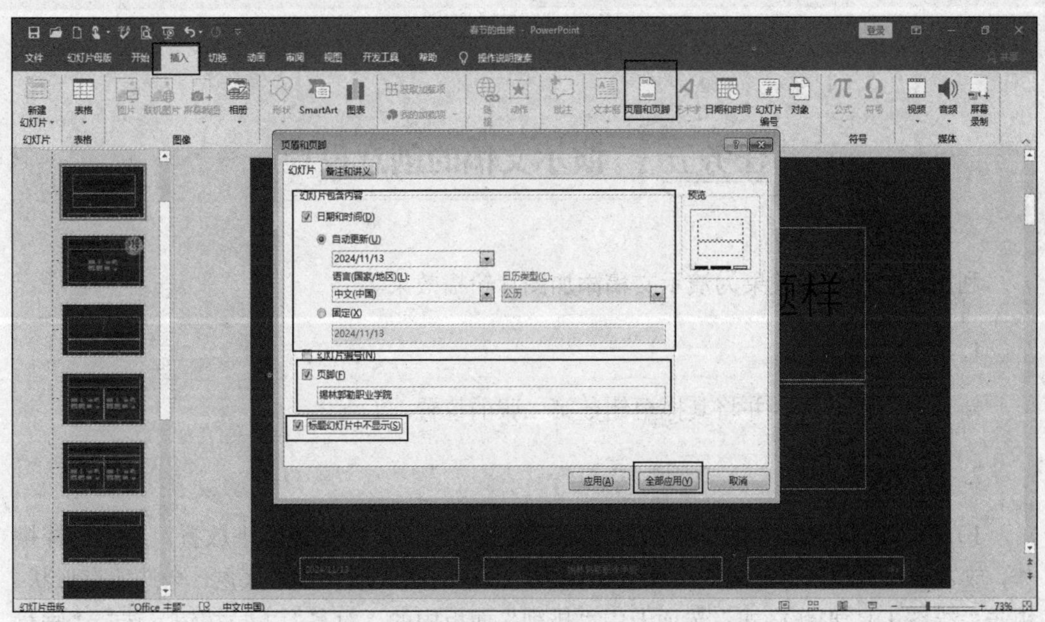

图 5.4.2　利用母版设置幻灯片页眉和页脚

3）添加母版图片：选择相应幻灯片版式，单击“插入”选项卡“图像”面板中的“图片”按钮，插入图片。如果需要为多个版式添加图片，可以按住 Shift 键多选后进行操作。

4）单击“幻灯片母版”选项卡中的“关闭母版视图”按钮，完成母版制作，最终效果如图 5.4.3 所示。

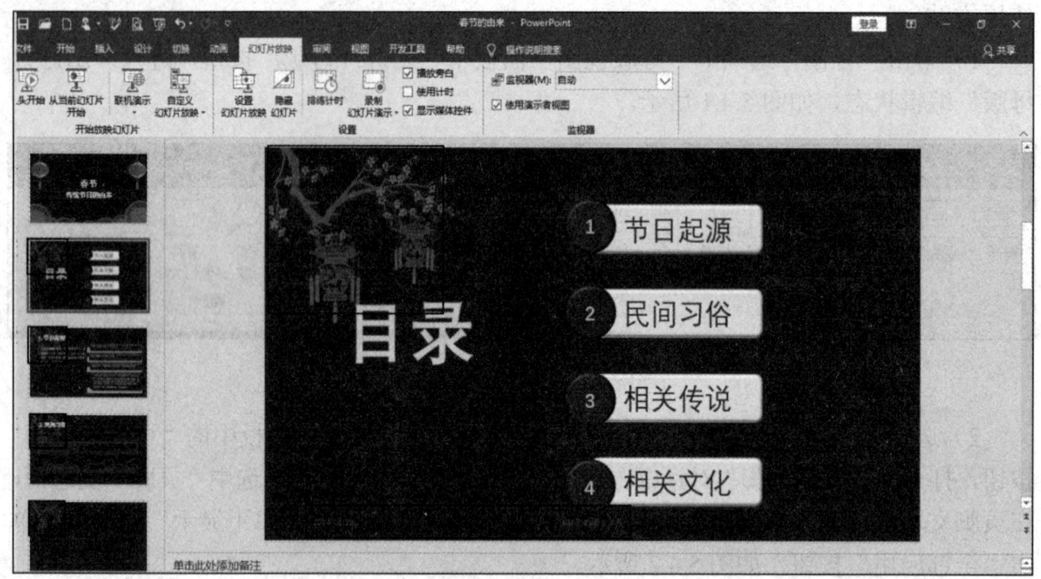

图 5.4.3 最终效果

任务五 演示文稿的创意设计

利用形状和切换效果为演示文稿添加图片轮播效果。

1. 移动幻灯片

新建空白幻灯片，并将其拖至倒数第二张的位置。

2. 形状设置

1）插入圆角矩形，将其拖曳复制后放置在左侧，再次拖曳缩小放置。右边同样操作，放置合适位置，将中间的形状置于顶层，最边的两个形状置于底层。全选所有形状，单击“绘图工具/形状格式”选项卡中“排列”面板中的“对齐”下拉按钮，选择“垂直居中”和“横向分布”选项，效果如图 5.5.1 所示。

2）全选所有形状，右击，在弹出的快捷菜单中选择“设置形状格式”命令，打开“设置形状格式”任务窗格。在“设置形状格式”任务窗格中设置：纯色填充，无线条，如图 5.5.2 所示。

3）在“设置形状格式”任务窗格中单击“效果”按钮。设置阴影为“外部，偏移下”，映像透明度为 60%，大小 30%，模糊 10 磅，如图 5.5.3 所示。

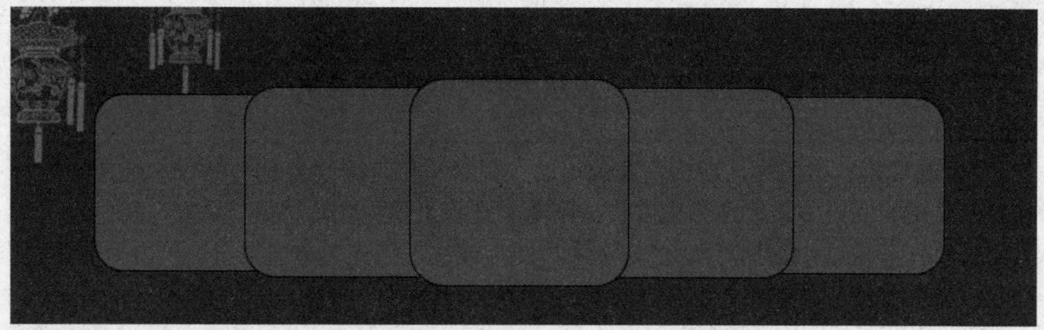

图 5.5.1　设置形状 1

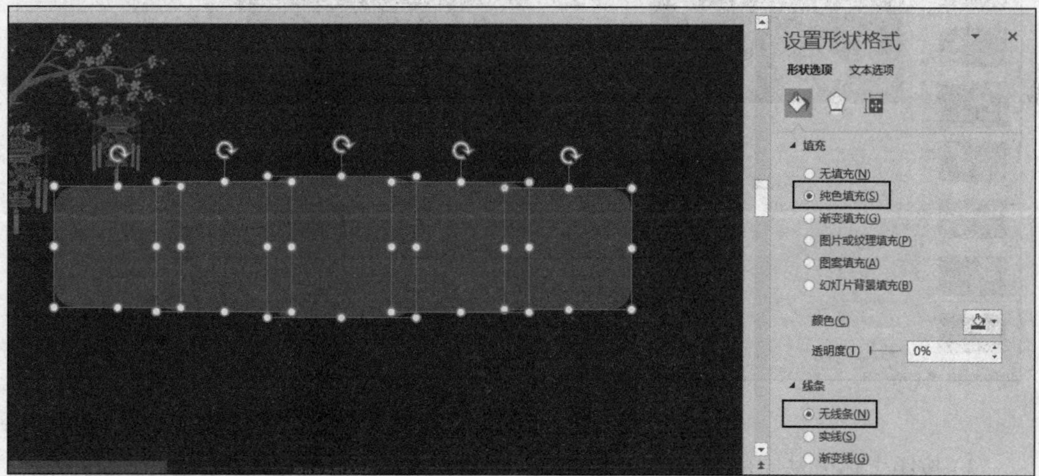

图 5.5.2　设置形状 2

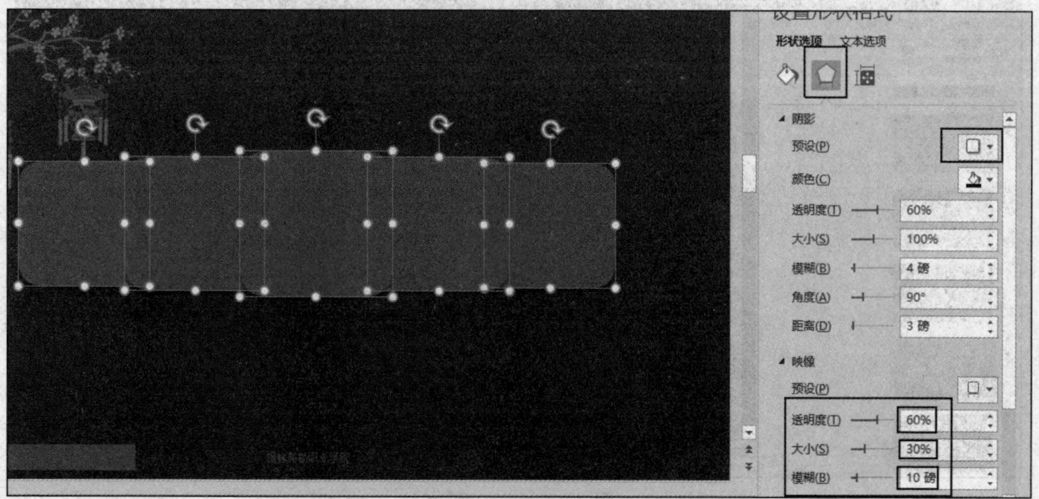

图 5.5.3　设置形状 3

3. 插入图片

1）复制 4 张该幻灯片。用 AI 工具输入关键字“十二生肖”，生成图片后将图片放置在幻灯片上方。

2）选择第一张图片，右击，在弹出的快捷菜单中选择“复制”命令，选择幻灯片中最左边的形状，右击，在弹出的快捷菜单中选择“设置图片格式”命令，在“设置图片格式”任务窗格中选择“填充”，选中“图片或纹理填充”单选按钮，单击“剪贴板”按钮。依此类推完成剩下形状的填充，如图 5.5.4 所示。

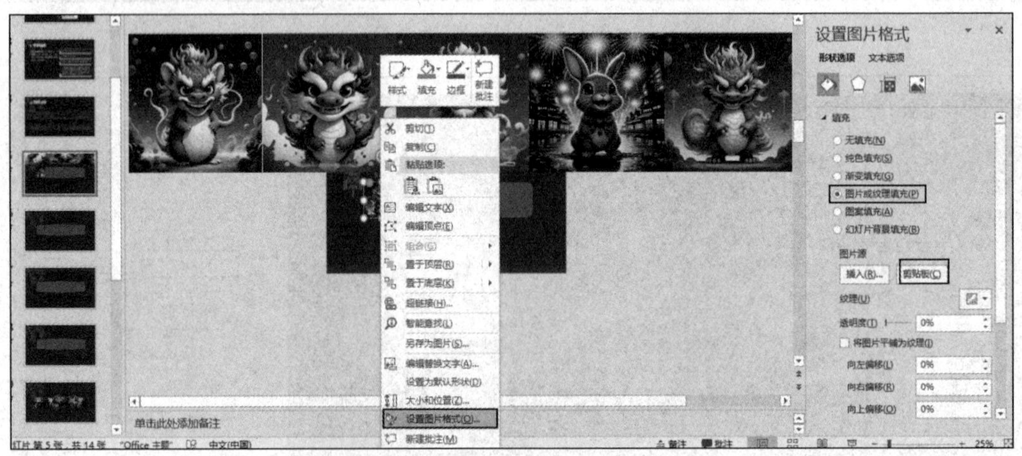

图 5.5.4　设置图片格式

3）按照上述方法完成剩下的四张幻灯片设置，递延图片填充顺序，如图 5.5.5 所示。

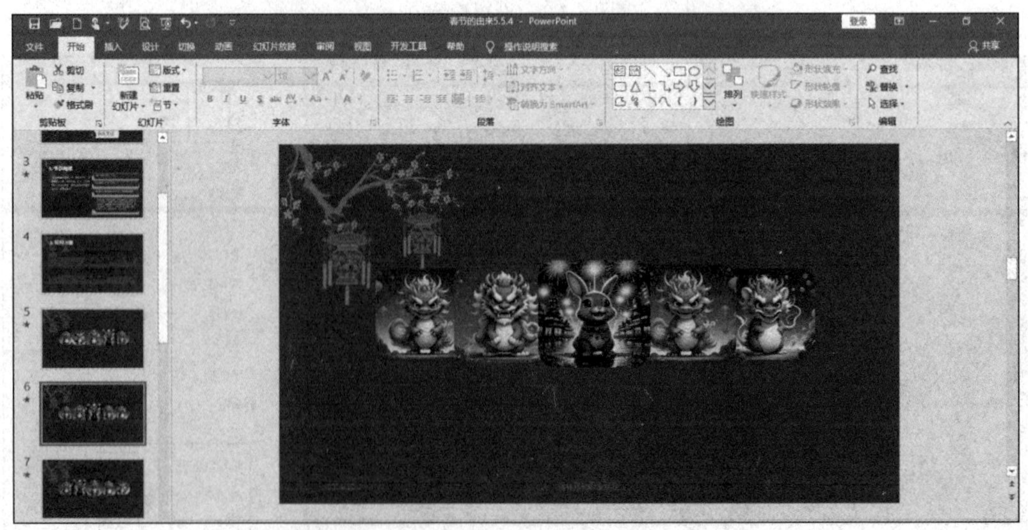

图 5.5.5　复制图片

4. 动画设置

选择五张幻灯片，切换效果设置为“淡入/淡出”，在“效果选项”下拉列表中选择

“平滑”选项，持续时间设置为 1 秒，动画设置完成，如图 5.5.6 所示。

图 5.5.6　设置动画效果

项目测试题

选择题

1. 在制作演示文稿时，演示文稿的扩展名是（　　）。
   A. .pdf　　B. .docx　　C. .xlsx　　D. .pptx
2. 在 PowerPoint 中，播放演示文稿的快捷键是（　　）。
   A. Ctrl + N　　B. Ctrl + M　　C.F5　　D. Alt + N
3. 在 PowerPoint 中，如果要删除当前幻灯片，应使用（　　）选项。
   A. 删除　　B. 隐藏　　C. 折叠　　D. 复制
4. 在 PowerPoint 中，如何将文本框中的文本对齐到中间？（　　）
   A. 选择“段落”选项卡，然后单击“居中对齐”按钮
   B. 选择“开始”选项卡，然后单击“居中对齐”按钮
   C. 右击文本框，在弹出的快捷菜单中选择“设置形状格式”命令，然后在弹出的任务窗格中选择“居中对齐”选项
   D. 选择“插入”选项卡，然后单击“居中对齐”按钮
5. 在 PowerPoint 中，如何为幻灯片添加过渡效果？（　　）
   A. 选择“设计”选项卡，然后单击“过渡”按钮
   B. 选择“动画”选项卡，然后单击“过渡”按钮
   C. 选择“幻灯片放映”选项卡，然后单击“过渡”按钮
   D. 选择“审阅”选项卡，然后单击“过渡”按钮
6. 在 PowerPoint 中，如何更改幻灯片的背景颜色？（　　）
   A. 选择“设计”选项卡，然后单击“背景样式”按钮
   B. 选择“插入”选项卡，然后单击“背景样式”按钮
   C. 右击幻灯片，在弹出的快捷菜单中选择“设置背景格式”命令
   D. 选择“视图”选项卡，然后单击“背景样式”按钮

信息检索

信息检索是人们进行信息查询和获取的主要方式。掌握网络信息的高效检索方法，是现代信息社会对高素质技术技能人才的基本要求。

学习目标

知识目标

- 了解信息检索基本概念，明确不同类型信息源的特点。
- 熟悉常用的信息检索工具，如搜索引擎、专业数据库、图书馆目录检索系统等的功能和方法。
- 理解信息版权和知识产权相关知识。

技能目标

- 学会对检索到的信息进行分析。
- 能够根据特定的需求，准确地选择合适的检索工具。

思政与职业素养目标

- 能遵守相关法律法规，信守信息社会的道德与伦理准则。
- 培养严谨的治学态度和科学精神，在检索信息时注重准确性和全面性。
- 培养团队协作精神，在一些涉及信息共享和协作检索的项目中，学会与他人合作交流，共同完成任务。

任务一 了解信息检索的基本知识

利用百度、谷歌等搜索引擎，输入关键词 “信息检索应用”“信息检索的未来发展趋势”等，浏览搜索结果中的学术论文、行业分析等内容。重点关注人工智能时代的信息检索，获取权威的信息和数据。

一、信息检索

1. 信息检索的定义

信息检索是用户进行信息查询和获取的主要方式，是查找信息的方法和手段。信息检索的目标是准确、及时、全面地获取所需的信息。

信息检索有狭义和广义之分。狭义的信息检索是指信息查询，是在互联网中通过搜索引擎搜索各种信息，并从一定的信息集合中找出所需信息的过程。广义的信息检索又称信息的存储与检索。信息存储是指对大量无序信息进行选择、收集、标引后组织并存储起来，再根据用户的需要准确地查找信息。一般情况下，信息检索是指广义的信息检索。

学会信息检索后，用户不仅会使用搜索引擎进行信息检索，还能从互联网中获取有效信息，并提升自身辨别信息真伪的能力。

2. 信息检索的分类

理解和掌握信息检索的种类，便于人们对信息检索进行管理。信息检索可以按照检索对象、检索手段与检索途径 3 种方式来划分信息检索的类型。

（1）按检索对象划分

根据检索对象的不同，可将信息检索分为文献检索、数据检索、事实检索。

1）文献检索。文献检索以特定的文献（如文摘等）为检索对象，包括全文、文摘、题录等，其检索结果是文献信息。文献检索更多是通过计算机技术来完成的。

2）数据检索。数据检索以特定的数据（如数据库等）为检索对象，包括统计数字、工程数据、数据图表、计算公式、分子式等，其检索结果是数据信息。

3）事实检索。事实检索是以特定的事实信息系统（如百科全书等）为检索对象，查找出特定事实的过程。例如，有关某一事件的发生时间、地点、人物和过程等，一般能够直接为用户提供所需且确定的事实。

（2）按检索手段划分

根据检索手段的不同，信息检索可分为手工检索和计算机检索。

1）手工检索。手工检索是通过手工进行检索的方法，是利用工具书（如图书、期刊、目录、卡片）等进行信息检索的一种手段。

2）计算机检索。计算机检索是指在计算机或者计算机检索网络终端上使用特定的检索策略、检索指令、检索词，从计算机检索系统的数据库中检索所需信息。计算机检索具有检索方便快捷、获得信息类型多、检索范围广泛等特点。

（3）按检索途径划分

根据检索途径的不同，可将信息检索分为直接检索和间接检索。

1）直接检索。直接检索是指用户通过直接阅读浏览一次文献进行检索，从而获得所需资料的过程。

2）间接检索。间接检索是指用户利用二次文献查找所需资料的过程。

二、信息检索的应用

1. 搜索引擎

搜索引擎可以帮助用户在海量的网络信息中快速找到所需的内容。搜索引擎的核心技术就是信息检索技术，通过建立索引和匹配算法相关技术，将用户输入的查询条件与已索引的网页进行匹配，并返回与用户需求相关的网页。

2. 电商平台

电商平台也是信息检索技术的重要应用领域之一。在电商平台上，用户可以通过关键词或分类等方式查找所需的商品，计算机将根据用户输入的条件在已索引的商品数据库中进行搜索，并返回与用户需求相关的商品信息。

3. 科学研究

信息检索技术在科学研究中也有着广泛的应用。科学研究人员可以利用计算机信息检索技术找到与自己研究领域相关的文献，以便于开展研究工作。

4. 医疗保健

信息检索技术在医疗保健领域也有着重要的应用。医疗工作者可以利用计算机信息检索技术查找与疾病诊断、治疗等相关的文献和研究成果。

三、信息检索的发展趋势

随着互联网的不断发展和普及，信息检索技术也在不断地发展和完善。未来，信息检索技术的发展趋势主要包括以下几个方面。

1. 智能化与人工智能技术的深度融合

人工智能技术使信息检索系统能够更好地理解用户的查询意图，不再局限于简单的关键词匹配。通过自然语言处理和机器学习技术，系统可以对用户的问题进行语义分析和理解，从而提供更准确、更相关的检索结果。例如，当用户搜索“华为手机的最新款有哪些特点”时，系统能够理解用户想要了解的是华为手机最新产品的具体特性，而不是仅仅返回包含“华为”“手机”“最新款”等关键词的页面。

2. 语义理解的不断深化

语义技术的进步推动信息检索向语义理解的方向发展。语义网的构建使得信息之间的关联更加紧密和明确，信息检索系统可以更好地理解信息的语义内涵和相互关系。这有助于提高检索的准确性和全面性，让用户能够更快速地找到真正需要的信息。例如，在搜索“大数据时代下的变革”时，系统不仅能返回关于大数据变革的科普文章，还能关联到相关的研究报告、学术论文相关概念等信息。

3. 多模态检索的兴起

随着多媒体数据的不断增加，用户对多模态检索的需求也日益增长。信息检索系统将能够整合文本、图像、音频、视频等多种媒体形式的数据，实现跨媒体的信息检索。用户可以通过输入文字来搜索相关的图片、视频等多媒体内容，也可以通过上传图片或音频来搜索相关的文字信息。例如，学生在上课时，上传一张网络设备照片，系统能够识别图片中的设备名称及相关配置，并返回相关的配置手册文字信息。

4. 移动化和物联网应用的拓展

随着移动互联网的普及，越来越多的用户通过移动设备进行信息检索。信息检索系统将不断优化移动端的用户体验，适配不同的移动设备和操作系统，提供简洁、高效的移动检索服务。同时，结合移动设备的特点，如地理位置、摄像头、传感器等，为用户提供更加个性化和便捷的检索功能。例如，用户可以通过手机扫描商品条形码，获取该商品的相关信息和价格比较。

任务二 使用搜索引擎检索信息

搜索引擎指根据一定的策略、运用特定的计算机程序从互联网上采集信息，再对信息进行处理，为用户提供检索服务，将检索的相关信息展示给用户的系统。

一、搜索引擎的特点

1. 信息抓取迅速

在大数据时代，网络产生的信息浩如烟海且毫无秩序。搜索引擎则为用户绘制了一幅一目了然的信息地图，用户通过输入关键词、高级语法等检索方式，可以在极短时间内获得高度匹配的结果。例如，当用户搜索“2024 年巴黎奥运会”时，搜索引擎可以迅速从众多新闻网站中找到相关的最新报道并展示给用户。

2. 信息挖掘深入

搜索引擎不仅能捕获用户需求的信息，还能对检索的信息加以分析，引导用户对信息的使用与认识。例如，用户搜索某个产品后，搜索引擎可能会推荐相关的竞品信息或该产品的用户评价等。

3. 检索内容广泛且多样化

随着搜索引擎技术的日益成熟，当代搜索引擎可以支持各种数据类型的检索。利用搜索引擎不仅可以检索视频、音频、图像，还可以检索人类面部特征、指纹、特定动作等。例如，用户可以通过图片搜索引擎找到与自己提供的图片相似的图片，或者通过音频搜索引擎找到特定的音乐或语音内容。

二、搜索引擎的分类

从功能和原理上划分，可将搜索引擎分为全文搜索引擎、元搜索引擎、垂直搜索引擎和目录搜索引擎。它们各有特点并适用于不同的搜索环境。

1. 全文搜索引擎

全文搜索引擎是在根据互联网上提取的各网站的信息（以网页文字为主）而建立的数据库中，检索与用户查询条件匹配的相关记录，并按一定的排列顺序将结果返回给用户。这个过程类似于通过字典中的检索字表查字的过程。例如，谷歌和百度就是典型的全文搜索引擎。它们的搜索范围广泛，几乎涵盖了互联网上的大部分网页，这种搜索方式方便、简捷，便于用户获得所有相关信息，但检索到的信息过于庞杂。因此，用户需要逐一浏览并甄别。在用户没有明确检索意图的情况下，这种搜索方式非常有效。

2. 元搜索引擎

元搜索引擎是通过统一用户界面，帮助用户在多个搜索引擎中选择合适的搜索引擎来实现检索，是对分布于网络的多种检索工具的全局控制。例如，觅搜就是一个元搜索引擎。它可以同时查询谷歌、雅虎等多个搜索引擎的资源。

3. 垂直搜索引擎

垂直搜索引擎是对某一特定行业内数据进行快速检索的一种专业搜索方式。根据特定用户的特定搜索请求，对网站库中的某类专门信息进行深度挖掘与整合后，再以某种形式将结果返回给用户。例如，用户购买车票时，或想要浏览网络视频资源时，都可以直接选用行业内专用垂直搜索引擎，以便迅速地获得信息。

4. 目录搜索引擎

目录搜索引擎是依赖人工收集、处理数据并置于分类目录链接下的检索方式，是网站内部常用的检索方式，将网站内信息进行整合处理并分类呈现给用户。

严格意义上讲，目录搜索引擎不能称为真正的搜索引擎，只是按目录分类的网站链接列表。用户完全可以按照分类目录找到所需要的信息。因为该类搜索引擎加入了人的智能，所以检索信息准确、导航质量高，缺点是需要人工介入、维护量大、信息量少、信息更新不及时。

三、搜索引擎的使用方法

1. 使用关键词检索信息

使用搜索引擎的最基本方法是直接在搜索文本框中输入关键词。例如，使用百度搜索，搜索一周之内发布的关于“高校毕业生招聘”的相关内容。操作步骤如下。

第 1 步：启动浏览器，在地址栏输入百度网址 http://www.baidu.com，进入百度搜索首页。

第 2 步：在页面中间的搜索文本框中输入关键词“高校毕业生招聘”；单击“百度一下”按钮，打开如图 6.2.1 所示的搜索结果页面。

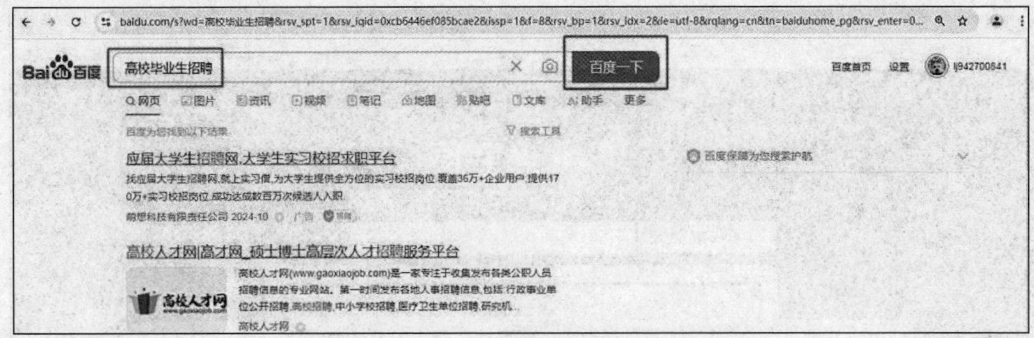

图 6.2.1　打开百度页面搜索关键词“高校毕业生招聘”

第 3 步：单击搜索框下方的“搜索工具”下拉按钮，展开百度搜索工具；单击“时间不限”下拉按钮，打开下拉列表，选择“一周内”选项，搜索到一周之内发布的关于“高校毕业生招聘”的相关内容，如图 6.2.2 所示。

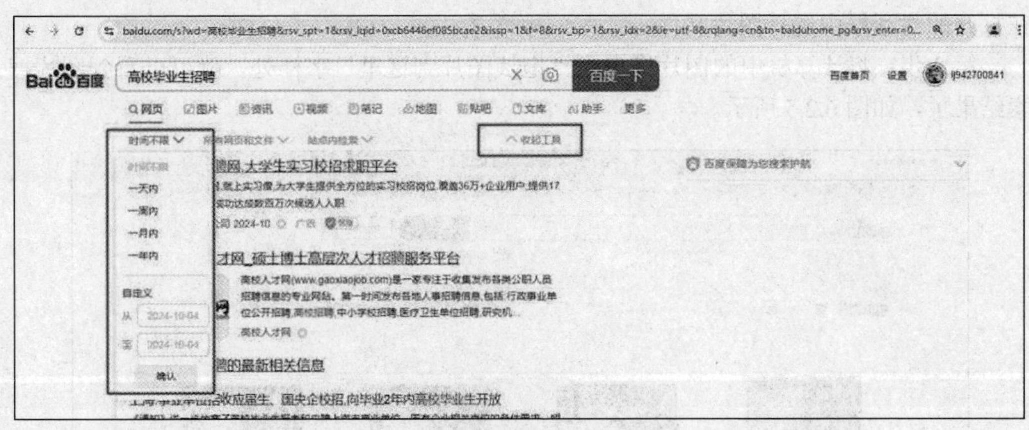

图 6.2.2　百度关键词为“高校毕业生招聘”搜索结果

第 4 步：分别单击搜索结果，可以看到近一周内与“高校毕业生招聘”相关的详细内容。

2. 图片信息检索

图片信息检索既可以使用关键字进行检索，也可以使用搜索引擎提供的“以图搜图”功能进行检索。“以图搜图”是通过搜索图像的视觉特征，为用户提供互联网相关图形图像资料检索服务的专业搜索引擎系统，通过上传与搜索结果相似的图片进行搜索。例如，使用百度搜索，搜索与图 6.2.3 相似的图片。具体操作步骤如下。

图 6.2.3　计算机图片

第 1 步：打开百度搜索首页，单击文本框后面的相机图标 ，打开如图 6.2.4 所示的页面。

图 6.2.4　百度搜索图片页面

此时，在文本框的“在此处粘贴图片网址”字样处，可以输入要搜索图片的网址；可以将要识别的图片拖曳到“拖拽图片到这里”字样处；也可以单击“选择文件”按钮，在打开的对话框中选择图片文件。

第 2 步：将计算机中的图片拖曳到“拖拽图片到这里”字样处，就可以看到图片搜索结果了，如图 6.2.5 所示。

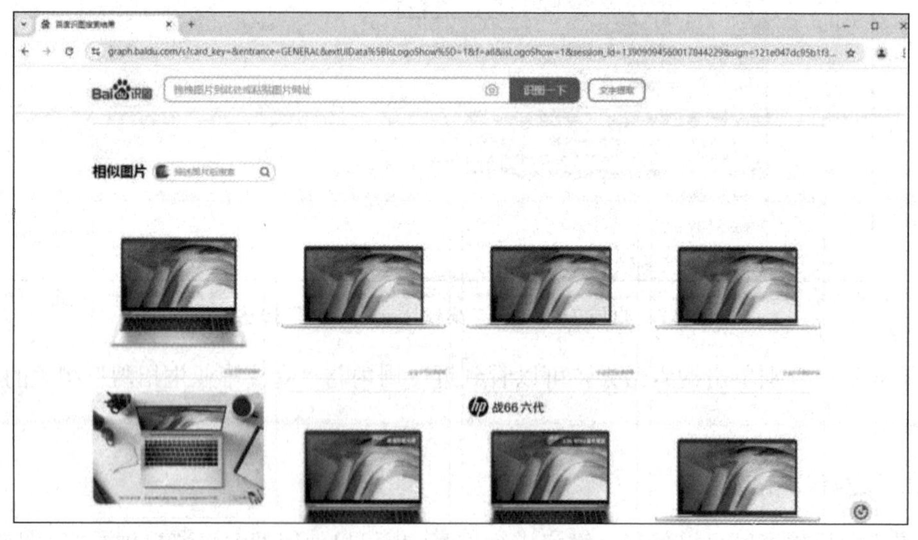

图 6.2.5　搜索图片结果页面

3. 学术信息检索

百度学术是百度旗下提供海量中英文文献检索服务的学术资源搜索平台，于 2014 年 6 月初上线，涵盖了各类学术期刊、会议论文，旨在为国内外学者提供更好的科研体验。在百度学术可检索学术论文，并通过时间筛选、标题、关键字、摘要、作者、出版物、文献类型、被引用次数等细化指标提高检索的精准性。例如：在百度学术网站中，检索关于“网络技术”的学术信息，操作步骤如下。

第 1 步：打开浏览器，在地址栏中输入百度学术网址，打开百度学术网站首页，在搜索框中输入要检索的关键词“网络技术”，单击“百度一下”按钮，打开如图 6.2.6 所示的搜索结果。

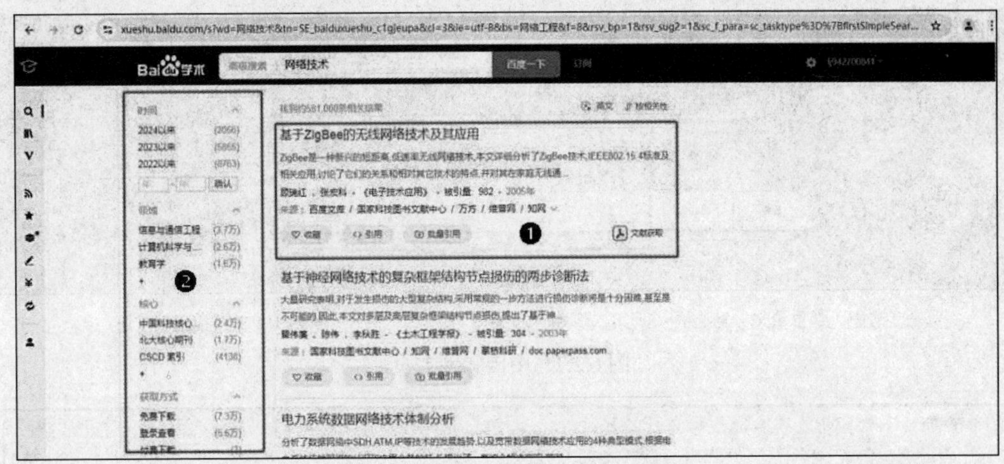

图 6.2.6 “网络技术”搜索结果

其中❶框中是一条搜索结果，包括论文的标题、简介、作者及被引量、来源等信息。❷框中是时间、领域、核心等类中的搜索结果条数。

单击某个论文的标题超链接，在打开的页面中可以查看更详细的信息，还可以对该论文进行收藏、引用、批量引用等操作。

第 2 步：单击❶框中论文标题，可以看到该论文的相关搜索结果。如果需要在自己的论文中引用该论文的内容，则可以单击页面中的“引用”按钮。

第 3 步：单击页面中的“引用”按钮，打开引用格式页面，根据需要单击一种引用格式后的“复制”按钮，复制该引用信息。

4. 学位论文检索

学位论文是作者为了获得相应的学位而撰写的论文，其中硕士论文、博士论文都是非常有价值的。但是学位论文不会公开出版，因此学位论文信息的检索和获取较为困难。国内检索学位论文的平台主要有万方中国学位论文数据库、中国高等教育文献保障系统的学位论文中心服务系统、中国知网的硕士与博士论文数据库等。

中国知网是一家数字出版平台，是提供知识服务的专业网站，可以提供中国学术文献、外文文献、学位论文、报纸、会议、年鉴、工具书等各类资源统一检索、统一导航、在线阅读和下载服务。例如，在中国知网中，查询与“网络技术”相关的学位论文。操作步骤如下。

第 1 步：打开浏览器，如图 6.2.7 所示，在地址栏中输入中国知网网址 www.cnki.net，打开中国知网首页。

第 2 步：在图 6.2.7 中，在“文献检索”后的主题文本框处输入关键词“网络技术”，仅保留“学位论文”单选按钮选中状态（取消选中其他选项），单击“检索”按钮，打开如图 6.2.8 所示的搜索结果页面。

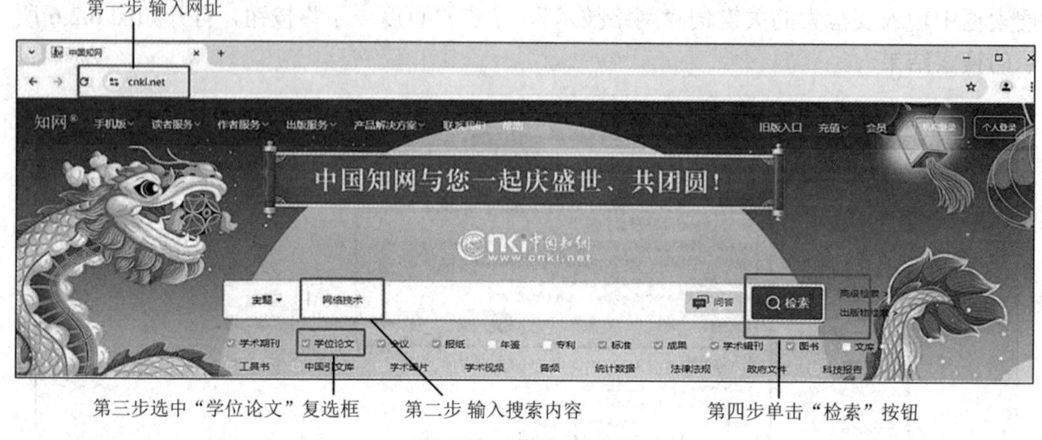

图 6.2.7　中国知网首页

图 6.2.8　“网络技术”学术论文搜索结果页面

在图 6.2.7 中，可以在主题文本框中选择自己感兴趣的主题；也可以在图 6.2.8 中的“主题”列表框中选择不同的依据，对相关的论文按照不同的方式排序，以得到最优的结果。

第 3 步：单击某篇论文的标题，即可打开该论文的内容页。

在注册中国知网并缴纳费用后，还可以通过单击相关按钮进行整体下载、分页下载或在线阅读等操作。

项目测试题

选择题

1. 文献是记录有知识的（　　）。

A. 载体　　B. 纸张　　C. 光盘　　D. 磁盘

2. 下列（　　）文献属于一次文献。

A. 期刊论文　　B. 百科全书　　C. 综述　　D. 文摘

3. 下列（　　）文献属于二次文献。

A. 专利文献　　B. 学位论文　　C. 会议文献　　D. 目录

4. 下列（　　）文献属于三次文献。

A. 标准文献　　B. 学位论文　　C. 综述　　D. 文摘

5. 下列选项中属于连续出版物类型的是（　　）。

A. 图书　　B. 学位论文　　C. 科技期刊　　D. 会议文献

6. 下列选项中属于特种文献类型的是（　　）。

A. 报纸　　B. 图书　　C. 科技期刊　　D. 标准文献

7. 纸质信息源的载体是（　　）。

A. 光盘　　B. 缩微平片　　C. 感光材料　　D. 纸张

8. 以刊载新闻和评论为主的文献是（　　）。

A. 图书　　B. 报纸　　C. 期刊　　D. 会议文献

9. 广义的信息检索包含（　　）两个过程。

A. 检索与利用　　B. 存储与检索　　C. 存储与利用　　D. 检索与报道

10. 狭义的专利文献是指（　　）。

A. 专利公报　　B. 专利目录　　C. 专利说明书　　D. 专利索引

了解信息素养与信息安全

新一代信息产业的主要特点是，以围绕云计算和移动互联网的新产品为基础，通过丰富的服务，为客户创造新的价值。未来的新一代信息技术产业的重点是网络化和智能化，将更加关注数据和信息内容本身，从制造加工回归到“信息”产业本来的轨道。网络安全问题不断出现，网络安全的重要性和紧迫性更加突出，不仅关系到国家安全和社会稳定,也关系到信息化建设的健康发展，以及用户资产和信息资源的安全。

学习目标

知识目标

- 简单认识杀毒软件、密码管理工具、网络防护设置等。
- 了解如何在网上保护自己的隐私信息。
- 了解日常设备的安全使用规范。

技能目标

- 具备基本的信息安全防护能力：能够设置安全密码、开启防火墙、使用杀毒软件等，保护个人设备和网络的安全。
- 能够识别常见的网络诈骗手段，如虚假网站、钓鱼邮件、可疑电话或短信等。

思政与职业素养目标

- 提高网络安全意识与责任感、培养网络文明素养。
- 树立遵纪守法的意识、增强隐私保护意识。

任务一 了解信息素养

一、信息素养

1992 年，Doyle（多伊尔）在信息素养全美论坛的终结报告中将信息素养定义为：一个具有信息素养的人，他能够认识到精确的和完整的信息是做出合理决策的基础，确定对信息的需求，形成基于信息需求的问题，确定潜在的信息源，制定成功的检索方案，从包括基于计算机和其他信息源获取信息、评价信息、组织信息于实际的应用，将新信息与原有的知识体系进行融合以及在批判性思考和问题解决的过程中使用信息。

1. 信息素养内涵

1）信息素养是指把被动信息获取式教育观念转变为主动信息探究式教育观念的一种个人能力，信息素养的提升有利于整合教育方式，从而全方位地促进受教育者能力的发展。

2）信息素养既是个体查找、检索、分析信息的信息认识能力，也是个体整合、利用、处理、创造信息的信息使用能力。

3）信息认识能力体现为信息意识，信息使用能力体现为信息能力。所以信息意识和信息能力是信息素养的两个方面。

由此可知，大学生信息素养由信息意识与信息能力构成。大学生信息素养是在信息使用过程中逐渐形成的习惯性技能，属于底层技能；信息能力是在信息处理过程中形成的个体解决问题的能力，属于高层技能。信息意识与信息能力构成了信息素养，信息素养又会对信息使用与信息处理过程具有反馈作用。

2. 信息素养的外在表现能力

1）运用信息工具：能熟练使用各种信息工具，特别是网络传播工具。

2）获取信息：能根据自己的学习目标有效地收集各种学习资料与信息，能熟练地运用阅读、访问、讨论、参观、实验、检索等获取信息的方法。

3）处理信息：能对收集的信息进行归纳、分类、存储记忆、鉴别、遴选、分析综合、抽象概括和表达等。

4）生成信息：在信息收集的基础上，能准确地概述、综合、履行和表达所需要的信息，使之简洁明了，通俗流畅并且富有个性特色。

5）创造信息：在多种收集信息的交互作用的基础上，迸发创造思维的火花，产生新信息的生长点，从而创造新信息，达到收集信息的终极目的。

6）发挥信息的效益：善于运用接收的信息解决问题，让信息发挥最大的社会和经济效益。

7）信息协作：使信息和信息工具作为跨越时空的、“零距离”的交往和合作中介，使之成为延伸自己的高效手段，同外界建立多种和谐的合作关系。

8）信息免疫：浩瀚的信息资源往往良莠不齐，个人需要有正确的人生观、价值观、甄别能力以及自控、自律和自我调节能力，能自觉抵御和消除垃圾信息及有害信息的干扰和侵蚀，并且完善合乎时代的信息伦理素养。

二、信息社会责任

信息社会责任是指在信息社会中，个体在文化修养、道德规范和行为自律等方面应尽的责任。具备信息社会责任的学生，在现实世界和虚拟空间中都能遵守相关法律法规，信守信息社会的道德与伦理准则；具备较强的信息安全意识与防护能力，能有效维护信息活动中个人、他人的合法权益和公共信息安全；关注信息技术创新所带来的社会问题，对信息技术创新所产生的新观念和新事物，能从社会发展、职业发展的视角进行理性的判断和负责的行动。

三、计算机相关的法律法规

1. 有关知识产权的法律法规

1990 年 9 月我国颁布了《中华人民共和国著作权法》，把计算机软件列为享有著作权保护的作品：1991 年 6 月，颁布了《计算机软件保护条例》，规定计算机软件是个人或者团体的智力产品，同专利、著作一样受法律的保护，任何未经授权的使用、复制都是非法的，按规定要受到法律的制裁。

2. 有关计算机安全的法律法规

计算机安全是指计算机信息系统的安全，计算机信息系统是由计算机及其相关的和配套的设备、设施（包括网络）构成的，为维护计算机系统的安全，防止病毒的入侵，我们应该注意一些基本问题。

破坏计算机信息系统罪，是指违反国家规定，对计算机信息系统功能或计算机信息系统中存储、处理或者传输的数据和应用程序进行破坏，或者故意制作、传播计算机病毒等破坏性程序，影响计算机系统正常运行，后果严重的行为。（法律依据为《中华人民共和国刑法》第二百八十六条。）

3. 有关网络行为规范的法律法规

《中华人民共和国网络安全法》是为了保障网络安全，维护网络空间主权和国家安全、社会公共利益，保护公民、法人和其他组织的合法权益，促进经济社会信息化健康发展，制定的法律。该法由全国人民代表大会常务委员会于 2016 年 11 月 7 日表决通过，自 2017 年 6 月 1 日起施行。

我国公安部发布的《计算机信息网络国际联网安全保护管理办法》中规定任何单位和个人不得利用国际联网制作、复制、查阅和传播不利于国家和个人的信息。

四、案例分析：帮助信息网络犯罪活动罪

国内某高校住在同一个寝室的 4 名大学生，为贪图小利竟然帮诈骗分子办理银行卡洗钱，其中，洗钱金额最高的大学生胡某卡内流水总额高达 300 多万元，2021 年 8 月 17 日，据当地公安局消息，胡某等 4 人已因涉帮助信息网络犯罪活动罪，均被公安机关予以刑事拘留。

警方查明，他们都是通过一份在网络上找的“兼职”，成为了帮助网络诈骗分子洗钱的帮凶。胡某等人在网络上结识网络诈骗洗钱“下家”之后，通过对接转账具体细节、金额、账号等，帮助对方用自己的银行卡操作资金转账。其间，每笔账对方按千分之五比例提成，胡某等人存在侥幸心理，觉得自己还是在校的大学生，只是提供银行卡，没有参与实际转账操作，便不涉嫌违法。实际上，他们已经涉嫌触犯了帮助信息网络犯罪

活动罪，他们因为自己的无知和贪念而毁了前程，非常可惜。如今等待他们的是法律的制裁。

搜索发现，该 4 名大学生的经历并不是个例。

什么是帮助信息网络犯罪活动罪？

《中华人民共和国刑法修正案（九）》增设帮助信息网络犯罪活动罪，针对明知他人利用信息网络实施犯罪，为其犯罪提供互联网接入、服务器托管、网络存储、通信传输等技术支持，或者提供广告推广、支付结算等帮助的行为独立入罪。

买卖银行卡有何危害？

1）个人信息的泄露。不法分子通过网站、聊天软件等渠道发布高价收购银行卡的消息，诱导持卡人出售自己弃用的银行卡，并且要求登记个人信息。如果因为贪图小便宜出售自己名下的银行卡，不法分子会利用提供的个人信息向售卡人身边的好友实施诈骗。

2）为不法分子提供便利。银行卡的出售为洗钱、行贿受贿、偷税漏税等非法活动提供了机会。不法分子将得来的财产迅速转移到买来的多个银行卡中，加大了警方侦破、追赃的难度。一经发现持卡人涉嫌出售银行卡为不法分子提供便利，将承担连带法律责任。

3）面临个人财产司法冻结。不法分子利用买来的银行卡进行犯罪活动，最终将会追溯到核心账户，如果名下有一张银行卡账户涉嫌电信诈骗，那么以个人名义办理的所有银行卡账户将会被冻结，并且这会严重影响个人信用，而个人信用的好坏直接影响授信额度和贷款的难易程度。征信不良期间将对个人生活各个方面造成影响，如求职、贷款买房、申请银行卡等都将面临很多限制。

在日常生活中，要妥善保管好自己的身份证、银行卡等账户存款工具，保护好登录账号和密码等个人信息，不要出租、出借、出售个人银行卡、身份证等账户存取工具。侥幸心理不可有，法律红线不要碰，别为蝇头小利毁了大好前程。

任务二　了解信息安全防护技术

一、信息安全基础概念

信息安全是指对信息进行保护，防止其在存储、传输和处理过程中受到未授权访问、篡改、泄露、丧失或损毁。信息安全的目标可以通过三个基本原则来定义：机密性（confidentiality）、完整性（integrity）和可用性（availability）。

信息安全威胁常见的形式包括：病毒与恶意软件、网络攻击、社工攻击、数据泄露、零日攻击、恶意广告、密码攻击等。

（1）病毒与恶意软件

病毒与恶意软件是指那些故意设计用来对计算机系统造成破坏或窃取信息的软件，

通常以病毒、木马、勒索软件、间谍软件等形式存在。

1）病毒：是一种能够自我复制并通过感染文件、程序等传播的恶意软件。当被感染的程序运行时，病毒会执行破坏性操作，如删除文件、损坏系统等。

2）木马：木马程序通常伪装成合法程序或文件，诱使用户下载并运行。一旦被激活，它能够为攻击者提供远程控制权限，窃取敏感信息或在系统中植入更多的恶意代码。

3）勒索软件：这类恶意软件会加密用户的文件，并要求支付赎金才能恢复访问权限。勒索软件往往通过电子邮件附件或恶意网站传播，对个人和企业造成极大损失。

4）间谍软件：间谍软件悄无声息地在后台运行，收集用户的行为数据、密码、信用卡信息等敏感数据，并将其传送给攻击者。

（2）网络攻击

网络攻击是指通过网络对计算机系统、网络基础设施及用户进行非法侵入、破坏或窃取信息的行为。常见的网络攻击包括以下几种形式。

1）分布式拒绝服务（distributed denial of service，DDoS）攻击：DDoS 攻击通过大量的恶意流量湮没目标服务器，导致服务器资源耗尽，从而使目标网站或服务无法正常运行。这种攻击通常由大量受感染的设备（即“僵尸网络”）共同发起。

2）结构化查询语言（structured query language，SQL）注入攻击：SQL 注入攻击通过向应用程序的输入字段中插入恶意的 SQL 代码，借此绕过身份验证、获取数据库的敏感数据，甚至删除或篡改数据库内容。许多网站和应用程序如果没有进行输入验证，容易成为 SQL 注入的攻击目标。

3）跨站脚本攻击（cross site script attack，XSSA）：XSSA 通过在网页中插入恶意脚本，当用户访问该页面时，脚本被执行并窃取用户的登录凭证、会话 cookie 等信息。XSSA 多发生在用户输入和网页呈现的环节，通常通过恶意链接或第三方广告植入。

4）中间人（man-in-the-middle，MITM）攻击：在这种攻击中，攻击者通过拦截并修改客户端与服务器之间的通信，窃取或篡改传输中的敏感信息（如用户名、密码、信用卡号等）。MITM 攻击通常发生在不安全的网络环境下，如开放的公共 Wi-Fi 网络。

（3）社工攻击

社工攻击是通过操纵和欺骗用户，利用人性的弱点来获取敏感信息或访问权限。这类攻击通常不依赖于技术漏洞，而是通过心理手段诱使目标用户采取不安全的行为。社工钓鱼攻击通常通过伪装成可信的电子邮件、短信或网站，诱使用户输入个人敏感信息（如用户名、密码、银行账号等）。例如，攻击者伪装成银行发出的紧急邮件，要求用户单击链接并输入账户信息。

（4）数据泄露

数据泄露是指企业或个人的数据被未经授权的人员获取、公开或滥用。内部泄露通常发生在企业的访问权限控制不足、缺乏监督的情况下。也可能通过黑客攻击、勒索软件、社交工程等手段，攻击者获取企业或个人的数据。例如，攻击者通过 SQL 注入或恶意软件入侵企业数据库，窃取大量客户信息。

（5）零日攻击

零日攻击是指针对尚未公开或未修复的系统漏洞发起的攻击。在软件或硬件厂商发布安全补丁之前，攻击者已知晓漏洞并利用该漏洞进行攻击。由于缺乏修补程序，零日攻击通常具有极高的危险性。

（6）恶意广告

恶意广告是通过在线广告平台传播恶意软件的一种方式。攻击者通过合法的广告网络投放广告，其中嵌入恶意代码，用户在单击或加载广告时，就可能无意间下载恶意软件。这类攻击不依赖于用户的行为，仅凭展示恶意广告就能感染设备。

（7）密码攻击

密码是最常用的身份认证方式，但也容易受到攻击。常见的密码攻击方式为攻击者通过穷举所有可能的密码组合来破解目标账户密码（暴力破解）和通过事先准备一个常用密码字典来快速猜测密码的字典攻击。为了避免暴力破解，用户应使用强密码，并启用账户锁定策略，使用包含大小写字母、数字和符号的复杂密码可以有效增加破解难度。

二、常见信息安全防护技术

信息安全防护技术是保障信息安全的核心手段，主要目的是通过技术手段防止恶意攻击、数据泄露、系统入侵等安全事件的发生。以下是几种常见的信息安全防护技术，涵盖了网络防护、数据保护、身份认证、漏洞修补等多个方面。

1. 系统防火墙

防火墙是最基础的网络安全技术之一，主要用于监控和控制计算机网络中进出数据包的流动。它可以通过设定规则来判断数据流的合法性，从而防止未授权访问、恶意攻击和数据泄露。系统防火墙开启如图 7.2.1 和图 7.2.2 所示。

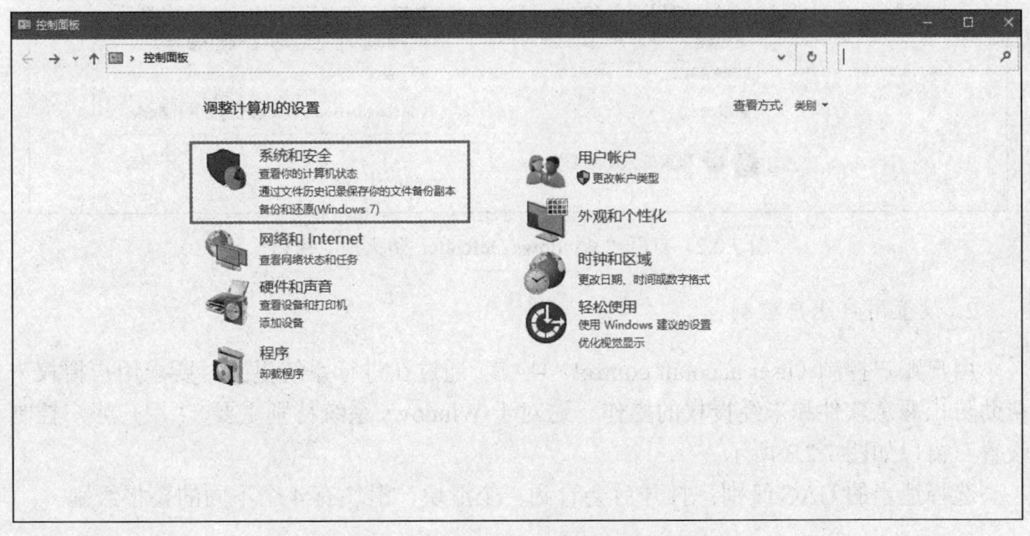

图 7.2.1　在控制面板中找到系统防火墙

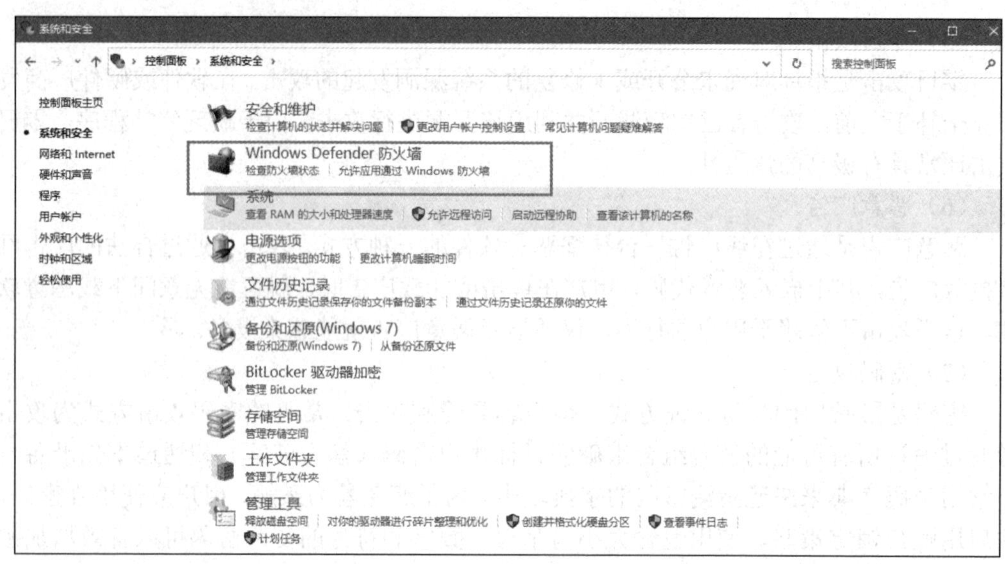

图 7.2.1（续）

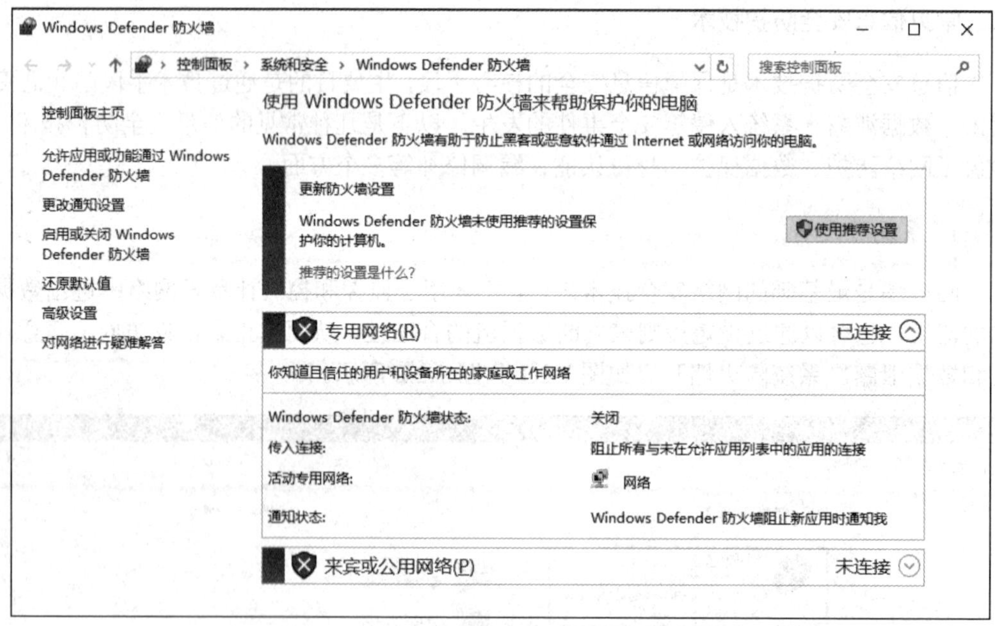

图 7.2.2　打开“Windows Defender 防火墙”窗口

2. 设置用户账户控制

用户账户控制（user account control，UAC）通过在进行系统更改时要求用户授权来帮助防止恶意软件和未经授权的操作。这对于 Windows 系统特别重要。“用户帐户控制设置”窗口如图 7.2.3 所示。

选择适当的 UAC 级别：打开后会看到一个滑块，滑块有 4 个不同的警报级别。

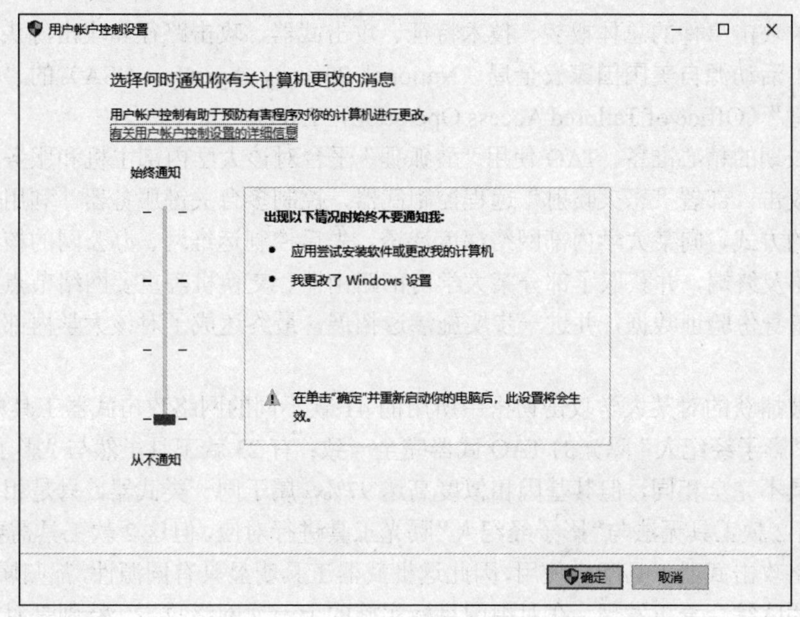

图 7.2.3　“用户帐户控制设置”窗口

1）始终通知：当程序尝试安装软件或更改系统时，始终发出通知。此选项为最高安全性。

2）默认（推荐）：当程序试图更改系统时通知，但不会在自己更改 Windows 设置时通知。这是大多数用户的推荐设置。

3）较低通知：仅当程序更改系统时通知，但不会在应用程序更改时发出通知。这减少了一些弹出窗口，但风险较高。

4）从不通知：关闭所有 UAC 提示，风险最大，不推荐。

建议将滑块设置为“默认”或“始终通知”，然后单击“确定”按钮。

3. 入侵检测与入侵防御系统

入侵检测系统（intrusion detection system，IDS）：用于监控网络或系统中的活动，检测是否有恶意行为或未授权访问的迹象。IDS 可以根据已知的攻击特征或异常行为进行警报，并提供实时反馈。它通常用于监控网络流量、分析日志文件等。

入侵防御系统（intrusion prevention system，IPS）：与 IDS 类似，但 IPS 不仅可以检测入侵，还能够主动阻止攻击。它能实时拦截恶意流量并做出响应，从而防止攻击扩展或造成更大损害。

三、网络安全攻防案例

2022 年 6 月 22 日，某大学发布公开声明称，该校遭受境外网络攻击。

中国国家计算机病毒应急处理中心和 360 公司全程参与了此案的技术分析工作。技术团队先后从该大学的多个信息系统和上网终端中提取到了木马程序样本，综合使用国内现有数据资源和分析手段，并得到欧洲、东南亚部分国家合作伙伴的通力支持，全面还原了相关攻击事件的总体概貌、技术特征、攻击武器、攻击路径和攻击源头，初步判明相关攻击活动源自美国国家安全局（National Security Agency，NSA）的“特定入侵行动办公室”（Office of Tailored Access Operation，TAO）。

经过长期的精心准备，TAO 使用“酸狐狸”平台对该大学内部主机和服务器实施中间人劫持攻击，部署“怒火喷射”远程控制武器，控制多台关键服务器。利用木马级联控制渗透的方式，向某大学内部网络深度渗透，先后控制运维网、办公网的核心网络设备、服务器及终端，并获取了部分某大学内部路由器、交换机等重要网络节点设备的控制权，窃取身份验证数据，并进一步实施渗透拓展，最终达成了对该大学内部网络的隐蔽控制。

此次被捕获的对某大学攻击窃密中所用的 41 款不同的网络攻击武器工具中，有 16 款工具与“影子经纪人”曝光的 TAO 武器完全一致；有 23 款工具虽然与“影子经纪人”曝光的工具不完全相同，但其基因相似度高达 97%，属于同一类武器，只是相关配置不相同；另有 2 款工具无法与“影子经纪人”曝光工具进行对应，但这 2 款工具需要与 TAO 的其他网络攻击武器工具配合使用，因此这批武器工具明显具有同源性，都归属于 TAO。

技术团队综合分析发现，在对中国目标实施的上万次网络攻击，特别是对某大学发起的上千次网络攻击中，部分攻击过程中使用的武器攻击，在“影子经纪人”曝光 NSA 武器装备前便完成了木马植入。按照 NSA 的行为习惯，上述武器工具大概率由 TAO 雇员自己使用。

研究团队经过持续攻坚，成功锁定了 TAO 对某大学实施网络攻击的目标节点、多级跳板、主控平台、加密隧道、攻击武器和发起攻击的原始终端，发现了攻击实施者的身份线索，并成功查明了 13 名攻击者的真实身份。

项目测试题

简答题

1. 简述防火墙的主要功能及分类。
2. 请描述常见的信息安全攻击手段有哪些，并举例说明。
3. 请说明数据备份与数据恢复在信息安全中的重要性。

拓展模块

了解程序设计基础

在当今数字化浪潮汹涌澎湃的时代，程序设计已然成为推动科技进步与社会变革的核心力量。无论是我们日常使用的各类软件、网站，还是支撑企业运营的大型系统，背后都离不开精心设计的程序。本项目简要介绍算法概念、算法特征与描述、Python 程序设计语言的基本语法等内容。

学习目标

知识目标

- 掌握算法的基本概念、基本特征以及算法的描述。
- 掌握计算机程序相关概念及程序设计语言，了解程序设计流程及原则。
- 掌握 Python 编程工具的基本使用方法。
- 掌握 Python 程序设计语言的基本语法、流程控制、数据类型等。

技能目标

- 能够使用 Python 的集成开发环境进行代码的编写、运行、测试和调试。
- 能够将理论知识应用于实际问题，通过程序设计解决实际问题。

思政与职业素养目标

- 注重培养学生的职业素养，以及团队合作和沟通能力。
- 通过程序设计的学习和实践，引导学生树立科学的世界观、人生观和价值观，培养他们的创新思维和解决问题的能力。

任务一 认识程序设计

一、算法

1. 算法概念

算法（algorithm）是指解题方案的准确而完整的描述，是一系列解决问题的清晰指令，算法代表着用系统的方法描述解决问题的策略机制。也就是说，能够对一定规范的输入，在有限时间内获得所要求的输出。

2. 算法的基本特征

1）有穷性（finiteness）：是指算法必须能在执行有限个步骤之后终止。

2）确切性（definiteness）：算法的每一步骤必须有确切的定义。

3）输入项（input）：一个算法有 0 个或多个输入，以刻画运算对象的初始情况，所谓 0 个输入是指算法本身确定了初始条件。

4）输出项（output）：一个算法有一个或多个输出，以反映对输入数据加工后的结果。没有输出的算法是毫无意义的。

5）可行性（effectiveness）：算法中执行的任何计算步骤都是可以被分解为基本的可执行的操作步骤，即每个计算步骤都可以在有限时间内完成（也称之为有效性）。

3. 算法的描述

（1）自然语言描述

自然语言描述是最直观的算法表示方法，它使用人类的语言来描述算法的步骤。这种方法的优点是易于理解，不需要任何专业的编程知识。但是，自然语言描述往往不够精确，容易产生歧义，而且对于复杂的算法，描述起来可能会非常冗长。

例如，用自然语言描述一个简单的加法算法可以是："输入两个数字，将它们相加，得到的结果就是输出。"

（2）流程图表示

流程图是一种图形化的算法表示方法，它使用各种图形符号来表示算法的步骤和流程。流程图的优点是直观、清晰，能够很好地展示算法的逻辑结构。但是，流程图的绘制需要一定的绘图技巧，而且对于复杂的算法，流程图可能会变得非常复杂。流程图中的图形符号说明如表 8.1.1 所示。

表 8.1.1 流程图中的图形符号说明

图形符号	名称	功能
	终端框（起止框）	表示一个算法的开始或者结束
	输入、输出框	表示一个算法输入、输出的信息
	处理框（执行框）	赋值、计算
	判断框	判断某一条件是否成立，成立时在出口处标明"是"或"Y"，不成立时标明"否"或"N"
	流程线	连接程序框
	连接点	连接程序框图的两部分

例如，用流程图表示计算 1 到 1000 的求和过程，如图 8.1.1 所示。

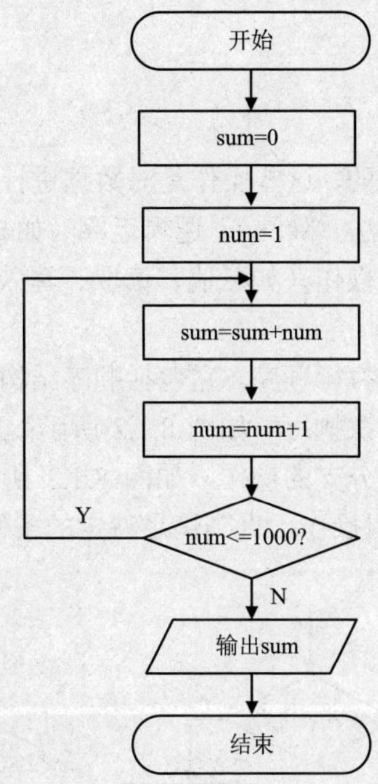

图 8.1.1　1 到 1000 的求和过程流程图表示

（3）伪代码

伪代码是一种介于自然语言和编程语言之间的表示方法，它可以帮助程序员在不依赖特定编程语言的情况下描述算法或程序的逻辑结构。用伪代码写的算法不能被计算机所理解，但便于转换成某种语言编写的计算机程序。

伪代码有如下规定：

- 每个算法以 begin 开始，以 end 结束。若仅表示部分实现代码可省略。
- 每一条指令占一行，指令后不跟任何符号。
- “//”标志表示注释的开始，一直到行尾。
- 算法的输入输出以 input/print 后加参数表的形式表示。
- 赋值语句用符号“←”表示。
- 用缩进表示代码块结构，包括 while 和 for 循环、if 分支判断等。

伪代码示例，计算 1 加到 1000：

```
begin //算法开始
sum ←0
num ← 1
while num <= 1000:
 sum ←sum + num
 num ←num + 1
print(sum)
end //算法结束
```

4. 算法的要素

（1）操作

算法是由一系列操作组成的，这些操作是对数据进行的基本处理步骤。操作可以是算术运算（如加法、减法、乘法、除法）、逻辑运算（如与、或、非）、比较运算（如大于、小于、等于）和数据移动操作（如赋值、读取、写入）等。

（2）控制结构

控制结构用于规定操作的执行顺序。它包括顺序结构、选择结构和循环结构。顺序结构是指操作按照先后顺序依次执行，如图 8.1.2 所示；选择结构（如 if-else 语句）根据条件判断来决定执行哪一个分支的操作，如图 8.1.3 所示；循环结构（如 for 循环、while 循环）用于重复执行一组操作，直到满足特定的条件，如图 8.1.4 所示。

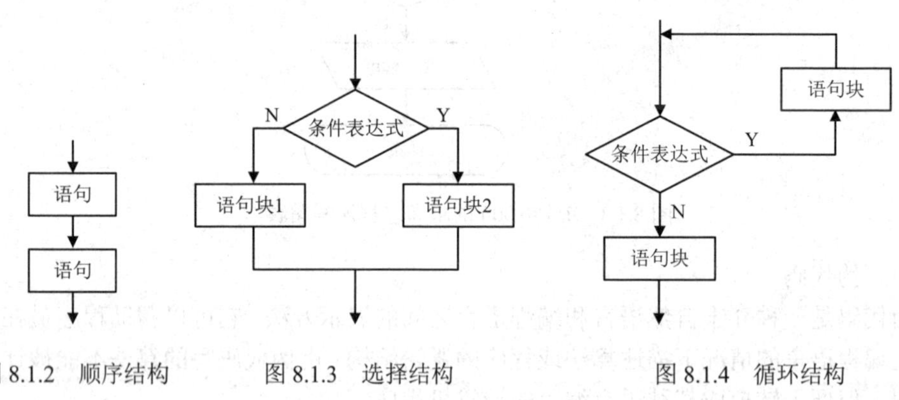

图 8.1.2　顺序结构　　图 8.1.3　选择结构　　图 8.1.4　循环结构

（3）数据

算法操作的数据是算法的重要要素。数据可以是基本数据类型（如整数、实数、字符等），也可以是复杂的数据结构（如数组、链表、树、图等）。算法的性能和功能往往与数据的特性和组织方式密切相关。

（4）输入和输出

算法通常有零个或多个输入，这些输入是算法开始执行前提供的数据或初始条件。输入可以来自用户的输入、文件读取、传感器数据等。算法至少有一个输出，它是算法执行完毕后产生的结果或信息。输出可以是显示在屏幕上的数据、写入文件的数据、控制外部设备的信号等。

二、计算机程序设计

1. 程序与程序设计

（1）程序

程序是一组计算机能识别并执行的指令集合。这些指令是由计算机语言编写的，用于描述计算机应如何执行特定的任务或操作。程序是人与计算机进行交互的桥梁，通过程序，人们可以告诉计算机要做什么、如何做以及何时做。在计算机内部，程序被存储为一系列二进制代码，这些代码由计算机的中央处理器逐条解释和执行。

（2）程序设计

程序设计是指设计、编制、调试程序的方法和过程，即从确定任务到得出结果、写出文档的全过程。

2. 程序设计语言

程序设计语言是用于编写计算机程序的语言，它是程序员与计算机进行交流的工具，分为机器语言、汇编语言、高级语言三种。

（1）机器语言

机器语言是计算机能够直接识别和执行的二进制代码指令集。每一条机器指令都是由操作码和操作数组成，操作码规定了要执行的操作，操作数则指出了操作的对象。

1）优点：执行效率高，因为计算机可以直接执行，无须进行任何翻译或解释。

2）缺点：难以理解和编写，对程序员的要求极高，而且不同类型的计算机可能有不同的机器语言，缺乏通用性。

（2）汇编语言

汇编语言是一种面向机器的低级语言，它使用助记符来代替机器语言的二进制指令代码，使得程序相对容易理解和编写。

汇编语言与机器语言一一对应，不同的计算机体系结构有不同的汇编语言；仍然比较接近机器语言，执行效率较高，但也存在编程复杂、可移植性差等缺点。

（3）高级语言

高级语言是一种更接近人类自然语言和数学表达式的编程语言。它具有较高的抽象层次，程序员可以使用更直观的语法和语义来表达算法和数据结构，而无须关心计算机的底层硬件细节。常见的高级语言有 C、C++、Java、Python、JavaScript 等。

高级语言的优点是编程效率高、可移植性好、可读性强等。

高级语言设计的程序必须经过“翻译”以后才能被机器执行。“翻译”的方法有两种，一种是解释，一种是编译。解释是把源程序翻译一句，执行一句的过程，而编译是源程序翻译成机器指令形式的目标程序的过程，再用连接程序把目标程序连接成可执行程序后才能执行。

3. 程序设计基本步骤与原则

（1）程序设计基本步骤

1）问题分析：明确问题的具体要求，了解输入、输出以及需要处理的数据类型等。

2）设计算法：针对问题设计解决问题的步骤和方法，即算法。算法是程序设计的核心，它决定了程序如何高效地解决问题。

3）编写程序：使用选定的程序设计语言编写程序代码，实现算法。

4）编译和连接：对编写的源程序进行编译和连接，生成计算机可以执行的二进制代码。

5）运行程序并分析结果：运行程序，观察输出结果，并根据输出结果对程序进行调试和优化。

6）编写程序文档：为程序编写详细的文档，包括程序的功能、使用方法、调试步骤等，以便于他人理解和维护。

（2）程序设计基本原则

1）简单性：代码应简洁易懂，避免复杂的逻辑嵌套和冗余代码。简洁的程序易于阅读、调试与维护，能降低出错概率并提高开发效率。例如，合理使用函数和变量名，使其表意清晰。

2）可读性：采用规范的命名、适当的缩进和注释。清晰的程序结构可让其他开发者迅速理解程序功能与流程，方便团队协作和后续的代码修改与完善。

3）可维护性：程序设计要考虑未来的扩展与修改。模块化设计是关键，将功能划分为独立模块，各模块职责明确。当需求变更时，只需针对性地修改相关模块，而不会牵一发而动全身。

4）高效性：注重算法和数据结构的选择，以减少时间和空间复杂度。例如，在大规模数据处理时，选用高效的排序或查找算法，能显著提升程序运行速度，优化内存使用，使程序在资源有限的环境下仍能良好运行。

任务二　学习 Python 基础知识

一、Python 简介

Python 是一种高级、解释型、通用型编程语言，由 van Rossum（范罗苏姆）于 1991 年首次发布。Python 语法简洁清晰，强调代码可读性和简洁的语法，让程序员能够用更少的代码表达想法。

Python 的特点如下。

1）易学易用：Python 语法简洁，强调代码的可读性和简洁的语法，让初学者更容易上手。

2）强大的库支持：Python 拥有庞大的标准库和第三方库，几乎覆盖了所有领域，使得开发更加高效。

3）跨平台性：Python 可以在 Windows、Linux、macOS 等多个操作系统上运行，无须修改代码即可实现跨平台运行。

Python 的应用领域广泛，包括数据分析、机器学习、Web 开发、自动化运维等多个方面，已成为当前最受欢迎的编程语言之一。

二、编写第一个 Python 程序

在使用 Python 之前，需要先安装 Python 解释器。Python 的官方网站提供了适用于不同操作系统的安装包。安装完成后，可以通过命令行、IDEL 或集成开发环境（integrated development environment，IDE）来运行 Python 代码。常见的 Python IDE 包括 PyCharm、VSCode、Jupyter Notebook 等。

IDLE 是 Python 自带的集成开发工具，在 Windows 系统“开始”菜单中选择“所有应用\Python3.9UDLE(Python 3.9 64-bit)”命令，启动 IDLE 的交互式解释器工具 Python 3.9.2 shell，如图 8.2.1 所示。

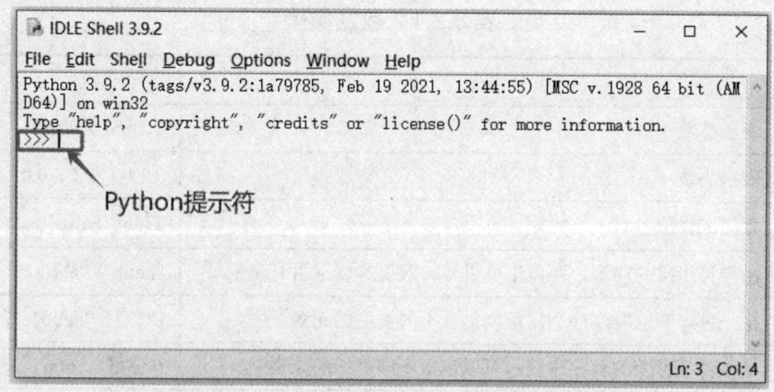

图 8.2.1 启动 Python 3.9.2 Shell

在 IDLE 交互式解释器中，选择“File”→“New File”命令或按 Ctrl+N 组合键，打开 IDLE 编辑器，可编写程序。编写第一个 Python 程序——“hello Python”。保存并选择“Run”→“Run Module”命令或按 F5 键运行程序，如图 8.2.2 所示。

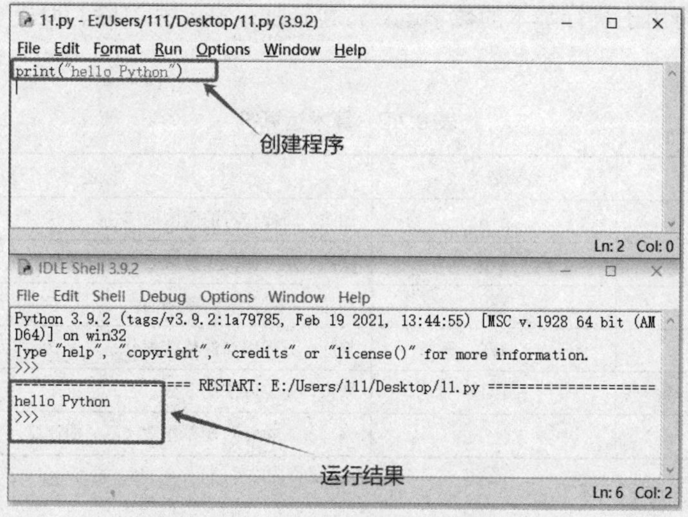

图 8.2.2 编写第一个 Python 程序并运行

三、Python 的基本语法

1. 变量与数据类型

1）变量：在 Python 中，变量无须事先声明类型，可以直接赋值。

变量名可以包含字母、数字和下划线，但不能以数字开头，如：x = 10，y = "Hello, World!"，z = 3.14。

2）数据类型：Python 中有多种数据类型，包括整数（int）、浮点数（float）、布尔（bool）、字符串（str）、列表（list）、元组（tuple）、字典（dict）等，如表 8.2.1 所示。

表 8.2.1　数据类型

数据类型	描述	示例
整数	表示整数	1、-5、100
浮点数	表示小数	3.14、-2.5、0.0
布尔	存储逻辑值	True、False
字符串	由字符组成的序列，可以用单引号、双引号或三引号表示	"hello"、'abc'
列表	是一种可变的有序序列，可以包含不同类型的元素	[2、3、"hello"、2.3]
元组	是一种不可变的有序序列，可以包含不同类型的元素	("你好"、666、2.9)
字典	是一种无序的键值对集合，可以包含不同类型的键和值	{"name"= "张三"、"age"=18}

2. 运算符

Python 支持各种运算符，包括算术运算符、比较运算符、逻辑运算符等。

（1）算术运算符

算术运算符用于执行基本的数学运算，包括加、减、乘、除、取模等，如表 8.2.2 所示。

表 8.2.2　算术运算符

运算符	逻辑表达式	描述
+	a+b	加法，对操作符的两侧加值
-	a-b	减法，从左侧操作数减去右侧操作数
*	a*b	乘法，相乘运算符两侧的值
/	b/a	整除，只保留商的整数部分
%	a%b	取余，返回除法的余数
**	a**b	幂运算，执行对操作指数（幂）的计算

（2）比较运算符

比较运算符用于比较两个值的大小关系或相等性，如表 8.2.3 所示。

表 8.2.3　比较运算符

运算符	逻辑表达式	描述
==	a==b	等于，比较对象是否相等
!=	a!=b	不等于，比较两个对象是否不相等
>	a>b	大于，返回 x 是否大于 y。返回 1 表示真，返回 0 表示假。这分别与特殊的变量 True 和 False 等价
<	a<b	小于，返回 x 是否小于 y
<=	a<=b	小于等于，返回 x 是否小于等于 y
>=	a>=b	大于等于，返回 x 是否大于等于 y

（3）逻辑运算符

逻辑运算符用于组合和操作布尔值，其结果仍为布尔值，如表 8.2.4 所示。

表 8.2.4　逻辑运算符

运算符	逻辑表达式	描述
and	x and y	布尔“与”，如果 x 为 False，x and y 返回 False，否则它返回 y 的计算值
or	x or y	布尔“或”，如果 x 是 True，它返回 x 的值，否则它返回 y 的计算值
not	not x	布尔“非”，如果 x 为 True，返回 False；如果 x 为 False，它返回 True

3. 输入和输出

在 Python 中，输入和输出功能是非常重要的部分，它们允许程序与用户进行交互以及处理数据，具体如表 8.2.5 所示。

表 8.2.5　函数输入输出

函数类型	函数名称	函数说明	函数格式
输入函数	input()	接收用户从控制台输入的内容，返回一个字符串	name = input ("请输入你的名字：")
输出函数	print()	将指定的内容输出到控制台，可以输出多个值，用逗号分隔	print("Hello, World!")；print("x =", x)

4. 注释

（1）单行注释

使用#开头，后面的内容为注释。单行注释主要用于对某一行代码进行简短的说明。例如：

```
#这是一个单行注释
x = 10  # 这里注释变量 x 的初始值
```

（2）多行注释

使用三个单引号“'''”或三个双引号“"""”包裹起来的内容为多行注释。多行注释通常用于对一段代码或一个函数进行较为详细的说明。

5. 表达式

（1）定义

表达式是由操作数和运算符组成的代码片段，它会产生一个值。例如：2 + 3、x * y、len([1, 2, 3]) 等都是表达式。

（2）常见类型

1）算术表达式：由算术运算符（如 +、-、*、/、% 等）组成，用于进行数学运算。

2）比较表达式：使用比较运算符（如 ==、!=、<、>、<=、>=）来比较两个值，结果为布尔值（True 或 False）。

3）逻辑表达式：由逻辑运算符（如 and、or、not）组成，用于对布尔值进行逻辑运算。

4）成员表达式：使用 in 和 not in 运算符来检查一个值是否在一个序列中。

四、程序分支结构

1. 单分支选择结构

if 语句：用于单分支判断，语法如下：

```
if<条件表达式>:
    <语句块>
```

2. 双分支选择结构

if-else 语句：用于双分支判断，语法如下：

```
if<条件表达式>:
    <语句块 1>
else:
    <语句块 2>
```

例如，判断一个数是奇数还是偶数并输出相应结果。

（1）算法设计

1）输入一个整数。

2）用这个整数对 2 取余。

3）如果余数为 0，则这个数是偶数，否则是奇数。

4）输出判断结果。

（2）编写代码

```
number =int(input("请输入一个整数: "))
if number % 2 == 0:
    print("{number} 是偶数。")
else:
    print("{number} 是奇数。")
```

3. 多分支选择结构

if-elif-else 语句：用于多分支判断，语法如下：

```
if<条件表达式 1>:
    <语句块 1>
elif<条件表达式 2>:
    <语句块 2>
...
elif<条件表达式 n-1>:
    <语句块 n-1>
else:
    <语句块 n>
```

例如，根据学生成绩划分等级。90 分以上为优秀，80 分以上为良好，70 分以上为中等，60 分以上为及格。

（1）算法设计

1）输入学生成绩。

2）判断成绩的范围，成绩大于等于 90 分为优秀，大于等于 80 分为良好，大于等于 70 分为中等，大于等于 60 分为及格，小于 60 分为不及格。

3）根据不同的范围输出对应的等级。

（2）编写代码

```
score = float(input("请输入学生成绩："))
if score >= 90:
    print("优秀")
elif score >= 80:
    print("良好")
elif score >= 70:
    print("中等")
elif score >= 60:
    print("及格")
else:
    print("不及格")
```

五、程序循环结构

1. for 循环

for 循环用于遍历可迭代对象，如列表、元组、字符串等。语法如下：

```
for<迭代变量>in<序列> :
<语句块>
```

例如，计算 1 到 100 中所有能被 3 或 5 整除的数的和。

（1）算法设计

1）初始化一个变量 sum 为 0，用于存储最终的和。

2）遍历从 1 到 100 的所有整数。

3）对于每个整数，判断它是否能被 3 或 5 整除，如果能，则将其加到 sum 中。

4）遍历结束后，sum 中存储的就是 1 到 100 中所有能被 3 或 5 整除的数的和。

（2）编写代码

```
sum = 0
i=1
for i in range(1, 101):
    if i % 3 == 0 or i % 5 == 0:
        sum += i
        i = i + 1
print("1 到 100 中能被 3 或 5 整除的数的和为", sum)
```

2. while 循环

根据条件重复执行一段代码，直到条件不成立为止。一般用于不知道循环次数的循环案例中，语法如下：

```
while<条件表达式>:
    <语句块>
```

例如，计算 1 到 n 的整数之和，直到和大于 1000 为止。

（1）算法设计

1）提示用户输入一个正整数 n。

2）初始化一个变量 sum 为 0，用于存储累加的和。

3）初始化一个变量 i 为 1。

4）使用 while 循环，当 sum 小于等于 1000 时执行循环体。

5）在循环体中，将 i 加到 sum 上，然后 i 自行加 1。

6）循环结束后，输出最终的和以及最后累加的那个数 i。

（2）编写代码

```
n = int(input("请输入一个正整数 n: "))
sum = 0
i = 1
while sum <= 1000:
    sum += i
    i += 1
print("当和大于 1000 时，和为", sum, "最后累加的数是", i - 1)
```

项目测试题

编程题

1. 编写一个程序，判断输入的年份是否为闰年。
2. 用 Python 代码实现一个简单的选择结构，根据用户输入的数字判断是否大于 10。

云 计 算

云计算是一种通过互联网提供计算服务（包括服务器、存储、数据库、网络、软件、分析等）的模式。这些服务可以按需提供给用户，用户可以根据自己的需求使用和付费，就像使用水电一样方便。

学习目标

知识目标

- 了解云计算的定义。
- 了解云计算的主要供应商、主要应用场景以及安全与隐私。
- 熟练掌握云计算的特点、服务类型和部署模式。

技能目标

- 能够根据不同业务场景需求，准确区分并合理选用云计算服务类型。
- 熟练掌握云计算在公有云、私有云、混合云三种部署模式下的特点和优势。

思政与职业素养目标

- 培养深厚爱国情怀，明确在国家信息化建设等方面的责任，积极利用云计算技术推动社会可持续发展，关注其在各领域应用，如环保、医疗、教育等，立志为国家科技进步贡献力量。
- 树立正确职业价值观和操守，遵守行业道德规范，保护用户隐私和数据安全。

任务一　认识云计算

云计算是指将计算任务分布在由大规模的数据中心或大量的计算机集群构成的资源池上，使各种应用系统能够根据需要获取计算能力、存储空间和各种软件服务，并通过互联网将计算资源免费或按需租用方式提供给使用者。由于云计算的“云”中的资源在使用者看来是可以无限扩展的，并且可以随时获取，按需使用，随时扩展，按使用付费，这种特性经常被称为像水电一样使用 IT 基础设施。

1. 云计算的定义

云计算是通过互联网“云”将巨大的数据计算处理程序分解成无数个小程序，然后通过多部服务器组成的系统进行处理和分析这些小程序，得到结果并返回给用户。它是一种全新的网络应用概念，核心是以互联网为中心，在网站上提供快速且安全的云计算服务与数据存储，让使用互联网的人都可以使用网络上的庞大计算资源与数据中心。

云计算的资源是动态易扩展且虚拟化的，通过互联网提供。用户不需要了解云中基础设施的细节，也无须直接进行控制，只关注自己真正需要的资源以及如何通过网络得到相应的服务。

2. 云计算的特点

理解和掌握云计算的性质，便于人们更好地理解云计算的应用。云计算的特点主要有以下几个方面。

1）超大规模。云计算在资源规模层面，拥有海量服务器提供强大计算力，云存储可达 PB、EB 级容纳海量数据。服务能力上，能同时处理大量用户请求，如海量的购物操作；具备高带宽实现高速数据传输，如云游戏的流畅体验。用户覆盖范围维度大，大型提供商全球设数据中心，实现全球服务覆盖，跨国公司可依此降低延迟；还能支持海量用户同时使用，让千万用户同时在线办公，满足各类需求。

2）虚拟化。云计算的虚拟化是一将物理资源（如服务器、存储设备、网络等）抽象为虚拟资源（环境）的技术，这些虚拟环境可以独立运行操作系统和应用程序。例如，一台物理服务器可以通过虚拟化技术变成多台虚拟服务器，每台虚拟服务器都有自己的 CPU、内存、硬盘等虚拟资源。

3）高可靠性。云计算能够稳定、持续地提供服务，保证数据安全和系统正常运行。

4）通用性。云计算服务能够广泛适用于多种不同的应用场景和用户需求。

5）高扩展性。云计算系统能够灵活、高效地应对资源需求的变化，无论是计算、存储还是网络资源，都可以根据业务规模自动调整服务器数量。

6）按需服务。用户能根据自身实际需求获取云计算资源，就像用水用电一样，用户可以灵活地选择存储容量、网络带宽等资源。

7）极其廉价。用户能根据自身实际使用资源进行付费。例如，百度网盘可以根据实际需要购买相应服务。

8）安全。云计算是提供保护数据、应用和基础设施的一系列手段。通过身份认证、访问控制、数据加密等技术，确保云计算服务稳定可靠，让用户放心地使用云计算资源，如防止数据泄露、非法访问等。

9）方便。用户无须再关注硬件设备和软件安装维护，可随时随地通过网络按需访问资源，极大地提高了工作和生活的便捷性与效率。

任务二 了解云计算的技术架构

一、云计算服务类型

云计算的服务类型如图 9.2.1 所示。

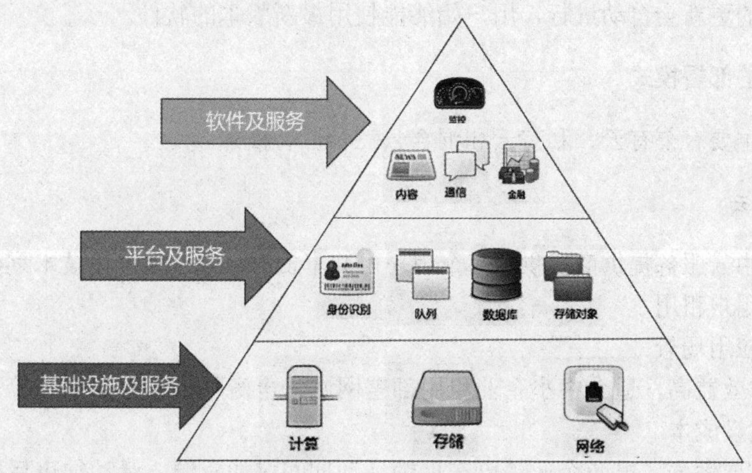

图 9.2.1　云计算的服务类型

1. 基础设施即服务（infrastructure as a service，IaaS）

IaaS 是云计算最基础的服务类型。它提供了基本的计算资源，如虚拟服务器、存储和网络连接。用户可以像使用物理硬件一样使用这些虚拟资源，能够自由地安装操作系统、运行应用程序和配置网络环境。

亚马逊的 AWS EC2（elastic compute cloud）是典型的 IaaS。企业可以在 EC2 上租用虚拟服务器，根据自己的业务需求选择不同的 CPU、内存和存储配置。就像在自己的数据中心拥有物理服务器一样，用户可以在这些虚拟服务器上部署网站、数据库等应用程序。

2. 平台即服务（platform as a service，PaaS）

PaaS 在 IaaS 的基础上提供了一个完整的开发和运行平台。它包括操作系统、编程语言运行环境、数据库管理系统等。开发者可以在这个平台上直接开发、测试和部署应用程序，而无须关注底层的硬件和网络基础设施。

谷歌的 App Engine 是 PaaS 的代表。开发者使用 App Engine 时，不需要自己搭建服务器和配置数据库等复杂操作。他们可以使用平台提供的编程语言（如 Python、Java）支持，快速开发应用。例如，开发一个移动应用的后端服务，平台会负责应用的运行、扩展和维护。

3. 软件即服务（software as a service，SaaS）

SaaS 是一种通过互联网提供软件服务的模式。用户无须在本地安装软件，而是通过浏览器或专用客户端访问云端的软件应用。软件的更新、维护和管理都由云服务提供商负责。

微软的 Office 365 就是 SaaS 的典型例子。用户可以通过浏览器登录 Office 365 账号，使用 Word、Excel、PowerPoint 等办公软件进行文档编辑、数据处理和演示文稿制作等工作。软件的更新会自动进行，用户始终能使用最新版本的软件。

二、云计算的部署模式

云计算主要有公有云、私有云和混合云三种部署模式。

1. 公有云

公有云由云服务提供商提供，多个用户可共享资源，通过虚拟化技术划分成虚拟资源池供不同用户租用。

特点及应用场景：

- 成本效益高，适合中小企业租用部署网站、电商平台或办公系统等，降低信息化建设成本。
- 可扩展性强，电商企业等可在促销活动期间增加资源，活动结束后减少资源避免浪费。

2. 私有云

私有云由企业自己构建和使用，仅供内部用户，可部署在企业自己的数据中心或由云服务提供商提供专属服务，资源独占，不与其他企业共享。

特点及应用场景：

- 安全性高，适合金融机构、医疗机构等对数据隐私和安全要求高的企业，如银行核心业务系统，可更好控制数据访问和安全策略。
- 定制性强，制造企业可根据生产管理流程定制软件和硬件配置，提高生产效率。

3. 混合云

混合云结合了公有云和私有云特点，企业将非核心业务或安全要求低的业务存放在公有云中，核心业务和敏感数据存放在私有云中。

特点及应用场景：

- 灵活性高，大型零售企业可将促销活动系统存放在公有云，库存管理系统存放在私有云。
- 平衡成本和安全，科研机构可将普通实验数据存放在公有云，知识产权和核心技术数据存放在私有云。

三、云计算的主要提供商

1. 阿里云

阿里云的主要特点：提供综合云计算服务。

阿里云的代表产品：阿里云 ET 大脑，为城市、工业、金融等行业提供智能解决方案；云操作系统——飞天系统，是阿里云自主研发的大规模分布式云计算操作系统。

2. 腾讯云

腾讯云的主要特点：提供综合云计算服务，主要在云游戏解决方案方面有突出表现。

腾讯云代表产品：提供游戏云服务和游戏加速服务。

3. AWS（Amazon Web Services）亚马逊

AWS 的主要特点：提供全球云服务。

AWS 的代表产品：AWS 全球基础设施，遍布全球的数据中心和服务设施；拥有丰富云产品，如计算、存储、数据库服务，包括 Amazon EC2、S3、RDS 等产品服务。

此外，华为云、百度云、微软 Azure 等也是云计算领域的重要提供商。它们在不同的领域和市场中都有着各自的优势和特色。

四、云计算的主要应用场景

云计算的应用场景主要有以下几个方面。

1. 大数据处理

1）分析海量数据，使用云计算进行大规模数据挖掘和分析。

2）机器学习与人工智能，利用云计算进行机器学习和人工智能训练。

2. 移动应用开发

1）提供后端服务，为移动应用提供后端云服务，如 API 和数据库服务。

2）快速部署和测试，快速部署移动应用原型，进行测试和迭代。

3. 企业资源计划（enterprise resource planning，ERP）

1）企业资源计划，在云端托管企业资源规划系统。

2）业务流程自动化，通过 ERP 云服务实现业务流程自动化。

五、云计算的安全与隐私

1. 数据安全性

1）加密和访问控制，利用先进加密算法，在数据传输和存储时能有效防止数据被非法获取。基于角色的访问控制和多因素认证可确保只有特定管理员和授权用户能访问敏感数据，且访问时需多种方式认证。

2）安全合规性，云计算的全球化特性使其必须应对不同国家和地区的法规要求。

2. 隐私保护措施

1）数据隔离，云服务提供商需运用先进技术，实现物理和逻辑隔离。

2）隐私保护政策，云服务提供商要制定详细且易懂的隐私政策，阐明数据收集、使用、存储和共享方式，让用户清楚其承诺与责任。

六、云计算的发展趋势

1. 混合云和多云发展趋势

混合云同时具有私有云和公有云的优点，为企业提供了更加灵活和高效的解决方案。

私有云通常提供更高的安全性和可控性，适合存储企业的敏感数据和关键业务应用，而公有云则具有弹性扩展、成本效益高和丰富的服务等优势。混合云将两者结合起来，企业可以根据自身需求，将不同的业务和数据分别部署在私有云和公有云上。

多云管理也是混合云发展的一个重要方面。随着企业对云计算的应用越来越广泛，很多企业会同时使用多个云平台，以满足不同的业务需求和降低风险。多云管理可以实现跨多个云平台的资源管理和优化，提高资源利用率和降低成本。

2. 边缘计算

边缘计算将计算和存储资源部署在靠近数据源的边缘设备上，减少数据传输的延迟和带宽消耗，提高数据处理的实时性和效率。

在物联网、智能交通、工业自动化等领域，边缘计算具有重要的应用价值。例如，在智能交通系统中，边缘计算可以实时处理交通摄像头和传感器的数据，实现交通流量监测、事故预警等功能。

3. 量子计算

量子计算机在处理复杂问题上具有巨大优势，能够在短时间内解决传统计算机难以解决的问题，如大规模的优化问题、复杂的密码破解等。

越来越多的云服务提供商正在投资量子计算的研究和开发，未来可能会提供量子计算服务，企业可以通过云平台访问量子计算资源，进行相关的实验和应用探索。

4. 人工智能与机器学习的深度结合

云服务提供商将不断增强人工智能和机器学习相关的服务。一方面，升级基础设施以支持更强大的计算能力，满足大规模数据训练和模型推理的需求；另一方面，配备专门的人工智能芯片，提高计算效率和性能。

在云平台上，企业能够更便捷地使用预配置的机器学习模型和人工智能工具，开发智能应用，如智能客服、智能推荐系统、预测性维护等，提升业务效率和用户体验。

项目测试题

简答题

1. 简述云计算的定义及其原理。
2. 请分别阐述云计算的三种服务类型（IaaS、PaaS、SaaS），并各举一个示例。
3. 谈谈云计算未来的发展趋势（至少提及三个方面）。

认识人工智能

人工智能是研究、开发用于模拟、延伸和扩展人的智能的理论、方法、技术及应用系统的一门新的技术科学。熟悉和掌握人工智能相关技能，是建设未来智能社会的必要条件。本项目包含人工智能核心技术、生成式人工智能等内容。

学习目标

知识目标

- 了解人工智能的定义、基本特征和社会价值。
- 了解人工智能的发展历程，以及其在互联网及各传统行业中的典型应用和发展趋势。

技能目标

- 熟悉人工智能技术应用的基本流程和步骤。
- 能使用人工智能相关应用解决实际问题。

思政与职业素养目标

- 能辨析人工智能在社会应用中面临的伦理、道德和法律问题。
- 积极应对人工智能带来的变革，不断学习提升，倡导和谐人机协作关系。
- 增强人工智能发展的社会责任感，兼顾群体利益，树立正确科技价值观，认识人类核心地位，避免过度依赖人工智能。

任务一　了解人工智能核心技术

人工智能是研究人类智能活动的规律，构造具有一定智能的人工系统，研究如何让计算机去完成以往需要人的智力才能胜任的工作。人工智能是新质生产力的引擎，是引领新一轮科技革命和产业变革的战略性技术。通过创新性配置生产要素，赋能产业深度转型升级，提升全要素生产率，为科学技术创新提供原动力。新质生产力的崛起，使得人工智能成为了推动经济高质量发展的关键力量。

一、人工智能的分类

人工智能根据能力被划分为三类：弱人工智能、强人工智能和超人工智能。

1）弱人工智能，也被称为狭义人工智能或领域特定人工智能，是指那些专注于且只能解决特定领域问题的人工智能。这种类型的人工智能无法进行类似人类智能的广泛学习和推理活动，其功能和表现有限，只能处理既定任务，并不能自主地扩充或深化知识。弱人工智能是一种局限于特定任务领域的智能系统，其智能程度有限，无法自主学习和进化。

2）强人工智能又称通用人工智能或完全人工智能，是指那些能够像人类一样进行全面思考、决策和学习的人工智能系统。强人工智能不仅仅是在特定领域内进行任务，更像是具有智慧和自我意识的智能体。这种系统不仅能够理解自然语言、掌握知识、进行推理和解决问题，还具备自我学习和改进的能力。强人工智能的目标是实现与人类智慧相当甚至超过人类智能的水平。它能够理解和分析复杂的问题，提出解决方案，并根据反馈不断优化和改进自身的性能。

3）超人工智能是指在几乎所有领域都比最聪明的人类大脑更聪明的人工智能形态。超人工智能具有自主决策的能力，能够评估情况、分析数据并独立做出决策。此外，超人工智能还可能具备创造性和情感等能力，使其能够在复杂环境中进行自主活动。目前超人工智能还只是一种理论上的概念，尚未实现。

二、人工智能应用研究

人工智能的应用研究主要有自然语言处理、图像识别、语音识别、专家系统和机器人等五个领域。

1. 自然语言处理

自然语言处理（natural language processing，NLP），就是用计算机来处理、理解以及运用人类语言。目标是让计算机理解人类的语言，从而弥补人类交流（自然语言）和计算机理解（机器语言）之间的差距。

自然语言处理应用十分广泛，包括机器翻译、手写体和印刷体字符识别、语音识别及文语转换、信息检索、信息抽取与过滤、文本分类与聚类、舆情分析和观点挖掘等。

例如，出国出差或旅游，只需手机下载相关翻译 App，使用其同声传译功能，足可应对日常会话等简单需求。这类 App 同时支持多国语言，还具有文本翻译、拍照翻译等功能，语言不通将成为过去式。

2. 图像识别

图像识别，是指利用计算机对图像进行处理、分析和理解，以识别各种不同模式的目标和对象的技术，应用有人脸识别技术、车牌识别技术以及机器视觉等。例如，人脸识别包括熟知的刷脸支付、刷脸进站、考勤打卡、小区门禁等，银行取款也可以刷脸。

在农业工业场景中，还有猪脸识别、鱼脸识别等技术变种，可以提高养殖效率，创造经济价值。

3. 语音识别

语音识别，就是让机器通过识别和理解过程把语音信号转变为相应的文本或命令。换句话说，就是人与机器进行语音交流，让机器明白人类说了什么。

语音识别技术已经深入我们的生活，如手机里的语音输入法、语音助手、语音检索等应用；智能家居、智能可穿戴设备、智能车载设备的语音交互功能，如 Siri、小爱、度秘、小娜和小冰等虚拟个人助理。

一些传统的行业也正在被语音识别渗透，如医院里使用语音进行电子病历录入，法庭的庭审现场通过语音识别分担书记员的工作，还有影视字幕制作、呼叫中心录音质检、听录速记等行业需求都可以用语音识别技术来实现。

4. 专家系统

现在的专家系统，不同于 20 世纪八九十年代的专家系统，除了含有大量的某个领域专家水平的知识与经验，能进行推理和判断，更具备机器学习能力，能够从海量数据中归纳抽象获得知识，自己学习进化。

（1）智能医疗系统

从检测皮肤癌、分析 X 光和核磁共振扫描，到提供个性化的健康提示和管理整个医疗系统，智能医疗系统不会取代医生，但它可以分担一些工作，为患者带来更好的医疗服务。

（2）智慧城市

智慧城市是将交通、能源、供水等基础设施全部数字化，将散落在城市各个角落的数据进行汇聚，再通过超强地分析、超大规模地计算，实现对整个城市的全局实时分析，让城市智能地运行起来。智慧城市率先解决的问题就是堵车。今年杭州的城市大脑，通过对地图数据、摄像头数据进行智能分析，从而智能地调节红绿灯，成功将车辆通行速度最高提升了 11%，大大改善了出行体验。

雄安新城已相继和阿里巴巴、腾讯、百度签署战略合作协议，将通过人工智能技术，解决交通拥堵、自动驾驶、身份识别和授权、绿色经济发展和公共效率提高等问题，有望成为全球历史上第一个人工智能城市。

5. 机器人

现在的机器人既可以接受人类指挥，又可以运行固定程序，还可以深度学习，不断进化。目标是协助或取代人类工作，尤其一些机械重复或危险的工作。

（1）无人驾驶汽车

无人驾驶汽车主要利用车载传感器来感知车辆周围环境，获得道路、车辆位置和障碍物等信息，依托庞大的云端数据、精确到厘米级的高精度地图和算法程序，自动规划行车路线，控制车辆的转向和速度等，完全替代人类成为操控车辆的“司机”，使车辆能够安全、可靠地在道路上行驶。

（2）物流机器人

目前，菜鸟物流的配送机器人小 G 在浙江一家铁路运输法院实现了智能配送。它能精确识别环境，避开小障碍物，甚至可以感知电梯拥挤程度，不和人抢乘电梯。同样，京东物流的智能无人车也在大学校园实现了自动规避障碍物、行人和车辆的安全配送。在无人机方面，不仅顺丰等物流公司在重点布局，京东等电商也在积极投入。

任务二 生成式人工智能

生成式人工智能是一种基于机器学习和深度学习技术的人工智能，它能学习数据规律并生成新内容，如文本、图像、音频等，其核心原理包括生成对抗网络、变分自动编码器等架构及相关训练过程。它经历了早期探索、沉淀积累和快速发展阶段，应用广泛，涵盖内容创作、设计建模、数据增强、个性化推荐等领域，但也面临虚假信息、伦理道德等问题，需规范发展。本任务使用一个生成式人工智能创建一个关于人工智能的文字描述及音频。

一、生成式人工智能概述

1. 定义

生成式人工智能是指能够根据提示生成文本、图像、音频、视频或其他媒体信息的人工智能，其核心在于利用机器学习技术在现有的大规模多模态数据集基础上，学习数据的规律和模式，进而生成新的数据。

2. 工作原理

1）基于深度学习模型，如循环神经网络、变分自动编码器、生成式对抗网络和 Transformer 架构等，这些模型通过学习大量的输入数据，并利用概率模型来生成新的数据。

2）预训练与微调：通常先在大规模的无监督数据上进行预训练，学习数据的一般特征和规律，然后在特定的任务或领域上进行微调，以适应具体的生成需求。

3. 特点

1）涌现能力：在模型足够大和建模能力足够强的情况下，能够具备自然语言理解的推理能力，通过思维链提示解决复杂推理难题。

2）基础承载能力：在生成式对抗网络和 Transformer 等生成算法支持下，降低对标注数据依赖，利用未标注数据自主学习规律，并通过微调提升特定任务上的模型能力，实现多领域任务统一建设。

3）自然语言交互：基于自然语言交互的平台涌现，使生成式人工智能不仅适用于专业人员，还包括普通民众，但也引入了数据和数据安全风险。

4. 类型

1）文本生成：可划分为非交互式和交互式。非交互式包括摘要/标题生成、文本风格迁移、文章生成以及图像生成文本等；交互式则包括聊天机器人、文本交互游戏等。

2）音频生成：使用算法和模型生成人工音频，应用于文本转语音、智能家居、车载音响、虚拟助手等场景。

3）图像生成：分为图像编辑修改和图像自主生成两大类，可用于图像修复、人脸替换、图像去水印以及参照文字生成绘画图像等。

4）视频生成：包括视频编辑和视频自主生成，可应用于视频超分辨率、视频修复、图像生成视频、文本生成视频等领域。

5）跨模态生成：通过结合不同模态的AI技术，实现模态之间的转换和生成，可广泛应用于艺术创作、广告营销、教育培训、医疗诊断等多个领域。

5. 应用领域

1）内容创作：自动生成新闻报道、小说、诗歌、剧本等文本内容，以及创造全新的艺术作品，根据文字描述生成图像等。

2）设计与建模：生成建筑设计方案、服装设计草图、3D模型等，用于游戏开发、电影特效以及虚拟现实和增强现实内容的创建。

3）数据增强与模拟：生成额外的训练样本以提高模型的鲁棒性和泛化能力，还能模拟复杂系统的行为，为科研提供仿真环境。

4）个性化推荐：分析用户的历史行为和偏好，生成个性化的内容推荐，如电影、音乐、购物产品等。

5）虚假内容检测：训练AI模型识别图像、视频或音频中的微小差异，判断内容是否被篡改，维护信息的真实性和可靠性。

6）教育与培训：根据学生的学习进度和理解能力生成适合的教学内容，或模拟现实世界的场景进行技能训练，如模拟手术、飞行训练等。

7）交互式娱乐：创建动态变化的游戏环境和情节，根据玩家的行为和偏好实时生成游戏内容，提供个性化的游戏体验。

二、常见的生成式人工智能应用程序

1. 内容创作与编辑类

（1）ChatGPT

ChatGPT由OpenAI开发，可生成各种文本内容，如文章、故事、对话、摘要等，还能进行文本翻译、问答等，广泛应用于写作、教育、客服等领域。

（2）Lilt Create

Lilt Create 是 Lilt 推出的多语言写作应用程序，使区域团队能够借助生成式人工智能，快速、直接地创建符合品牌的企业级内容，支持多种语言，有助于企业制定全球内容创建策略。

（3）WPS AI

WPS AI 接入了文字、海外版表格、PPT 演示文稿、PDF 四大日常办公组件，能帮助用户自动生成文章摘要、演讲稿等，还可自动识别并转换表格数据、提取关键信息等，提升办公效率。

2. 图像与设计类

（1）DALL-E

DALL-E 是 OpenAI 开发的图像生成模型，可根据文字描述生成高质量、逼真的图像，在艺术创作、广告设计、游戏开发等领域有广泛应用，为设计师提供创意灵感和素材。

（2）Stable Diffusion

Stable Diffusion 能够生成各种风格和主题的图像，且可通过调整参数控制图像的细节和风格，被广泛应用于插画绘制、平面设计、影视特效制作等行业，还支持图像编辑和修改，如图片修复、风格迁移等。

3. 音频与音乐类

（1）WaveNet

WaveNet 是谷歌开发的音频生成模型，可生成自然流畅的语音和音乐，用于文本转语音、语音合成等应用，能为有声读物、语音助手等提供高质量的语音输出。

（2）AIVA

AIVA 是专注于音乐创作的生成式人工智能，可生成各种风格和类型的音乐，如古典音乐、流行音乐等，为音乐创作提供灵感和素材，也可用于影视配乐、游戏音乐等领域。

4. 视频与动画类

（1）Gen-2

Gen-2 是 Runway 开发的视频生成模型，可根据文字描述或图像生成视频内容，为视频制作提供了新的创作方式，可应用于电影特效制作、广告宣传、动画短片创作等领域。

（2）Make-A-Video

Make-A-Video 是 Meta 开发的视频生成技术，能够根据文本提示生成短视频，在一定程度上降低了视频创作的门槛，有助于快速制作出具有创意的视频内容。

5. 代码开发类

（1）GitHub Copilot

GitHub Copilot 可根据用户输入的代码上下文，自动生成代码片段、函数或完整的代码文件，支持多种编程语言，能帮助开发人员提高编程效率，减少错误和重复劳动。

（2）Tabnine

Tabnine 是基于深度学习的代码生成工具，可为开发人员提供代码自动完成、代码建议和代码生成等功能，适用于各种开发场景，可与多种开发工具集成。

6. 教育与培训类

（1）Khanmigo

Khanmigo 由可汗学院开发，可作为学生的学习助手，为学生提供个性化的学习指导、解答问题、生成练习题等，帮助学生更好地理解和掌握知识。

（2）Coursera Labs

Coursera Labs 借助生成式人工智能为在线学习平台提供实验环境和项目实践的自动生成，根据课程内容和学生的学习进度，为学生创建个性化的实践项目，以提高学生的实践能力和解决问题的能力。

7. 医疗保健类

（1）BioASQ

BioASQ 是专注于生物医学领域的问答系统，可生成有关医学知识、疾病诊断、治疗方案等方面的回答，为医学研究人员、医生和患者提供信息支持。

（2）RAD-AID

RAD-AID 能够生成医学影像报告，辅助医生进行影像诊断，提高诊断效率和准确性，还可用于医学影像的重建和增强，帮助医生更好地观察和分析影像数据。

8. 游戏与娱乐类

（1）Inworld AI

Inworld AI 为游戏开发者提供创建具有智能和情感的虚拟角色的工具，这些虚拟角色可与玩家进行自然流畅的对话和互动，增强游戏的沉浸感和趣味性。

（2）Midjourney

Midjourney 除了在图像生成方面的应用，也为游戏美术设计提供了丰富的素材和创意，可生成游戏中的角色形象、场景画面等，加速游戏的开发过程，提升游戏的视觉效果。

三、以豆包为例制作简单项目

1. 打开豆包应用程序

1）利用搜索引擎，在搜索栏中输入豆包，如图 10.2.1 所示。

图 10.2.1　搜索豆包

2）单击立即体验进入豆包主页面，如图 10.2.2 所示。

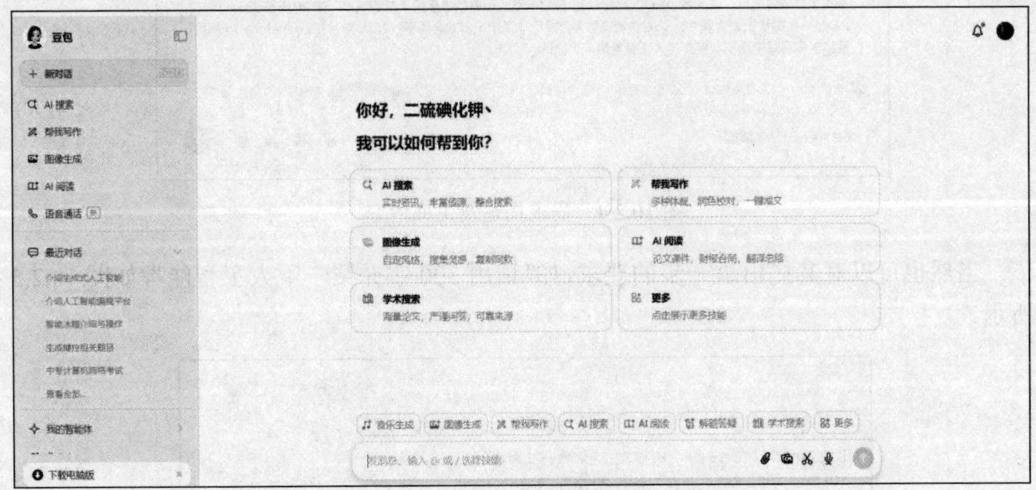

图 10.2.2　创建项目

3）根据个人需求可以直接向豆包提问；当然豆包中还根据不同的需求进行了模块划分，如音乐生成、图像生成、解题答疑等，如图 10.2.3 所示。

图 10.2.3　模块选择

2. 根据需求生成内容

1）在对话框中输入“简单介绍一下人工智能”，豆包大模型会自动利用 AI 大模型生成内容，如图 10.2.4 所示。

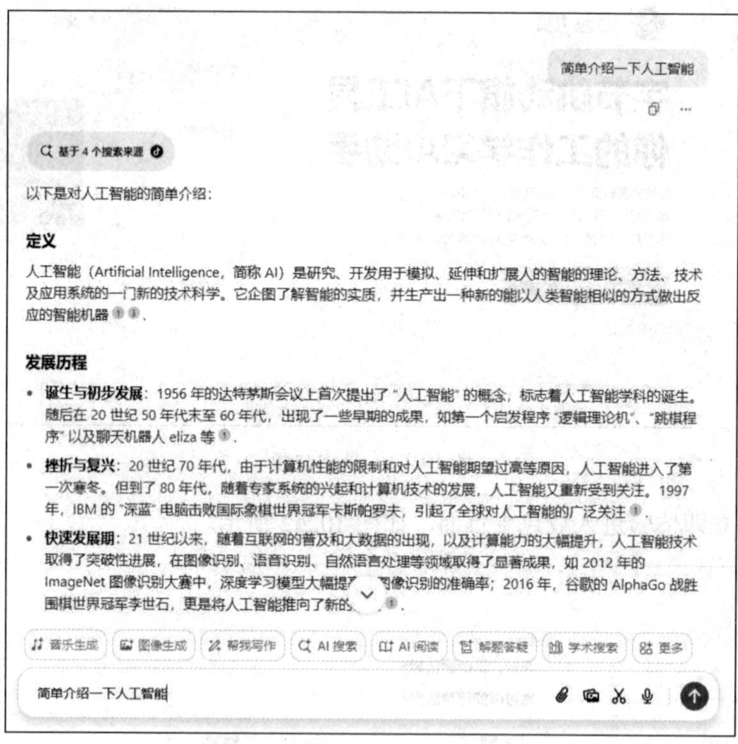

图 10.2.4　需求描述及生成内容

当然也可以对其提出进一步的要求，如“请用 300 字介绍一下人工智能”，如图 10.2.5 所示。

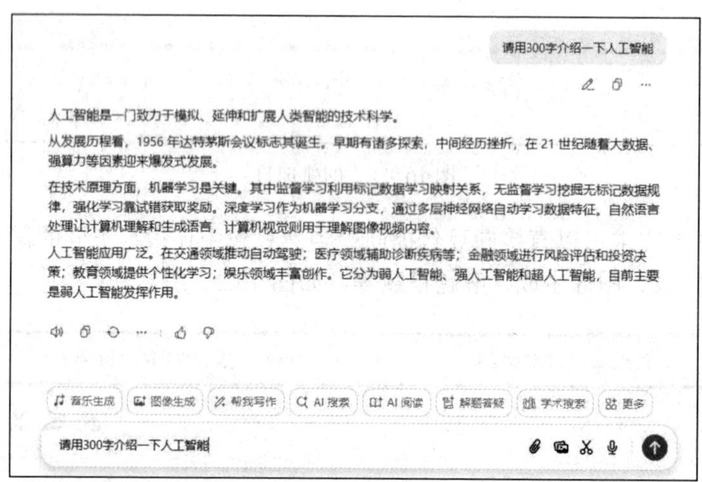

图 10.2.5　要求提升

2）利用音乐生成模块，生成关于人工智能的音频，单击音乐生成模块，描述需要生成的音频内容，如图 10.2.6 所示。

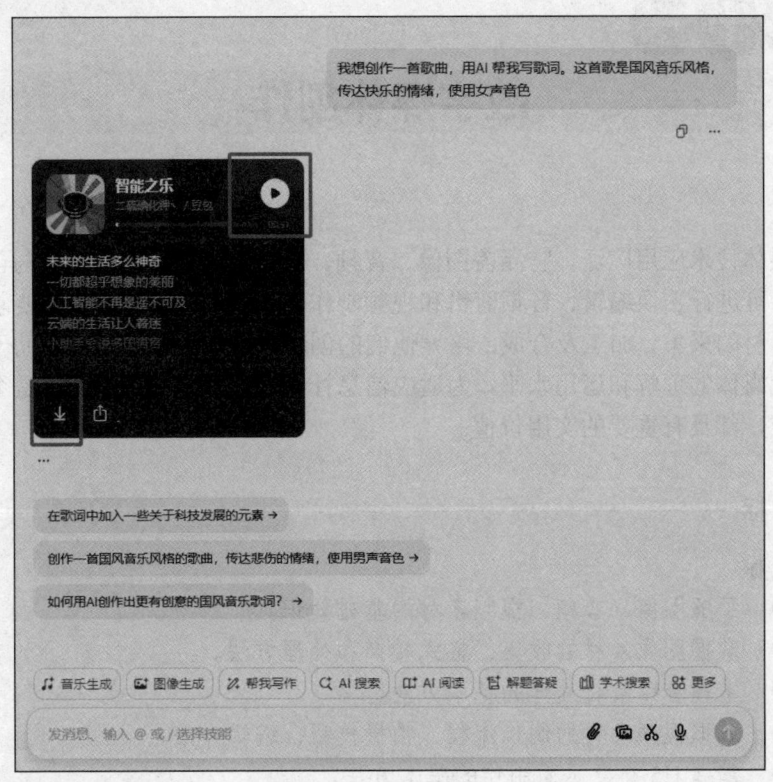

图 10.2.6　音乐生成

单击“播放”按钮就可以进行播放，同时也可以对其进行下载。

项目测试题

简答题

1. 简述人工智能的定义，并举例说明人工智能如何主动学习以满足人类需求。

2. 请分别阐述人工智能在图像识别领域的应用及对社会产生的积极影响（至少提及两项应用及对应影响）。

3. 举例说明人工智能在教育领域的应用案例及其发挥的作用（至少列举两个案例）。

数字媒体创作

数字媒体技术应用广泛，它涵盖图像、音频、视频等多种形式的处理与创作。通过软件工具，可进行图像编辑、音频剪辑和视频制作。通过本项目的学习，要求学生掌握数字媒体素材的采集、加工及合成，培养他们的创新思维与实践能力，有助于提升学生对数字时代媒体的理解和运用水平，为适应信息社会发展奠定基础，无论是个人创作还是专业领域，都具有重要的实用价值。

学习目标

知识目标

- 了解图像、音频、视频素材的基础知识。
- 掌握图像素材的收集、格式转换和处理方法。
- 掌握音频素材处理的基本方法。
- 掌握视频素材的制作流程、拍摄技巧、编辑方法。
- 掌握 H5 交互页面制作的基本方法。

技能目标

- 能够使用图像编辑软件处理图像素材。
- 能够使用音频编辑软件处理音频素材。
- 能够使用视频编辑软件处理视频素材。
- 能够使用 H5 编辑软件制作 H5 交互页面。

思政与职业素养目标

- 培养对本土文化的热爱之情和保护意识。
- 增强文化自信和民族自豪感。

任务一 处理数字图像

北疆文化是中华文化的重要组成部分，是内蒙古地区各族人民在中华民族大家庭中交往交流交融，守望相助、心手相牵，共同建设伟大祖国、共同守卫祖国边疆、共同创造美好生活，形成融红色文化和草原文化、农耕文化、黄河文化、长城文化等于一体，以铸牢中华民族共同体意识为主线，以爱国忠诚奉献为核心理念，以共同弘扬蒙古马精神和“三北精神”为精神标识的地域文化。本任务学习“北疆文化”数字图像素材收集和格式转换方法，“北疆文化”数字图像素材处理方法，以及制作“北疆文化”数字图像作品集。

一、收集数字图像素材

一个优秀的数字媒体作品包含文字、图像等部分。如何获取图像素材成为第一个需解决的问题。本任务实施过程中需要通过网络、课程资源库、人工智能生成、屏幕抓取、拍摄等方式获取“北疆文化”主题的图像素材。

二、数字图像格式转换

在成功掌握了数字图像素材的多种获取方法后，会发现收集到的图像素材的格式各不相同，有的图像格式无法直接应用到数字媒体作品中。为了让这些图像素材更好地融入数字媒体作品中，图像格式的转换成为下一个需要解决的问题。

1. 数字图像格式种类

数字图像格式是用于存储、传输和显示数字图像信息的一系列标准和规范。不同格式在压缩方式、颜色深度、透明度、文件大小等方面各有特色，适用于不同的应用场景。

1）JPEG 是最常用的有损压缩图像格式之一，特别适合于存储和传输照片。

2）PNG 则是一种无损压缩格式，具备跨平台兼容性。

3）GIF 是一种古老的图像格式，因其小巧的文件体积和动画能力，仍在网络表情符号和简单动画中占据一席之地。

4）TIFF 是一种灵活、无损压缩图像格式，广泛应用于高质量图像打印和出版。

5）SVG 是一种基于 XML 的矢量图像格式，与分辨率无关，可以无限放大而不损失图像质量。

2. 图像格式转换方法

实现图像格式转换最轻松的方法为利用 Windows 系统自带的“画图”工具软件。具体操作步骤为：使用“画图”工具打开需要转换的图片，通过“另存为”命令将图片转换为 BMP、JPG、PNG 或 GIF 等格式。

如果要实现更多格式的转换，可以使用格式工厂转换图像格式。具体操作步骤为：打开格式工厂，选择目标图像格式，添加待转换的图片文件，设置好输出路径（可选调整输出参数），然后单击“开始”按钮，即可轻松实现图片格式的转换，如图 11.1.1 所示。

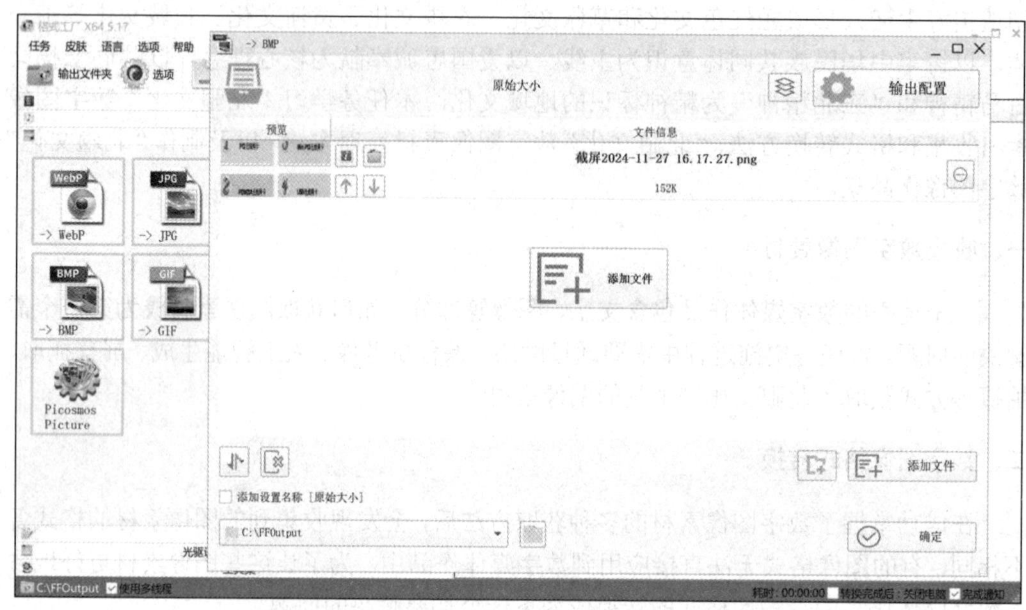

图 11.1.1　利用“格式工厂”转换图像格式

三、处理数字图像素材

在制作数字媒体图像作品过程中，需要使用图像处理软件对部分质量欠佳的素材进行图像优化，使其更加符合作品要求，可以使用图像处理专业软件或人工智能技术处理（图像清晰、去噪、抠图、去除水印等），也可制作图像拼图作品。

Windows 附件中的画图程序可以对图形图像进行简单的处理，Office 软件也提供了图片处理功能。但若要对图片进行复杂处理，则需要使用专业的图像处理工具，如Photoshop。随着数字化的发展，也有一些功能强大、操作简单的软件受到非专业人士的喜爱，如美图秀秀、光影魔术手等。下面使用光影魔术手和人工智能技术处理数字图像素材。

1. 使用光影魔术手处理数字图像素材

（1）图像清晰度提升

操作方法：单击“打开”按钮导入图像素材，在编辑区域的“基本调整”菜单中找到“一键锐化”命令，如图 11.1.2 所示，就可自动提升清晰度。同时，也可以使用“基本调整”菜单中的“清晰度”滑块微调锐化效果，如图 11.1.3 所示。最后，单击“保存”或“另存”按钮，选择合适的图像格式导出图像素材。

（2）图像裁剪

操作方法：单击“裁剪”按钮，输入裁剪宽度和高度尺寸数值（或选择裁剪比例），如图 11.1.4 所示，移动裁剪框放置在保留位置上。最后，单击“保存”或“另存”按钮，选择合适的图像格式导出图像素材。

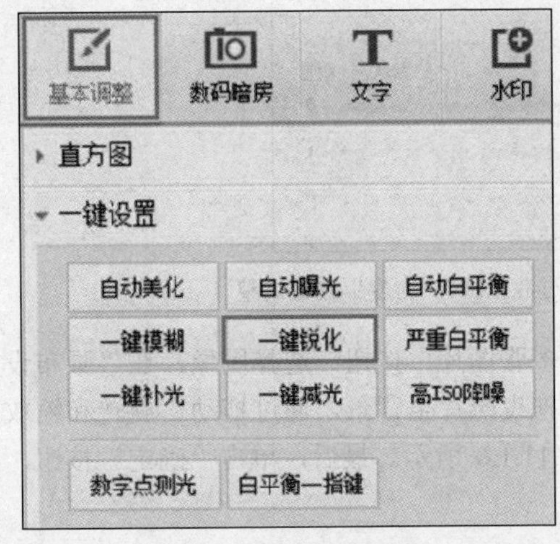

图 11.1.2　一键锐化

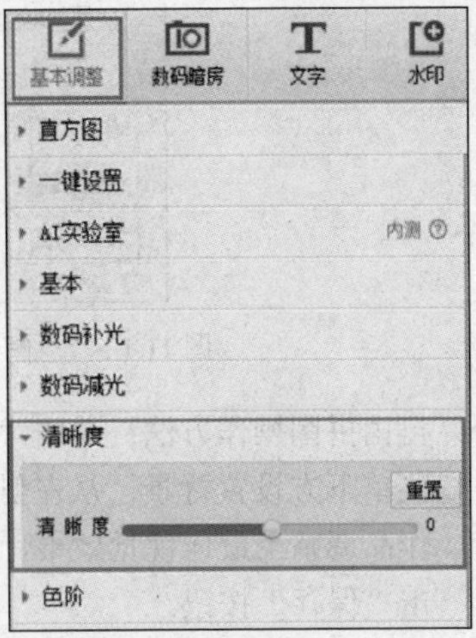

图 11.1.3　清晰度调整

图 11.1.4　图像裁剪

（3）图像去噪

操作方法：单击“打开”按钮，选择需要去噪的图像，在“基本调整”中找到“夜景抑噪”命令，调整“阈值”“过渡范围”“力度”三个参数，如图 11.1.5 所示，确保精准性。最后，单击“保存”或“另存”按钮，选择合适的图像格式导出图像素材。

（4）图像拼图

光影魔术手给使用者提供了三种拼图方法，分别为自由拼图、模板拼图和图片拼接。

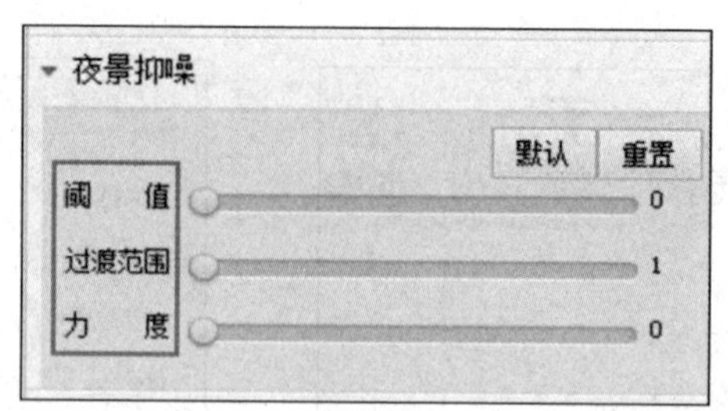

图 11.1.5 “阈值”“过渡范围”“力度”参数调整

- 自由拼图操作方法：单击“添加多张图片”按钮，选择图像，在“画布设置”菜单下方设置背景，从左侧区域拖曳照片至背景，通过拖动、旋转和缩放，将作品调整至最佳视觉效果，如图 11.1.6 所示。最后，单击“确定”按钮，再单击“保存”按钮。

图 11.1.6 图像自由拼图

- 模板拼图操作方法：首先，在“模板”菜单中选择图像个数，再选择合适的模板。接着，单击“添加多张图片”按钮选择图像，从左侧区域将图像素材拖曳至模板中。最后，在“模板”菜单中调整每个图像的方向，如图 11.1.7 所示。完成以上步骤后，单击“确定”按钮，再单击“保存”按钮。
- 图片拼接操作方法：单击“添加多张图片”按钮，选择拼图的图像，再选择“横排”或“竖排”拼接方式。接着，在右侧调整照片间距、边框宽度、颜色、圆角，如图 11.1.8 所示。最后，单击“确定”按钮，再单击“保存”按钮。

图 11.1.7　图像模板拼图

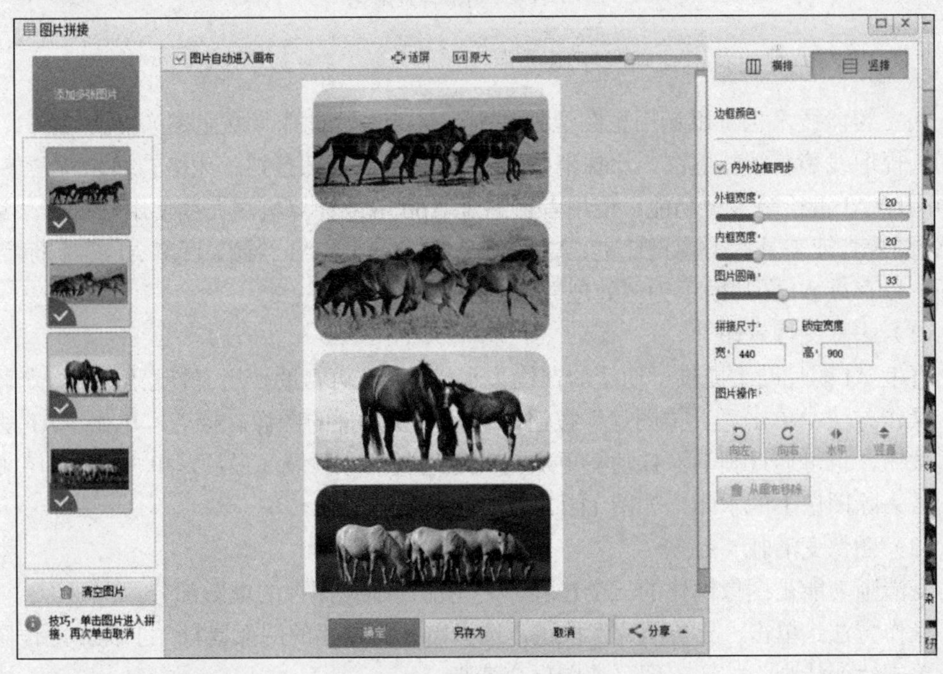

图 11.1.8　图片拼接拼图

（5）图像背景虚化

操作方法：单击“打开”按钮，选择虚化背景的图像素材。接着，单击“数码暗房”菜单，选择“对焦魔术棒”功能，在图像素材上滑动滑块，让主体画面清晰，背景虚化。

最后，在右侧区域缩小“对焦半径”，处理主体边缘细节，让作品在细节上更加出色，如图 11.1.9 所示。完成以上步骤后，单击“确定”按钮，再单击“保存”按钮。

图 11.1.9　图像背景虚化

2. 使用人工智能技术处理数字图像素材

人工智能技术也可以运用至图像处理中，包括图片创作（文生图）、图片编辑、去水印、提取线稿、智能抠图、涂抹消除、AI 相似图、局部替换、风格转换、背景替换、AI 扩图、AI 重绘等多种功能，使用者可通过 App 端或计算机端在线使用。目前，常用的 AI 图片处理工具有美图设计室、AI 图片全能王、一键 AI 绘画、百度 AI 图片助手等。下面，以百度 AI 图片助手为例处理数字图像素材。

（1）去除图像水印

百度 AI 图片助手提供了便捷的在线去水印功能，可帮助使用者轻松解决这一问题。

操作方法：单击“上传图片”按钮，选择需要处理的图像。接着，单击“AI 去水印”按钮，也可通过画笔涂抹功能更加精确地绘制水印区域。最后，单击“立即生成”按钮，去除图像上的水印，如图 11.1.10 所示。

（2）图像变清晰

变清晰功能是图像锐化的一个过程，它也能清晰化图像的虚影部分。

操作方法：单击“上传图片”按钮，选择需要清晰化的图像素材并上传。上传图像后，单击“变清晰”按钮，即可使图像变清晰。

（3）图像涂抹消除

图像涂抹消除功能能够智能去除图像中的特定部分。

操作方法：单击“上传图片”按钮，选择需要涂抹消除的图像素材。上传图像后，单击“涂抹消除”按钮，设置消除画笔大小，在图像素材区域用鼠标涂抹消除区域，再单击“立即生成”按钮就可消除涂抹区域。

图 11.1.10　AI 去除图像水印

（4）图像智能抠图

图像智能抠图功能能够智能保留图像中的特定部分。

操作方法：单击“上传图片”按钮，选择需要抠图的图像素材。上传图像后，单击“智能抠图”按钮，完成一键抠图，如图 11.1.11 所示。如果对抠图效果不满意，还可以继续通过“智能选区”或“手动涂抹”完成抠图。

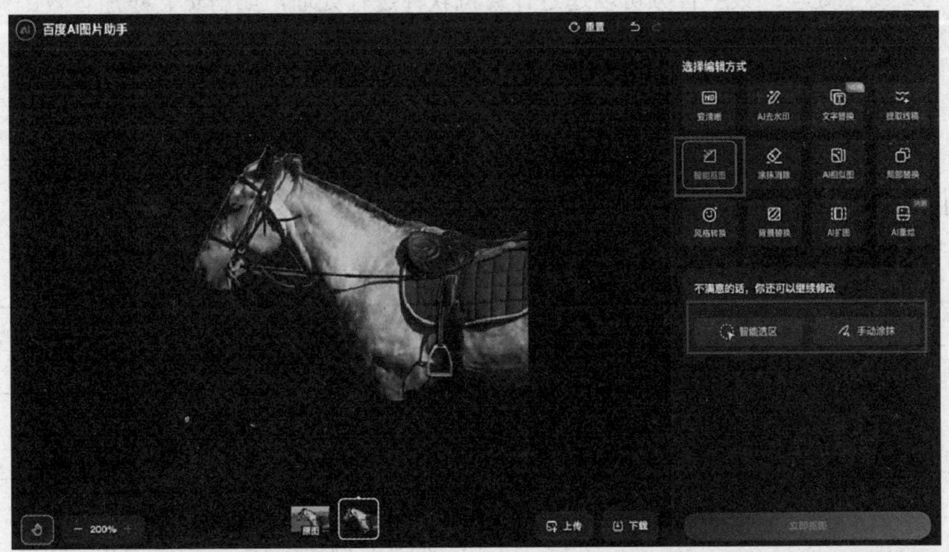

图 11.1.11　AI 图像智能抠图

任务二 处理数字音频

在视频制作过程中，音频的处理至关重要，合适的背景音乐、音效以及人声处理能够大大提升视频的质量和观感。剪映作为一款功能强大的视频编辑软件，其内置的音频处理工具能够帮助用户轻松实现音频的剪辑、调音与合成。

一、数字音频概述

1. 数字音频的定义

数字音频是指通过数字信号来表示声音的一种音频形式。它是将模拟声音信号通过采样、量化和编码等过程转换为数字信号，然后通过数字传输和存储设备进行传输和存储。

2. 数字音频的特点

1）精度高：数字音频通过采样、量化和编码等过程，可以精确地表示声音的各种特性，如频率、幅度等，从而提供更高的精度。

2）便于存储和传输：数字音频以数字信号的形式存在，便于使用数字传输和存储设备进行传输和存储。

3）易于处理：数字音频可以通过计算机软件进行处理，如剪辑、添加音效、调整音量等操作。

3. 数字音频的常见格式

数字音频格式多种多样，不同的格式在压缩方式、音质、文件大小等方面各有特点。表 11.2.1 所示是一些常见的数字音频格式。

表 11.2.1　常见数字音频格式

文件格式	后缀扩展名	应用
无损格式	.flac	音频的存档、母带制作
	.alac	苹果设备之间的音频传输和播放
有损格式	.mp3	音频播放设备、在线音乐播放平台等，如 MP3 播放器
	.aac	视频文件中的音频部分
其他格式	.wav	音频的录制和编辑
	.ogg	常用于存储音乐、音效、语音记录等音频内容

4. 传播方式

数字音频的传播主要通过网络传输、存储介质传输等方式。网络传输包括互联网下载、在线播放等；存储介质传输包括通过 U 盘、硬盘、光盘等存储介质进行传输。

5. 音频素材编辑软件

1）音频素材编辑软件包括 Adobe Audition、GoldWave、SoundForge 等。

2）音频格式转换软件包括迅捷音频转换器、格式工厂（也支持音频格式转换）、Freemake Audio Converter 等。

二、剪映音频处理

1. 基本概念

音频集声、律、韵于一体，可以给人带来丰富的听觉感受。教学中，可以将美妙的音乐、生动的故事音频等以音频的形式来呈现，这种方式更加符合学生的认知特点，更能吸引他们的注意力。

在剪映中，只有特定的音频格式可以直接使用，如表 11.2.2 所示；如果是其他格式的音频则需要用音频格式转换软件进行转换。

表 11.2.2　剪映支持的音频文件格式

文件格式类型	扩展名
一种有损音频压缩技术格式	.mp3
高级音频编码	.aac
MPEG-4 音频标准的文件扩展名	.m4a
一种无损音频格式	.wav

剪映作为一款功能强大的视频编辑软件，同时也能为音频处理提供诸多便利，如音频剪辑、音效添加、音量调整等。

2. 音频处理功能

（1）剪辑效果

经过剪辑的音频能够去除不必要的部分，使音频的节奏和内容更加符合视频的需求。

（2）音量调整效果

音量调整可以使音频的响度与视频播放环境和受众群体相适应，避免音量过大或过小影响观看体验，确保音频能够在合适的音量下播放，增强视频的观看体验。

（3）音效添加效果

音效添加可以为音频增添各种丰富的元素，如风声、雨声、背景音乐等，使音频更加生动有趣，同时也能更好地配合视频内容和主题，提高视频的整体效果。

（4）音频混合效果

音频混合可以将多个音频文件混合在一起，实现不同音频元素的融合，创造出独特的音频效果，增强视频的艺术感染力。

三、具体操作步骤

1. 音频导入

打开剪映软件，新建一个项目或打开一个已有的视频项目。在项目时间轴上，找到音频轨道，单击“导入音频”按钮，将需要处理的数字音频文件导入到剪映中。具体操作步骤如下。

1）打开剪映应用程序，单击“开始创作”按钮，选择要编辑的视频素材并导入到剪映中。

2）在视频编辑界面下方的工具栏中，单击“音频”按钮。

3）单击“音乐提取”按钮，可以选择添加本地音频、提取视频中的音频或使用剪映提供的音频素材。

2. 音频剪辑

使用剪映提供的音频剪辑工具对导入的音频进行裁剪。可以根据视频的节奏、情节或对话内容，调整音频的起始与结束位置，以及删除不需要的部分。具体操作步骤如下。

1）单击音频轨道上的音频文件，选中音频。

2）音频文件的两端会出现白色的控制柄，将鼠标指针放在控制柄上，指针会变成双向箭头。

3）按住鼠标左键并拖动控制柄，向左拖动可剪掉音频的开头部分，向右拖动可剪掉音频的结尾部分，如图 11.2.1 所示。

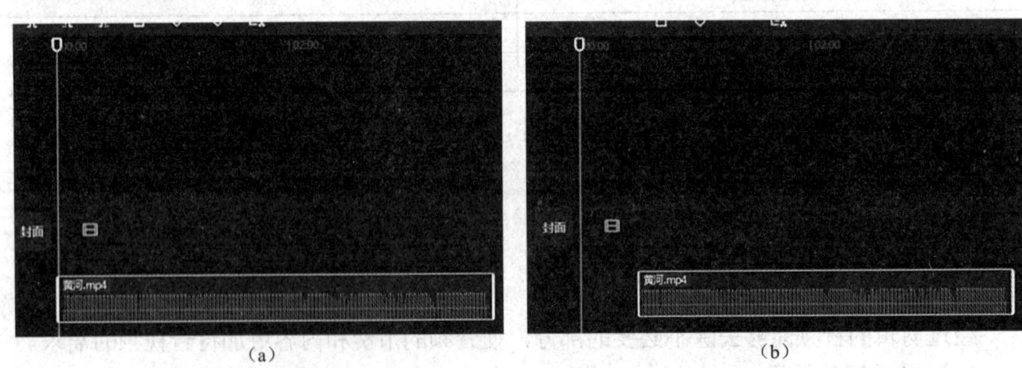

(a)　　(b)

图 11.2.1　音频调节

3. 音频分割

将时间线移至需分割处，选中音频，单击“分割”按钮，音频即在该位置断开，可分别对分割后的音频片段进行编辑，如调整音量、添加音效等。

1）将时间线移动到要分割音频的位置。

2）单击音频轨道上的音频文件，使其处于选中状态。

3）单击功能栏中的“分割”按钮（通常显示为一把剪刀图标），音频将在时间线所在位置被分割成两段，如图 11.2.2 所示。

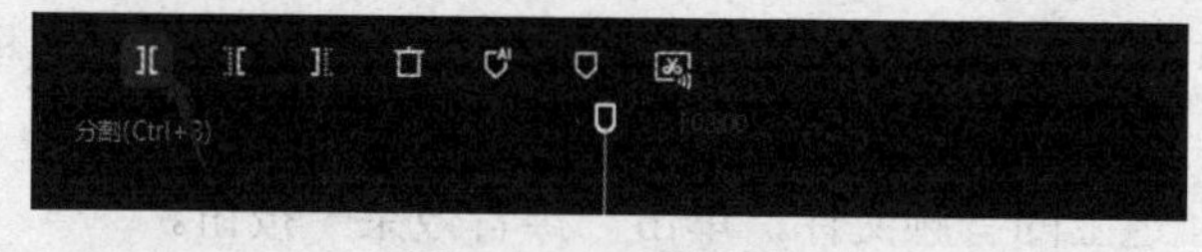

图 11.2.2　音频分割

4. 调音处理

利用剪映的调音工具，对音频的音量、音调、音色等参数进行调整。可以根据视频的氛围与情感需求，增强或减弱音频的音量，调整音频的音调以匹配角色的年龄、性别或情绪，以及使用音效滤镜改变音频的音色。具体操作步骤如下。

1）选中音频轨道上的音频文件。

2）在出现的功能栏中，找到“音量”选项。

3）通过左右滑动音量滑块或单击音量数值，调整音频的音量大小。

5. 添加音效

利用剪映，单击“音频”按钮后单击“音效素材”按钮，从丰富的音效库挑选心仪音效添加到音频轨道，还可通过拖动调整位置和长度。具体操作步骤如下。

1）单击“音频”按钮，再单击“音效素材”按钮。

2）在音效库中选择想要添加的音效，如掌声、笑声、风声等。

3）单击“音效”按钮，即可添加到音频轨道上，可通过拖动调整其位置和长度，如图 11.2.3 所示。

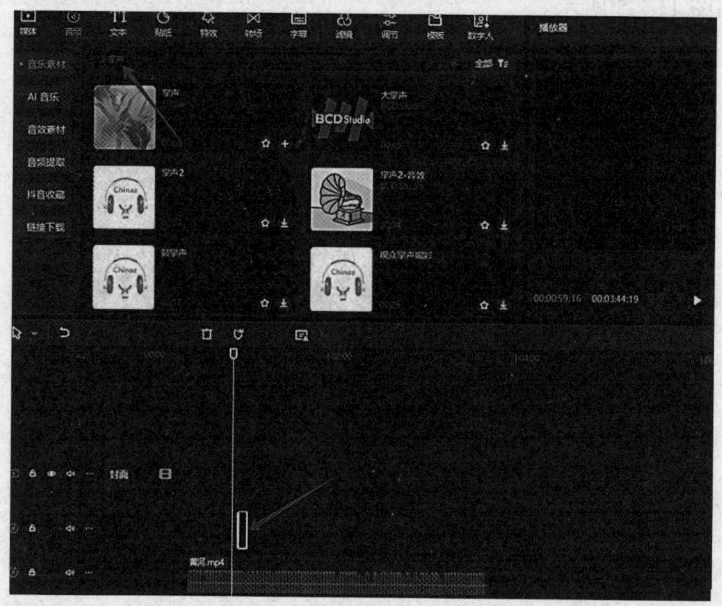

图 11.2.3　添加音效素材

6. 音频变声

剪映具有多种变声效果，如花栗鼠、大叔音等。选中音频片段，单击“声音效果”按钮即可实现变声，为视频增添别样趣味，让音频效果更加丰富多样。具体操作步骤如下。

1）选中音频轨道上的音频文件，单击“声音效果”按钮。

2）在变声页面中，选择喜欢的音色类型，如侠客、大叔、男生、女生等，如图 11.2.4 所示。

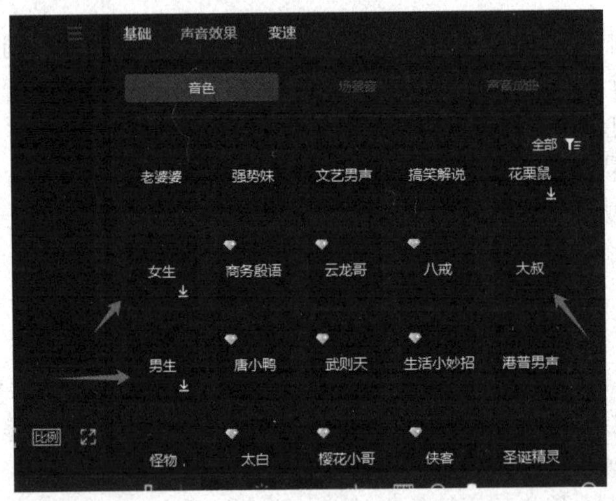

图 11.2.4　选择音色

3）还可以根据需要进一步调整变声的参数，如音调、音色等，通过滑动相应的滑块来调整，如图 11.2.5 所示。

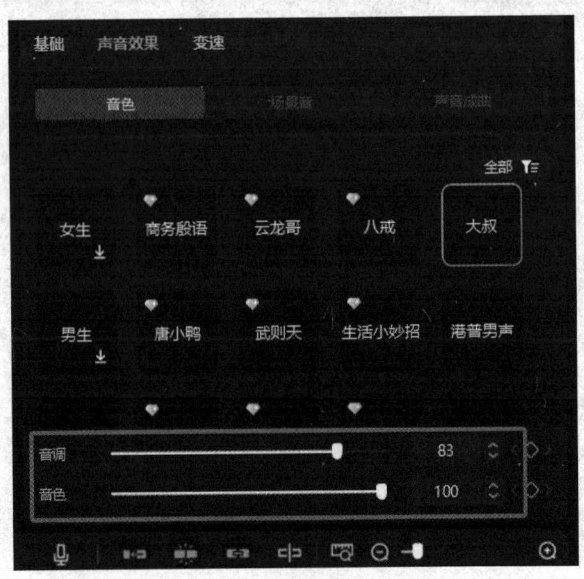

图 11.2.5　音色参数调整

7. 导出与分享

完成音频处理后，单击剪映的“导出”按钮，将处理后的文件导出。具体步骤如下。

1）在视频编辑界面右上角单击“导出”按钮，如图 11.2.6 所示。

图 11.2.6　导出选择

2）在导出界面对作品进行命名，选择存放位置，如图 11.2.7 所示。

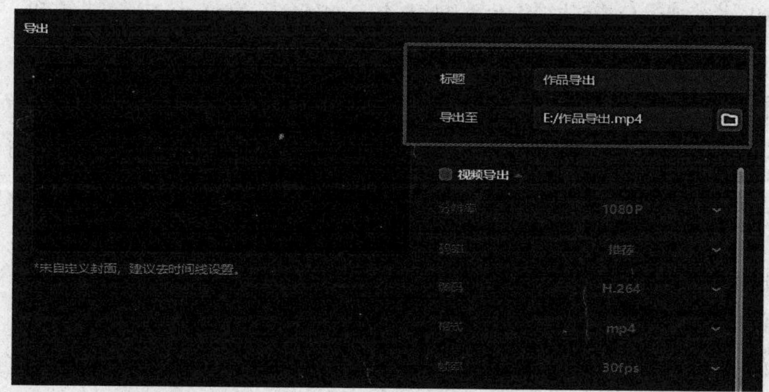

图 11.2.7　文件命名和选择存放位置

3）选择导出文件类型。

4）选择完成后，单击“导出”按钮，完成导出。

任务三　处理数字视频

一、数字视频概述

1. 概念

数字视频是指以数字形式记录、存储、传输和播放的动态影像内容。数字视频有不同的产生方式、存储方式和播出方式。

2. 记录方式

数字视频通过将连续的图像序列（也称为帧）以数字信号的形式进行采集和存储，每一帧图像由一定数量的像素组成，每个像素的颜色和亮度信息被数字化编码，通常使用二进制数字来表示。

3. 存储与传输

1）存储：数字视频可以存储在各种数字存储介质上，如硬盘、固态硬盘、闪存卡、光盘等。与传统的模拟视频存储方式相比，数字存储具有更高的容量、更好的稳定性和更长的保存时间。

2）传输：数字视频可以通过有线或无线网络进行传输。随着互联网技术的发展，数字视频的在线播放和分享变得越来越普遍。

4. 播放与显示

1）播放设备：数字视频可以在各种设备上播放，包括电视、计算机、手机、平板电脑、投影仪等。

2）显示技术：数字视频的显示依赖于各种显示技术，如液晶显示（liquid crystal display，LCD）、有机发光二极管（organic light emitting diode，OLED）显示、等离子显示等。

5. 特点与优势

1）高清晰度：数字视频可以提供更高的图像分辨率和清晰度，使观众能够获得更加逼真的视觉体验。

2）可编辑性强：数字视频可以使用专业的视频编辑软件进行剪辑、合成、特效处理等操作，使创作者能够实现更加丰富的创意表达。

3）便于复制和分享：数字视频可以轻松地进行复制和传播，可以通过各种渠道将视频分享给他人。

4）长期保存：数字视频的存储稳定性高，不易受到物理损坏和信号衰减的影响，可以长期保存。

6. 数字视频格式

数字视频格式多种多样，不同的格式在压缩方式、画质、文件大小等方面各有特点。以下是一些常见的数字视频格式，如表 11.3.1 所示。

表 11.3.1 常见的数字视频格式

视频格式	特点	应用场景
AVI	兼容性好，图像质量高，文件体积相对较大	专业视频制作、高清影视播放等对画质要求高且存储和播放设备性能好的情况
MP4	采用高效压缩算法，文件体积小，支持广泛，可包含多种编码格式	互联网传播、移动设备播放、在线视频平台使用
MOV	由苹果公司开发，用于苹果设备和软件，支持高质量视频和音频编码，可包含多个轨道	苹果生态系统中设备的视频拍摄和播放、专业视频编辑软件
WMV	由微软推出，与 Windows 系统和相关软件兼容性好，采用先进压缩技术，文件较小	Windows 平台视频播放、在线流媒体、企业内部视频培训

7. 应用领域

数字视频在众多领域都有广泛的应用，具体包括以下方面。

1）影视娱乐：电影、电视剧、动画片、纪录片等影视作品的制作和播放都离不开数字视频技术。

2）广告宣传：企业和品牌可以通过制作精美的数字视频广告来推广产品和服务。

3）教育培训：数字视频可以用于在线课程、教学视频、培训资料等。

4）新闻媒体：新闻机构可以通过数字视频报道新闻事件，让观众更加直观地了解事件的发生过程。

5）安防监控：数字视频监控系统可以实时记录和监控各种场所的情况，为安全防范提供有力保障。

二、脚本编写

视频脚本编写是制作视频的重要环节，它为视频制作提供了详细的指导。以下是视频脚本编写的步骤和要点。

1. 明确视频主题和目标

在编写视频脚本之前，首先要明确视频的主题和目标，确定想要传达的核心信息是什么，以及视频面向的受众是谁。这将有助于确定视频的风格、内容和表达方式。

2. 构思视频结构

1）开头：设计一个引人入胜的开头，吸引观众的注意力。

2）中间部分：根据视频主题组织内容，逐步展开；可以采用递进式、并列式等结构方式，确保内容逻辑清晰。

3）结尾：结尾要有力，给观众留下深刻的印象；可以总结视频的主要内容，提出呼吁或行动建议，或者以一个有趣的结尾来结束视频。

3. 撰写脚本内容

1）场景描述：详细描述每个场景的画面内容，包括场景的背景、人物、道具等。使用生动的语言，让读者能够想象出画面。

2）台词：为视频中的人物撰写台词，要符合人物的性格和身份，表达自然流畅。

3）音效和音乐：注明在每个场景中需要使用的音效和音乐，以增强视频的氛围和感染力。

4. 优化脚本

1）检查逻辑：确保脚本的内容逻辑清晰，各个场景之间过渡自然。

2）精简语言：尽量使用简洁明了的语言，避免冗长和复杂的句子。

3）审核时长：根据视频的目标时长，审核脚本的内容是否过长或过短。

4）校对错误：仔细检查脚本中的错别字、语法错误和标点符号错误。

5. 脚本示例

以下是一个简单的视频脚本示例，如表 11.3.2 所示。

表 11.3.2 视频脚本示例

镜号	景别	画面内容	台词	音效和音乐	时长
1	全景	广袤的三北大地上，风沙漫天。	在祖国的北方，有一片土地，曾饱受风沙之苦。	呼啸的风声	0:00～0:05
2	中景	老一辈三北建设者们扛着工具，目光坚定地走向沙漠。	他们，怀揣着梦想与决心。	沉重的脚步声	0:05～0:12
3	特写	粗糙的双手紧握着铁锹，用力铲土。	艰苦奋斗，不畏艰难。	铲土声	0:12～0:18
4	中景	人们在烈日下挥汗如雨地植树。	顽强拼搏，只为那一抹绿色。	汗水滴落声	0:18～0:25
5	全景	众人齐心协力搬运树苗。	团结协作，汇聚力量。	呼喊声、搬运声	0:25～0:32
6	中景	多年后，郁郁葱葱的三北防护林。	锲而不舍，终成绿色奇迹。	微风吹过树叶的沙沙声	0:32～0:40
7	全景	飞鸟在林间盘旋，动物在林间穿梭。	三北精神，福泽大地。	鸟鸣声、动物叫声	0:40～0:45
8	全景	人们在防护林下欢笑、休闲。	传承三北精神，守护美丽家园。	欢笑声	0:45～0:52
9	黑屏	出现字幕：三北精神，永放光芒。	无	音乐渐弱	0:52～1:00

三、剪映视频制作

剪映是一款由抖音官方推出的视频编辑软件，功能强大、操作简单、素材丰富。用户可以使用它对视频进行裁剪、拼接、添加特效、滤镜、字幕、音乐等操作，还能将编辑好的视频直接分享到抖音等平台。

以下是剪映视频制作的基本操作步骤。

1. 导入素材

1）打开剪映应用程序，单击“开始创作”按钮。

2）在视频编辑界面下方的工具栏中，单击“媒体”按钮，单击“导入”按钮，选择要编辑的视频、音频或图片素材，然后单击“添加”按钮。

2. 剪辑视频

将视频素材拖放到时间轴上，通过拖动两端来裁剪视频的长度，或者单击要分割的位置，再单击“分割”按钮，如图 11.3.1 所示。

（1）添加转场效果

在视频片段之间添加转场效果，如淡入淡出、闪回、旋转等，使视频过渡更加自然。具体操作如下。

1）拖动时间线至两端视频片段之间，如图 11.3.2 所示。

2）在视频编辑界面下方的工具栏中，单击“转场”按钮，选择转场。

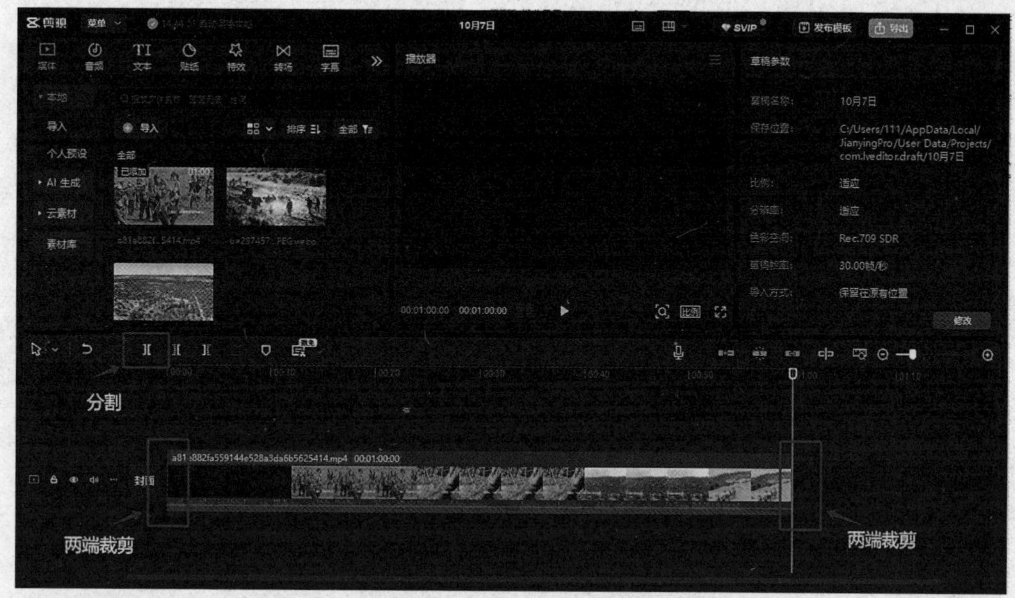

图 11.3.1　剪辑视频

图 11.3.2　时间线设置

（2）添加文字和字幕

选择喜欢的字体、字号、颜色和样式，然后在视频上输入文字。具体操作如下。

1）将时间线放在要添加文字的位置，单击视频编辑界面下方工具栏中的“文字”按钮。

2）在文本编辑面板中设置字体、字号、颜色和样式，在文本编辑区输入文字，如图 11.3.3 所示。

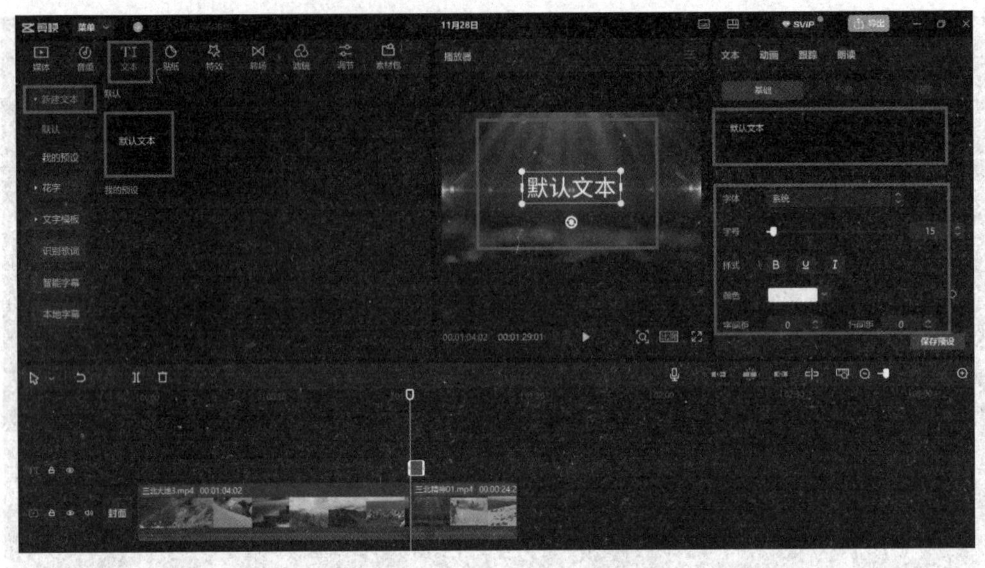

图 11.3.3　文字输入

（3）运用特效和滤镜

1）选择要添加转场或特效的位置，在视频编辑界面下方的工具栏中单击“特效”按钮，如光影、复古等。

2）在视频编辑界面下方的工具栏中单击“滤镜”按钮，选择合适的滤镜来改变视频的色调和氛围。

（4）添加音乐和音效

1）在视频编辑界面下方的工具栏中单击“音频”按钮。

2）单击“音乐提取”按钮，可以选择添加本地音频、提取视频中的音频或使用剪映提供的音频素材。

（5）调整视频参数

通过调整视频的亮度、对比度、饱和度等参数，视频画面更加生动。具体操作如下。

1）选择要调整的视频，单击调节面板。

2）在“调节”选项卡下设置亮度、对比度和饱和度等参数，如图 11.3.4 所示。

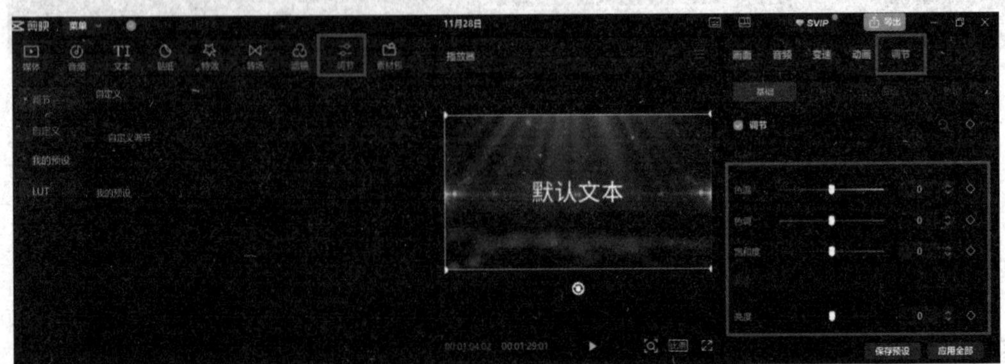

图 11.3.4　调整视频参数

（6）预览和导出

1）在编辑过程中，可以随时单击“预览”按钮查看视频效果。

2）完成编辑后，单击“导出”按钮，设置分辨率参数，等待导出完成。

任务四　学习 HTML5 工具

本任务以木疙瘩（Mugeda）H5 平台为例，讲解 HTML5 工具的使用方法。

1. 木疙瘩 H5 平台特点

木疙瘩是一个专注于 H5 动画与交互页面制作的在线平台。它无须专业的编程知识，通过拖曳组件、设置动画和交互效果，即可快速创建出高质量的 H5 页面。平台特点如下。

1）易上手：平台提供丰富的组件库和模板，降低了创作门槛，即使是没有编程基础的设计师也能轻松上手。

2）功能强大：平台支持多种动画效果和交互逻辑，满足复杂页面的需求，从而使作品更加生动有趣。

3）跨平台兼容：确保 H5 页面在不同设备和浏览器上都能正常显示和运行，无须担心兼容性问题。

2. 木疙瘩 H5 平台应用场景

木疙瘩 H5 平台是一个功能强大的 HTML5 交互内容制作工具，其应用场景广泛，主要包括以下方面。

1）新媒体内容生产：平台支持创建交互 H5 动画、图文和网页专题，满足移动端用户对动画和丰富内容的需求。

2）广告宣传：平台可用于制作在线广告，通过动画和交互设计吸引用户注意，提高广告效果，同时支持互动营销活动，如抽奖、问卷调查等，增强用户参与度。

3）教育出版：平台适用于制作电子教材和在线课程，将多种媒体形式融合，以提供生动、直观的学习体验。

4）企业展示与个人作品展示：企业可利用平台展示产品、服务、文化等，提升品牌形象；个人创作者则能展示自己的作品，吸引关注和赞誉。

3. 木疙瘩 H5 平台页面制作流程

（1）准备工作

创建 H5，并选择相应选项，这里以 H5 专业版为例，单击进入，如图 11.4.1 所示。

（2）新建项目

进入工作平台中，选择作品分辨率（系统推荐或者是自定义），如图 11.4.2 所示。

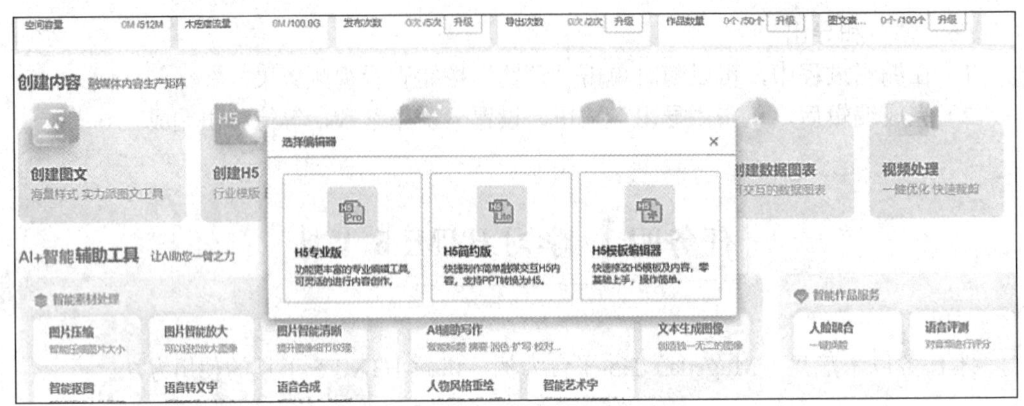

图 11.4.1　H5 专业版选择

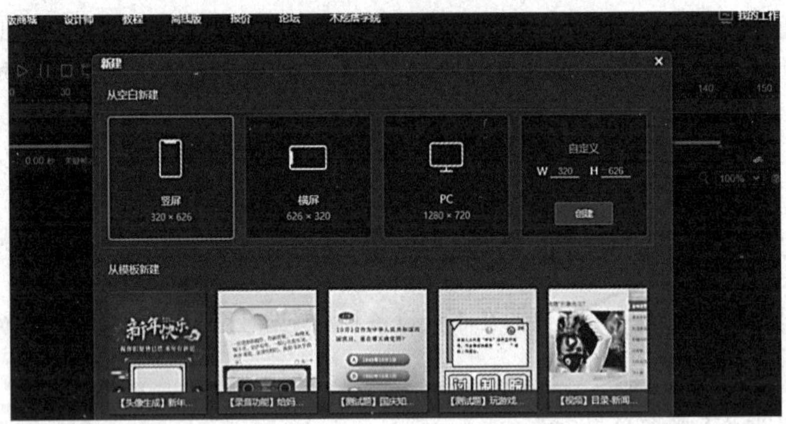

图 11.4.2　新建项目界面

（3）添加页面元素

1）组件拖曳：从组件库中拖曳所需的元素（如图片、文字等）到设计区域，如图 11.4.3 所示。

图 11.4.3　组件拖曳

2）调整属性：在属性面板中设置元素的尺寸、颜色、字体等属性，如图 11.4.4 所示。

图 11.4.4　属性调整

（4）创建动画效果

1）选择动画类型：木疙瘩提供多种动画效果，如淡入淡出、移动、缩放等，如图 11.4.5 所示。

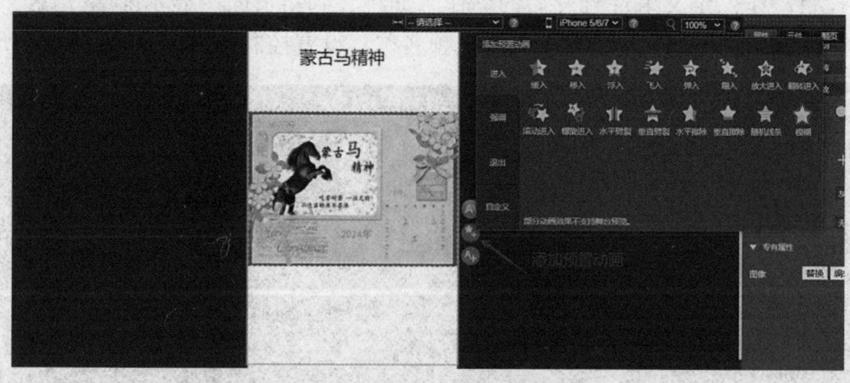

图 11.4.5　动画类型

2）设置动画参数：调整动画的持续时间、延迟时间、重复次数等参数，如图 11.4.6 所示。

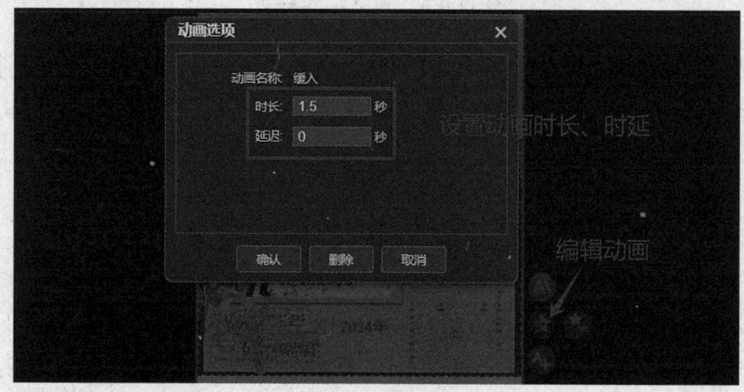

图 11.4.6　动画参数设置

（5）设置交互逻辑

1）添加事件：为页面元素添加单击、滑动等事件。这里以控制视频播放为例，对文字添加编辑行为，如图 11.4.7 所示。

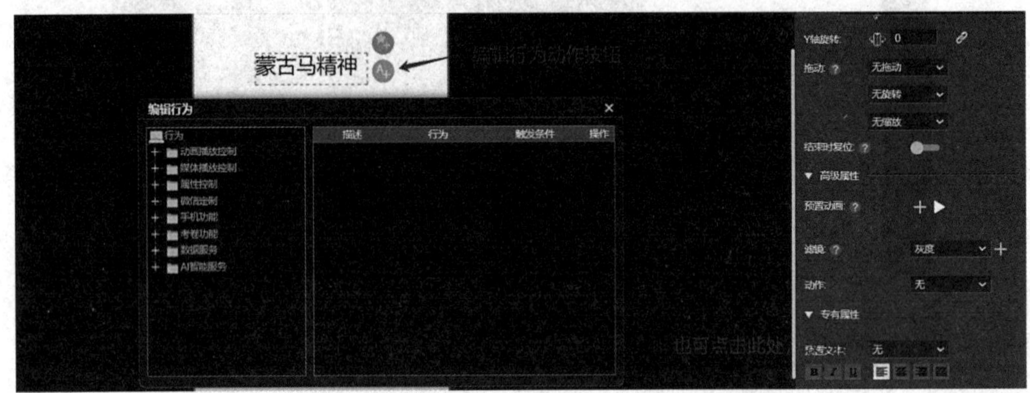

图 11.4.7　添加事件

2）设置动作：定义事件触发后的动作，如跳转到新页面、显示/隐藏元素、播放动画等。选择控制视频播放，并关联选择视频名称，设置控制方式，如图 11.4.8 所示。

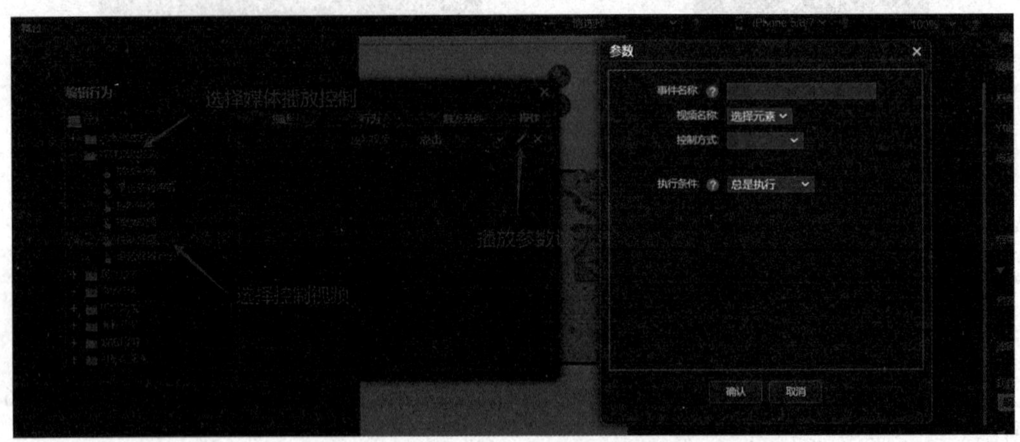

图 11.4.8　设计动作参数

3）测试交互：在预览模式下测试页面的交互效果，确保逻辑正确且流畅。单击“预览”按钮，弹出预览界面，将光标移动到文字上方，待光标变成手的形状即可单击播放，如图 11.4.9 所示。

（6）预览与调试

在平台上预览并调试页面，确保所有功能和效果均正常。

（7）项目发布与分享

1）导出文件：将 H5 页面导出为 HTML、JS、CSS 等文件，或生成可分享链接。

2）发布与分享：单击“前往发布页面”按钮，跳转到作品详情，进行后续设置，即可将页面发布到网站、社交媒体或嵌入到其他应用中，供用户访问和互动。

图 11.4.9　预览

4. 木疙瘩 H5 平台使用过程中的注意事项

1）注意版权问题：在使用图片、音视频等素材时，务必确保版权合法。

2）在制作过程中，注意保持页面布局的对称与平衡，以及色彩搭配的和谐统一。

3）字体排版要清晰可读，避免使用过于花哨的字体或排版方式。

4）充分利用木疙瘩平台的组件库和模板资源，提高制作效率和质量。

项目测试题

操作题

北疆文化底蕴深厚，拥有独特的自然风光、民俗风情和历史遗迹等。为了更好地宣传北疆文化，现需要利用数字媒体技术，制作一个吸引人的短视频，展现北疆文化的魅力。具体要求如下。

1）视频时长在 1～2 分钟之间。

2）至少包含 5 个不同场景或元素来体现北疆文化，如草原风光、蒙古族传统舞蹈、特色建筑等。

3）运用数字音频处理技巧，添加合适的背景音乐和音效，增强视频氛围。

4）运用视频编辑技巧（如剪辑、转场效果、字幕添加等）使视频流畅、生动。

5）确保视频画面质量清晰，色彩搭配协调，整体效果具有吸引力和感染力。

认识虚拟现实

虚拟现实是一种可创建和体验虚拟世界的计算机仿真系统，是一种多源信息融合的、交互式的三维动态视景和实体行为的系统仿真。虚拟现实具有沉浸感、交互性和构想性三大特点，已广泛应用于娱乐、教育、设计、医学、军事等多个领域。本项目包含虚拟现实技术基础知识、虚拟现实应用开发工具、简单虚拟现实应用程序开发等内容。

学习目标

知识目标

- 了解虚拟现实技术的基本概念。
- 了解虚拟现实技术的发展历程、应用场景和未来趋势。
- 了解不同虚拟现实引擎开发工具的特点和差异。

技能目标

- 会简单使用一种主流虚拟现实引擎开发工具。
- 能够完成简单虚拟现实应用程序的开发。

思政与职业素养目标

- 提升创新精神和探索意识。
- 提高问题解决能力和自主学习能力。

任务一　了解虚拟现实技术

虚拟现实（virtual reality，VR）是一种利用计算机技术创建模拟环境的技术。简单来说，它就是虚拟出一个世界，让我们认为眼前的一切都是真实的。虚拟现实的关键技术包含立体显示技术（如裸眼 3D 技术）、追踪技术（如头部、手部、全身追踪）、交互技术（手势、语音、触觉反馈、眼球追踪等）。

一、虚拟现实的三大特征

1. 沉浸性

沉浸性主要体现在视觉上，通过头戴式显示器呈现高度逼真且宽广视场角的画面，让用户仿佛置身真实场景。听觉上，利用环绕立体声营造与环境匹配的音效，声音随用户位置和动作变化；交互上，借助手柄、手势识别等多种方式实现自然互动，增强沉浸体验。

2. 交互性

虚拟现实具备多样化的交互手段，如手柄操作、手势及语音交互等。用户操作时系统能实时反馈，如操作虚拟物体或发出语音指令后，虚拟环境会立即做出相应变化。

3. 多感知性

多感知性是指为用户提供全方位、丰富多样的感官体验，从而使虚拟世界更加真实。在视觉上，通过先进图形渲染、高分辨率显示及立体显示技术，呈现立体视觉效果；听觉上，借助 3D 音频技术营造空间感声音环境；触觉上，反馈设备让用户感受物体特性，且与视觉、听觉协同，使用户能自然地在虚拟世界中行动与观察。

二、虚拟现实的 3R 技术

虚拟现实、增强现实（augmented reality，AR）和混合现实（mixed reality，MR）统称为 3R 技术。

1. 虚拟现实

虚拟现实，就是虚拟出一个世界，让我们认为眼前的一切都是真实的，我们就会像在现实中一样沉浸进去，具体概念已在前面讲述。

2. 增强现实

增强现实，就是虚拟出一个物体，加入到现实世界，多出来的虚拟物体融入到现实世界，像对现实进行了补充和增强。它利用摄像头等设备捕捉现实场景，然后在这个场景之上添加数字信息，如在手机上使用 AR 应用，通过摄像头拍摄现实场景，然后在屏幕上显示出叠加在场景中的虚拟动画角色或信息提示。

3. 混合现实

混合现实，就是合并真实世界和虚拟世界而产生的新可视化环境，再叠加虚拟信息，并且虚拟信息能够与重绘的现实世界进行交互。混合现实不仅将虚拟物体叠加到现实世界中，还允许虚拟物体与现实世界中的物体进行交互。

VR 是一种制作虚拟物体并与人互动的基础技术，它与操作者所处的环境无关。AR 可以让虚拟物体在特定位置出现和消失。MR 可以找到虚拟物体与真实物体进行互动。

三、虚拟现实的应用领域

1. 游戏与娱乐

在游戏领域，VR 技术打造出极致沉浸感的游戏体验。玩家通过头戴式显示器设备感受虚拟世界。在娱乐方面，VR 影视可让观众自主选择视角，深度参与影片情节；VR 主题公园则将虚拟体验与游乐设施相结合，创造出令人难忘的游乐之旅。

2. 教育与培训

教育中，VR 构建出逼真的学习场景，如科学课堂上，学生能深入虚拟的细胞内部观察微观世界；在职业培训中，借助 VR 可让医学生在虚拟手术环境中练习；在航空培训中，通过 VR 模拟飞行场景让飞行员在安全环境中应对各种复杂状况。

3. 建筑与设计

建筑设计方面，VR 为建筑师提供强大展示工具。它们可向客户展示虚拟建筑内部空间和外观效果，客户能如实地提前感受未来建筑的方方面面，促进方案的沟通与确定。

4. 医疗与康复

在医疗领域，VR 可用于心理治疗。恐高症患者可在虚拟场景中克服恐惧心理，创伤后应激障碍患者能在安全环境中面对创伤进行康复。

5. 军事与国防

军事上，VR 用于模拟训练成效显著。士兵在虚拟战场环境中进行战术演练，以提升作战技能和团队协作能力，同时减少实际演习成本和风险。在武器装备研发与测试方面，VR 可模拟导弹飞行等情况评估性能，还能用于武器操作培训。

任务二 了解虚拟现实应用开发工具 Unreal Engine

随着虚拟现实技术的不断发展，越来越多的开发者开始使用专业的开发工具来创造精彩的虚拟现实体验。Unreal Engine 作为一款强大的游戏引擎，在虚拟现实应用开发领域有着广泛的应用。本任务使用 Unreal Engine 创建一个简单的虚拟现实应用。

一、常见的游戏引擎介绍

1. Unity

Unity 是一款广泛应用的游戏引擎，具有跨平台性强、易于学习、资源丰富等特点。

它支持多种编程语言，适合小型团队和独立开发者进行游戏及虚拟现实应用开发。

2. CryEngine

CryEngine 以其出色的图形渲染能力和大规模场景管理能力而闻名，能够呈现出高度逼真的自然环境和宏大的场景，适用于开发对画面质量要求极高的游戏和虚拟现实项目，尤其是射击游戏等类型。

3. Unreal Engine

Unreal Engine 由 Epic Games 开发，是一款功能强大的游戏引擎，在虚拟现实领域应用广泛。

Unreal Engine 的渲染模块拥有强大的图形处理能力。它采用先进的技术，能呈现出高分辨率纹理、逼真的光照效果和细腻的阴影；物理模块为 Unreal Engine 提供了真实的物理模拟。它考虑重力、碰撞、摩擦力等因素，使虚拟世界中的物体运动和交互符合现实规律；音效模块提供 3D 音频效果，让声音具有方向感和距离感。不同的环境有独特的音效，如风声、雨声、脚步声等，使玩家能更好地沉浸在虚拟世界中；Unreal Engine 的动画模块功能强大，包括角色动画系统、动画蓝图等，能够为虚拟角色创建自然流畅的动作。从行走到复杂的战斗动作，都能被精细地呈现；网络模块实现了高效的网络同步，确保不同玩家在游戏中的状态和数据一致。同时，提供网络安全保障，让玩家能够在稳定、公平的环境中进行多人游戏互动。

总之，Unreal Engine 的各个模块相互协作，为开发者提供了强大的功能，让他们能够创造出高质量的游戏和虚拟现实应用。

二、安装 Unreal Engine 虚幻引擎

1. 下载虚幻引擎

登录虚幻引擎官方网站，在网页右上角单击“下载”按钮，如图 12.2.1 所示。

图 12.2.1 下载 Unreal Engine 虚幻引擎

弹出加载登录器（Epic Games Launcher）注册/登录界面，如果没有 Epic Games 账号，则可以在线注册。登录成功后，稍等片刻会弹出 Epic Games Launcher 下载界面，选择存储位置等，单击“下载”按钮。下载完成后，安装加载登录器。安装完毕后，软件自行检测并更新。更新后输入账号、密码登录。

2. 安装虚幻引擎

在加载登录器界面，单击“库”下“引擎版本”右侧“＋（添加版本）”按钮，选择要下载的版本号，如图 12.2.2 所示。

图 12.2.2　安装虚幻引擎

单击“安装”按钮，弹出存储及安装路径，设定路径后单击“安装”按钮。需要注意的是，安装登录器及虚幻引擎 4 的位置需至少留有 20GB 的空间。安装完毕后可以通过加载登录器启动虚幻引擎，也可以在加载登录器中单击版本号下方的“启动”下拉按钮，选择“创建快捷方式”命令，在桌面上创建引擎启动快捷方式，这样就不必每次启动都先打开加载登录器。启动虚幻引擎，进入欢迎界面。

三、制作简单项目

1. 创建项目

1）在欢迎界面选择“游戏”模板，单击“下一步”按钮，选择“Blank（空白）”模板，单击“下一步”按钮，进入项目设置面板。

2）在项目设置面板中，可以对新建项目进行基本设置，这些设置在随后的项目制作过程中仍可以进行修改。默认设置便于初学者学习，本项目使用默认设置即可，即应用“蓝图”，项目性能选择“最高质量”，项目制作过程中选择“已禁用光线追踪”，目标开发平台选用“桌面/主机”，选择“含初学者内容包”。初学者内容涵盖了许多通用资源，可以帮助初学者快速地开始构建关卡。在项目设置面板下方，设置项目的存储路径和项目名称，如图 12.2.3 所示。

图 12.2.3　创建项目

需要注意的是，项目的存储路径不能使用带有中文的目录，虚幻引擎 4 无法正确理解中文路径，虽然在项目开始创建时不会出现问题，但是在使用的过程中或打包后就会出现种种问题。

3）单击右下角“创建项目”按钮，引擎会布置项目环境，打开初始关卡编辑器。

2. 创建新关卡

1）添加第一人称游戏功能及内容包：在内容浏览器中，单击“添加/导入”按钮，选择“添加功能或内容包”，选择“第一人称游戏”，单击“添加到项目”按钮。

2）创建新关卡：在关卡编辑器菜单栏的“文件”菜单中，选择“新建关卡”，选择“空白关卡”创建新的关卡，如图 12.2.4 所示。

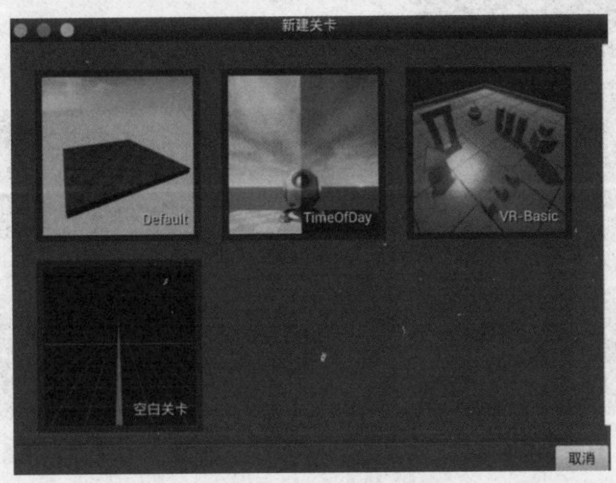

图 12.2.4　添加“空白关卡”

3. 放置对象

1）选择“Geometry（几何体）”选项，按住鼠标左键拖曳“盒体”几何体对象到关卡中，通过缩放工具变为地面模型（屋子的墙面部分也用同样的方式）。再依次通过变换工具对放置对象进行缩放、旋转、平移处理。

2）“StarterContent”文件夹中包含一个道具文件夹（Props）。打开该文件夹，可以看到许多静态网格物体，用户根据需要放置物体（如桌子和椅子）对小屋模型进行装饰，并通过变换工具对物体进行修改，添加装饰后的小屋模型效果如图 12.2.5 所示。

图 12.2.5　小屋模型效果图

4. 赋予材质

1）单击地面模型的表面，在关卡编辑器右侧的细节面板中会显示该对象的各项参数，找到“表面材质”类目，如图 12.2.6 所示，默认为无材质，单击下拉按钮，选择“M_Ground_Grass”材质，则地面模型会被赋予草地的材质。

2）也可以对小屋及其他模型赋予或修改材质，完成效果如图 12.2.7 所示。

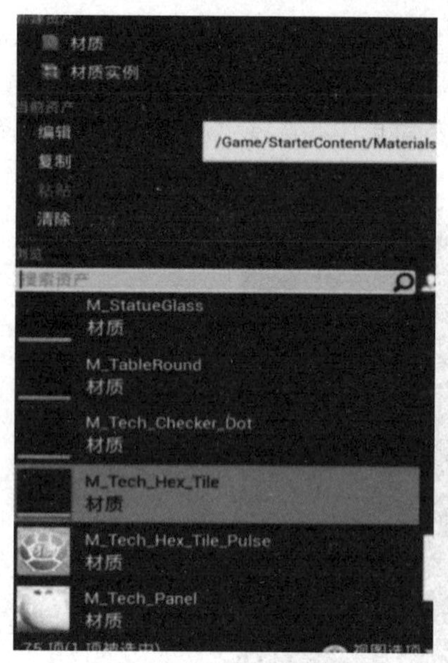

图 12.2.6 材质设置

图 12.2.7 小屋效果图

5. 光效处理

小屋模型创建完毕后，为了能够更真实地模仿实际环境，需要进行光效处理，引擎提供了“点光源”“定向光源”“聚光源”“天光”等几种光源类型。

1）在模式面板“放置”模式下，找到“光照”选项，拖曳一个“定向光源”到关卡中，确保它在地面模型的上方。

2）从“视觉效果”选项中拖曳一个“大气雾”到关卡中。大气雾 Actor 将会为该场景添加一个天空模型，如图 12.2.8 所示。

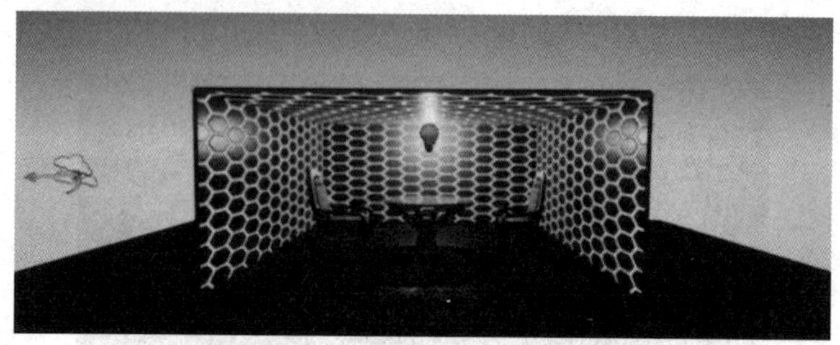

图 12.2.8 添加光效后的效果图

3）如果小屋里的光线变得很暗时，可以为其增加一个“点光源”模型。

4）从“基本”选项中拖曳一个“玩家起始”到关卡中。“玩家起始”用于确定游戏开始时玩家在关卡中所处的位置及朝向。通过旋转工具使“玩家起始”Actor 上的浅蓝色箭头指向小屋，如图 12.2.9 所示。

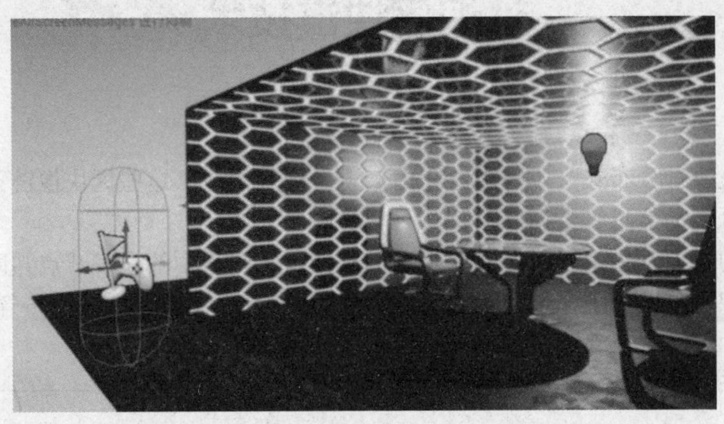

图 12.2.9　添加“玩家起始”

6. 构建执行

1）单击工具栏中的“构建”下拉按钮，展开“构建”下拉菜单，然后再展开“光照质量”菜单，选择“制作”质量级别。

2）设置完成后，单击“构建”按钮，开始执行构建过程。构建完成后，在预览中看到的灯光效果即为真实游戏环境效果。

7. 运行关卡

单击工具栏中的“播放”按钮，将会播放当前关卡场景，可以观看关卡真实效果。在关卡运行过程中，可以使用鼠标和键盘上的 W、A、S、D 键或方向键在关卡中游走。当处于播放模式时，工具栏会出现“暂停”、“停止”和“弹出”按钮，用于控制游戏进程。需要注意的是，在播放模式下，鼠标被用于在游戏环境中控制游走的方向及视角。按 Shift+F1 组合键，鼠标即可恢复选择功能。

项目测试题

简答题

1．简述虚拟现实的三大特征，并分别解释其含义。

2．请对比虚拟现实、增强现实和混合现实的概念及特点。

3．简述使用 Unreal Engine 创建一个简单虚拟现实应用的基本步骤（至少包含四个主要步骤）。

认识区块链技术

区块链是一种分布式账本技术。它由一个个区块组成，这些区块像链条一样连接。每个区块包含交易信息等数据。

区块链的特点是去中心化，没有中心机构控制，网络中的众多节点共同维护账本，并且通过共识机制，如工作量证明、权益证明等，确保各节点账本内容一致。

学习目标

知识目标

- 了解区块链的定义、特点。
- 了解区块链的关键技术、主要应用领域。
- 了解区块链的发展趋势。

技能目标

- 对区块链的核心特性、关键技术与主要应用场景有一定的认识。

思政与职业素养目标

- 提升创新精神和探索意识。
- 培养团队合作和沟通能力，以及解决问题能力。

任务一 了解区块链基础知识

1. 区块链的定义

区块链是一种分布式数据库技术，用于记录数字信息的交易和事件。它构建了一个去中心化的、公开的、安全的和可追溯的数据库系统，没有单一的控制中心。区块链上的每个节点都持有完整的数据副本，并可以通过共识机制进行验证和更新。这种技术不仅是一个交易公共账本，还具备数据存储、身份验证、智能合约执行等多种功能。

2. 区块链的核心特性

（1）去中心化

区块链不存在一个中央控制节点，而是由众多节点共同参与维护。这些节点可以是计算机、服务器等设备，它们在网络中的地位是平等的。

例如，在比特币系统中，每个节点都保存着完整的账本副本，没有像银行这样的中心机构来管理所有交易。

（2）分布式存储

区块链中的数据被分散存储在多个节点上，每个节点都持有完整的账本副本，提高了系统的可靠性和容错性。

例如，在供应链金融场景中，所有参与供应链的企业都保存有账本副本，当一笔货物的交易发生时，每个企业的节点都能记录并更新这个交易信息，这样可以有效避免数据丢失和提高数据的透明度。

（3）不可篡改性

区块链中的交易记录一旦确认，就不可更改或删除，保证了数据的完整性和安全性。

例如，在一个记录土地产权交易的区块链应用中，一旦产权交易记录被写入区块链，就几乎不可能被篡改，这为产权交易提供了高度的安全性和可靠性，保证了数据的真实性和完整性。

（4）透明性

区块链上的所有交易记录都是公开透明的，任何人都可以查看，确保了交易的公正性。

以供应链区块链为例，所有参与方都可以看到货物从原材料采购到最终销售的整个过程，包括时间、地点、经手人等详细信息。

（5）匿名性

虽然交易记录是公开的，但交易参与者的身份通常是匿名的，保护了用户的隐私。

例如，在比特币交易中，用户使用钱包地址进行转账，这些钱包地址并不直接关联到用户的真实身份，这为用户提供了一定程度的隐私保护。不过，这种匿名性也不是绝对的，在一些特定情况下，通过大数据分析等技术手段还是有可能追踪到用户的真实身份的。

3. 区块链的关键技术

（1）共识机制

- 工作量证明：如比特币使用的共识机制，通过解决复杂的数学问题来争夺记账权，确保账本的一致性和安全性。
- 权益证明：根据持有币量和持有时间来决定记账权，相比工作量证明更加节能。
- 委托权益证明：通过选举节点代表来进行记账，提高了交易速度和效率，但去中心化程度较低。

（2）加密算法

区块链使用多种加密算法来保护数据隐私和安全，如哈希函数、公钥加密等。

例如，在数字签名过程中，发送者用自己的私钥对消息进行签名，接收者可以使用发送者的公钥来验证签名的真实性。

（3）智能合约

一种运行在区块链上的自执行程序，按照预设的规则自动执行合约条款，无须第三方干预，提高了效率和透明度。

例如，在一个保险理赔场景中，当满足保险合同中规定的理赔条件（如投保人发生了合同中规定的意外事故）时，智能合约可以自动触发理赔流程，将赔款支付给投保人。

任务二 了解区块链的典型应用

一、区块链的应用场景

区块链的应用场景较广泛（图 13.2.1），包括金融领域中的数字货币交易、供应链管理与追溯、智能合约执行；公共服务中的身份认证、选举投票、版权保护；医疗健康领域的病历管理、药品溯源等。这些应用借助区块链的透明性、安全性和去中心化特性，提高了效率和信任度。

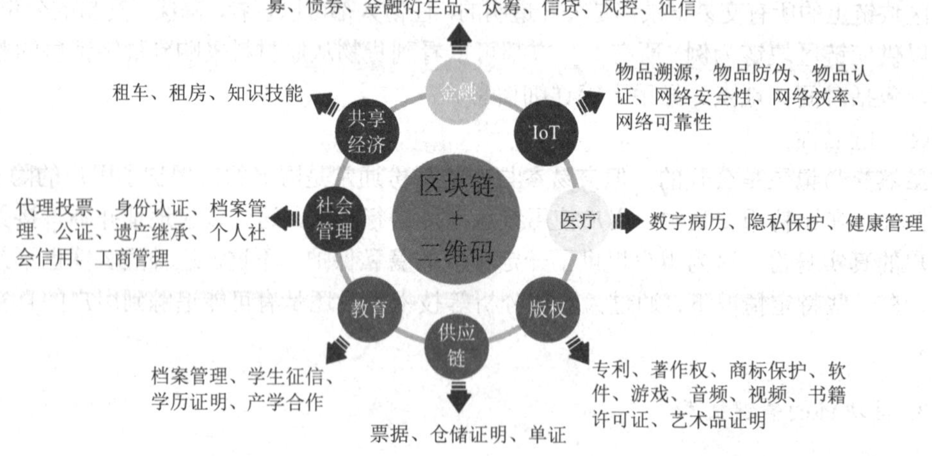

图 13.2.1　区块链应用

1. 金融领域

（1）跨境支付

传统跨境支付涉及多个中间金融机构，流程复杂、手续费高且结算时间长。区块链技术可以简化这一流程，通过分布式账本直接记录跨境交易双方的支付信息。

例如，Ripple 是一个基于区块链的跨境支付系统，它能够在几秒钟内完成跨境转账，且手续费较低。

（2）证券交易

区块链可以实现证券的发行、交易和结算的自动化。智能合约能够规定证券交易的具体条件和流程。当这些条件满足时，合约自动执行，无须人工干预。

例如，证券的买卖双方可以通过区块链签订智能合约，规定好价格、数量等交易条件。一旦市场价格达到约定价格，合约就会自动完成交易和结算，提高了交易效率，同时也减少了人为错误和操纵市场的风险。

（3）数字货币

数字货币在区块链中具有重要地位和多种应用方式。

1）比特币。比特币是区块链技术在数字货币领域最著名的应用。它是一种去中心化的数字货币，没有中央银行或单一的管理机构。比特币的交易记录被存储在区块链账本中。

比特币交易流程是基于区块链的分布式账本和加密算法实现的。例如，当用户 A 要给用户 B 发送比特币时，A 会使用自己的私钥对交易进行签名，这个签名可以被网络中的其他节点用 A 的公钥来验证，以确保交易是由 A 发起的。然后，这笔交易信息会被广播到比特币网络中的各个节点。这些节点通过工作量证明共识机制来竞争记账权，最终将这笔交易记录到区块链上。

比特币的数量是有限的，总共 2100 万枚。这种有限的供应机制使得比特币在一定程度上具有稀缺性，类似于黄金。其价格波动较大，受市场供求关系、政策法规、投资者情绪等多种因素的影响。

2）以太坊。以太坊不仅仅是一种数字货币（以太币），它还是一个可编程的区块链平台。以太坊的区块链上可以运行智能合约，这使得它在数字货币应用场景中有更广泛的用途。

以太坊的智能合约功能为数字货币的创新应用提供了可能。例如，在去中心化金融领域，用户可以通过智能合约实现借贷、抵押等复杂的金融操作，这些操作的记录和资金流动都通过以太坊区块链来完成，提高了金融交易的透明度和安全性。

3）稳定币。稳定币是一种与法定货币或其他资产价值挂钩的数字货币，目的是减少价格波动。例如，USDT（Tether）是一种与美元挂钩的稳定币。每发行 1 个 USDT，理论上都有 1 美元的储备资产作为支撑，这使得它的价值相对稳定。

稳定币在数字货币交易中起到了重要的作用。它可以作为一种价值存储工具，在数字货币市场波动较大时，投资者可以将自己的数字货币资产转换为稳定币来保值。同时，在跨境交易等场景中，稳定币可以提供比传统银行转账更快的速度和更低的成本。例如，在一些国际贸易中，使用稳定币进行结算可以避免汇率波动和银行手续费等问题。

4）央行数字货币。许多国家的中央银行正在研究和开发央行数字货币。央行数字货币是由中央银行发行的数字货币，它与传统的法定货币具有相同的价值和地位。

以中国的数字人民币为例，它是基于区块链等技术构建的数字化现金。数字人民币的钱包可以安装在手机等移动设备上，用户可以像使用现金一样使用数字人民币进行支付。与传统的电子支付方式不同，数字人民币具有离线支付功能，在没有网络的情况下也可以完成小额支付。它的发行和流通有助于提高支付效率、增强货币管理能力，并为金融监管提供更精准的数据。

区块链可以增强金融衍生品交易的透明度和风险管理。通过在区块链上记录交易的详细信息，包括交易对手方的信用信息、交易条款等，监管机构和交易参与者能够更好地评估风险。

2. 供应链管理

1）产品溯源：区块链能够全程追踪商品的生产、运输、销售等环节。从原材料的采购开始，每一个环节的信息都被记录在区块链上，包括时间、地点、经手人等详细信息。

例如，在农产品供应链中，消费者可以通过扫描产品二维码，查看农产品从种植、施肥、采摘、运输到销售的全过程信息，确保农产品的质量和安全。对于高价值商品，如奢侈品，也可以通过区块链追溯其真伪，打击假冒伪劣产品。

2）供应链金融：在供应链中，区块链可以改善中小微企业的融资环境。由于区块链记录了供应链上企业之间的交易往来等真实信息，金融机构可以更准确地评估企业的信用状况。

例如，一家小型供应商可以凭借区块链上记录的与大型采购商的交易记录，更容易地从银行获得应收账款质押贷款，降低了融资门槛和成本。

3. 医疗行业

1）医疗数据存储与共享：患者的医疗记录（如病历、检查报告、诊断结果等）可以安全地存储在区块链上。由于区块链的加密性和不可篡改性，患者的隐私能够得到很好的保护。同时，这些数据可以在不同医疗机构之间共享，方便医生对患者进行全面的诊断和治疗。

例如，当患者从一家医院转诊到另一家医院时，新医院的医生可以通过区块链快速获取患者的完整病史，避免重复检查，提高医疗效率。

2）药品溯源与监管：区块链可以用于药品的溯源和监管。药品从研发、生产、流通到销售的各个环节的信息都被记录在区块链上。监管部门可以实时监控药品的质量和流向，打击假药。

例如，在疫苗管理中，通过区块链记录疫苗的生产批次、运输温度、有效期等信息，确保疫苗的安全性和有效性。

4. 物联网（IoT）

1）设备身份认证与管理：在物联网环境中，区块链可以用于设备的身份认证。每个物联网设备可以在区块链上拥有一个唯一的数字身份，通过加密算法进行认证。

例如，智能家居系统中的智能门锁、摄像头等设备可以通过区块链验证彼此的身份，防止非法设备接入。同时，区块链还可以用于管理物联网设备的生命周期，包括设备的注册、更新、报废等环节。

2）数据安全与隐私保护：物联网设备会产生大量的数据，区块链可以确保这些数据的安全和隐私。通过分布式账本和加密技术，物联网设备的数据可以在不泄露隐私的情况下进行共享和交易。

例如，在工业物联网中，工厂的传感器数据可以通过区块链安全地传输给相关的数据分析机构，同时保护企业的生产工艺等敏感信息。

5. 数字版权保护

1）版权登记与溯源：创作者可以将作品的版权信息（如创作时间、作品内容摘要等）登记在区块链上。由于区块链的时间戳功能和不可篡改特性，能够清晰地证明作品的原创性和版权归属。

例如，一位摄影师可以将自己拍摄的照片的版权信息记录在区块链上，当发现侵权行为时，可以通过区块链上的记录作为有力的证据。同时，区块链还可以用于追踪作品的传播路径，从最初的发布到后续的各种使用情况都可以被记录下来。

2）版权交易与授权：区块链可以简化版权交易和授权的流程。通过智能合约，创作者可以直接与使用者签订版权授权合同。

例如，一个音乐创作者可以通过区块链智能合约将自己作品的播放权授权给一家音乐平台。当平台播放该作品时，智能合约会自动根据播放次数等条件计算并支付版权费用给创作者，提高了版权交易的效率和透明度。

二、发展趋势

1. 技术创新不断推进

1）性能提升：目前区块链在交易处理速度、吞吐量等性能方面仍有提升空间。未来，随着技术的不断演进，如采用更高效的共识算法、分层架构设计、硬件加速等手段，区块链系统的性能将不断增强，能够更好地满足大规模商业应用的需求。

2）隐私保护加强：在区块链上，交易信息的公开透明性与用户隐私需求之间存在一定矛盾。因此，隐私保护技术将成为区块链发展的重点方向。

3）跨链技术成熟：当前存在众多不同的区块链网络，跨链技术能够实现不同链之间的资产转移、信息交互和协同工作，打破区块链之间的孤岛效应。未来，跨链技术将不断成熟，使得不同区块链系统之间的互操作性更强，促进区块链生态的融合发展。

2. 应用场景持续拓展

1）金融领域深化：在金融行业，区块链技术将继续在支付结算、证券交易、保险等领域发挥重要作用。例如，跨境支付中，区块链可以缩短交易时间、降低成本。

2）供应链管理优化：区块链可以为供应链管理提供全程追溯、信息共享和信任建立的解决方案，提高供应链的效率和可靠性，减少假冒伪劣产品和供应链风险。

3）物联网结合更紧密：物联网设备数量庞大且分布广泛，区块链的分布式账本和安全机制可以为物联网提供设备身份认证、数据安全存储和共享等服务。

4）其他领域拓展：区块链还将在医疗、政务、能源、文化娱乐等领域得到广泛应用。在医疗领域，可用于医疗数据的安全存储和共享、药品溯源等；政务领域可以实现政务数据的管理和共享，提高政务服务的效率和透明度；能源领域可用于能源交易、分布式能源管理等。

3. 监管合规逐步完善

1）监管政策加强：随着区块链技术的广泛应用，各国政府将加强对区块链行业的监管，制定相关的法律法规和政策标准，规范区块链的发展。监管的重点将包括数字货币的发行和交易、区块链项目的合规性、用户隐私保护等方面。

2）行业自律增强：区块链行业将加强自律，建立行业标准和规范，推动行业的健康发展。行业组织、企业和开发者将共同努力，加强对区块链技术的安全管理和风险控制，提高区块链的可信度和可靠性。

4. 数字货币发展多元化

1）央行数字货币推广：越来越多的国家将推出央行数字货币，并逐步扩大其应用范围。央行数字货币具有法定货币的地位，能够提供更安全、高效的支付和结算方式，对传统金融体系产生深远影响。

2）稳定币应用增加：稳定币作为一种与法定货币或其他资产挂钩的数字货币，将在跨境支付、数字资产交易等领域得到更广泛的应用。稳定币的价值稳定性使其成为连接传统金融和数字货币世界的桥梁。

3）非同质化代币市场发展：非同质化代币作为一种独特的数字资产，在数字艺术、游戏、收藏品等领域具有广阔的应用前景。未来，非同质化代币市场将不断发展壮大，其应用场景将不断拓展，同时也将面临更多的技术挑战和监管问题。

项目测试题

简答题

1．简述区块链的定义及其核心特性（至少提及三项）。

2．请阐述区块链在金融领域的应用场景（至少列举两个）以及其带来的优势。

3．谈谈区块链技术未来的发展趋势（至少包含三个方面）。

参 考 文 献

姜楠，高巍，张丽秋，2022．大学计算机基础[M]．北京：科学出版社.

教育部考试中心，2022．全国计算机等级考试二级教程：MS Office 高级应用与设计上机指导[M]．北京：高等教育出版社.

刘小娟，宋彬，2022．虚幻引擎（Unreal Engine）基础教程[M]．北京：清华大学出版社.

刘志成 石坤泉，2021．大学计算机基础（Windows 7+WPS Office 2019）（微课版）．北京：中国工信出版集团，人民邮电出版社.

杨竹青，2024．新一代信息技术导论（微课版）[M]．2 版．北京：中国工信出版集团，人民邮电出版社.

朱正国，张俊坤，2021．大学计算机基础实训教程[M]．2 版．北京：科学出版社.